Index
der
Krystallformen der Mineralien.

Von

Dr. Victor Goldschmidt.

In drei Bänden.

Erster Band. In zwei Lieferungen.

Preis 30 M.

Das Werk soll fortan in kleineren Lieferungen erscheinen und zwar so, dass im Allgemeinen jeder Buchstabe ein Heft bildet, wovon etwa 8, statt bisher 2 einen Band ausmachen. Durch diese Art der Herausgabe glaubten wir hauptsächlich den Wünschen und Bedürfnissen solcher entgegenzukommen, die wegen specieller Untersuchungen über einzelne Mineralien sich nicht einen ganzen Halbband kaufen wollen. Die Blätter der „krystallographischen Projectionsbilder" treten als Tafeln ergänzend zu diesen Heften.

Diese Art des Erscheinens gewährt ausserdem den Vortheil, dass die fertigen Stücke früher erscheinen und benutzt werden können. So ist bereits das erste Heft des III. Bandes, welches den so wichtigen Quarz enthält, herausgegeben worden. An der ganzen Einrichtung des Werkes wird im Uebrigen nichts geändert.

Auch die Einleitung zum Index soll für sich verkäuflich sein. Im Verein mit ihr ist jede Lieferung selbstständig. Abgesehen von Einzelheiten, welche diese Partie als Einleitung kenntlich machen, bildet sie ein in sich geschlossenes Ganze, das auch unabhängig von den Formenverzeichnissen seinen Werth hat. Es wurde ihm ein besonderer Titel: **„Einleitung in die formbeschreibende Krystallographie"** gegeben, jedoch sind, um diesen Theil jederzeit als Einleitung den Tabellen vorherstellen zu können, formelle Aenderungen daran nicht vorgenommen worden.

Auf Verlangen können auch die Tabellen des **I. Bandes** ohne die Einleitung abgegeben werden. Der Preis für die einzelnen Hefte stellt sich folgendermassen:

Einleitung 8 M.; Heft 1: Abichit—Barytocalcit 6,40 M.; Heft 2: Bastnäsit—Cerit 5,40 M.; Heft 3: Cerussit—Descloizit 4,60 M.; Desmin—Euxenit, mit Nachträgen, Titel, Vorwort und Inhaltsverzeichniss zum 1. Band 5,60 M.

Einleitung

in die

Formbeschreibende Krystallographie.

Von

Dr. Victor Goldschmidt.

Mit 99 in den Text gedruckten Figuren.

Sonderausgabe der Einleitung

zum

Index der Krystallformen der Mineralien.

Springer-Verlag Berlin Heidelberg GmbH

1887.

ISBN 978-3-662-23798-4 ISBN 978-3-662-25901-6 (eBook)
DOI 10.1007/978-3-662-25901-6

Softcover reprint of the hardcover 1st edition 1887

Vorwort.

Durch selbstständige Herausgabe dieser Einleitung wollte ich dieselbe besonders solchen zugänglich machen, die sich den Ankauf des gesammten **„Index der Krystallformen“** versagen müssen. Der theoretische Theil bildet mit der Schrift **„Ueber krystallographische Demonstration“** und der **„Ueber Projection und graphische Krystallberechnung“** ein Ganzes, unabhängig von den Formenverzeichnissen. Letztere freilich können die Einleitung nicht entbehren. Die auf die neuen Symbole gestützte neue Art der Krystallberechnung ist in sich selbstständig, ebenso die Umwandlungs- und Umrechnungstabellen, die den Schlüssel geben zum Lesen der älteren Literatur. Auch das Uebrige, die Untersuchungen über Transformation, über Buchstabenbezeichnung u. s. w. ist für sich verwendbar.

Wenn diese Einleitung durch Hinweis auf den folgenden Index ohne diesen an manchen Stellen der Form nach nicht correkt erscheint, so wolle man dies dem zu Gute halten, dass jede Aenderung bei sachlicher Bedeutungslosigkeit grosse Kosten verursacht haben würde.

Wien, Oktober 1887.

Dr. Victor Goldschmidt.

Einleitung.

Zweck der Arbeit.

Haupt-Aufgabe der Krystallographie ist die Ergründung des molekularen Aufbaues der festen Körper und die Ermittelung der Intensität und Wirkungsweise der molekularen Kräfte. Eines der Mittel, um der Lösung dieser Aufgabe näher zu kommen, ist die Untersuchung der Krystallgestalten und zwar auf zweierlei Weise:

1. Durch Aufsuchung der Beziehungen aller (beobachteten) Formen desselben Körpers unter sich. Die Ableitung gewisser Einheiten und Gesetzmässigkeiten.
2. Durch Vergleichung mehrerer und schliesslich aller krystallisirten Körper unter einander in Bezug auf die gewonnenen Einheiten und Gesetzmässigkeiten.

Für die ersteren Untersuchungen ist es erforderlich, die beobachteten Formen durch geeignete Symbole auszudrücken, die durch Zahlenverhältnisse die Lage jeder Form charakterisiren und diese Symbole zum Zweck der Uebersicht in Tabellen zu ordnen, andererseits durch Abbildung (Projection) das gleichzeitige Anschauen des Bekannten zu ermöglichen.

Am vollständigsten wird der Zweck erreicht, wenn man die Vortheile beider Arten der Erkenntniss verbindet, d. h. mit Tabellen und Projection gleichzeitig vorgeht. Symbole und Projection müssen dann in engster Beziehung zu einander stehen, so dass man aus beiden, gewissermassen nur in verschiedener Schrift, dasselbe herausliest, mit anderen Worten, so, dass die Projection der unmittelbare graphische Ausdruck des Symbols, das Symbol der Zahlen-Ausdruck des Projectionsbildes ist.

In den jetzigen Methoden ist dies nur unvollständig erreicht und mussten, um den Einklang herzustellen, gewisse Abänderungen an Symbolen und Projectionsarten vorgenommen werden. Es wurden die verschiedenen Projectionsmethoden betrachtet und dabei gefunden, dass vier derselben zu krystallographischen Untersuchungen verwendbar sind. Zwei von diesen Arten bilden die Flächen als Punkte ab (Polar-Projectionen), zwei als Linien (Linear-Projectionen); die Polar- wie die Linear-Projectionen können wiederum mit geraden Linien oder mit Kreisbögen arbeiten. Bei der Discussion der Verwendbarkeit der verschiedenen Arten ergab sich, dass jede für gewisse Fälle Vorzüge vor den andern hat, dass sich also die gleichzeitige oder abwechselnde Benutzung aller vier Arten als das Beste erweist. Um aber gleichzeitig mit mehreren Projectionsarten operiren zu können, war es nöthig, die graphische Ueberführung der einen in die andere zu ermöglichen. Zu diesem Zweck wurden die Beziehungen der vier Arten unter sich aufgesucht und ergaben sich in der That als höchst einfache und elegante.

Die Symbolisirung der Flächen und Kanten (Zonen) wurde den beiden geradlinigen Projectionsarten angeschlossen und zwar nach folgendem Princip. Die aufgestellten neuen Symbole bestehen jedesmal aus zwei ganzen oder gebrochenen Zahlen p q resp. a b, die, im zugehörigen Einheitsmass als Coordinaten aufgetragen, zu dem Projectionspunkt der Fläche resp. Kante führen, andererseits als Parameter die zwei Schnittpunkte der geraden Zonen- resp. Flächenlinie mit den Axen der Projection angeben. So erhalten wir vier Arten von Symbolen, je nach der Art der Projection, mit der wir arbeiten, nämlich polare Flächen- und Zonen- (Kanten-) Symbole, sowie lineare Flächen- und Kanten- (Zonen-) Symbole. Die erste Art ist von hervorragender Wichtigkeit und, wenn im Folgenden kurzweg von Symbolen gesprochen wird, sind die polaren Flächensymbole p q gemeint.

Es zeigte sich ferner, dass bei richtiger Wahl der Projections-Ebene die neuen Symbole in engster Beziehung stehen zu den üblichen, besonders den Whewell-Grassmann-Miller'schen, dass sie in Bezug auf Einfachheit und Uebersichtlichkeit hinter keiner Art derselben zurückstehen, ja sie darin übertreffen, und dass sie eben durch ihre Beziehung zur Projection eine Reihe von Vortheilen vor allen andern gewähren, die ihre Einführung empfehlenswerth machen.

Aus der Untersuchung der Projectionen (besonders der gnomonischen) mit Anschluss an die Symbolisirung ergab sich eine Reihe von graphischen Lösungen krystallographischer Aufgaben, die zu einem Entwurf einer graphischen Krystallberechnung zusammengefasst wurden.

Auch die Elemente, die der Krystallberechnung zu Grunde gelegt zu werden pflegen, mussten eine Veränderung erfahren. Sie sollen, um sich dem aufgestellten System anzuschliessen, zugleich die Einheiten der Symbole sowie der Projection sein. So erhalten wir, wie später ausführlich entwickelt wird, die Elemente p_0 q_0 ($r_0 = 1$) λ μ ν für die polaren Symbole und die zugehörige gnomonische Projection. Zum Zweck der Lösung graphischer

Aufgaben treten dazu noch drei Hilfswerthe: x_0 y_0 h, die die Lage des Ausgangspunktes (O) der Projection zu dem Krystallmittelpunkt festlegen. Alle zusammen sind als Polar-Elemente oder Elemente der Polar-Projection bezeichnet worden. Sie bilden zugleich die Unterlage für die stereographische Projection.

Der Linear-Projection und zwar der geradlinigen, sowie derjenigen mit Kreislinien als Repräsentanten der Flächen, die ich als cyklographische bezeichnen will, liegen andere Elemente zu Grunde, die sich von den üblichen krystallographischen Elementen nur dadurch unterscheiden, dass nicht b resp. a sondern c=1 gesetzt ist. Es wurden für sie die Buchstaben gewählt a_0 b_0 ($c_0 = 1$) α β γ und treten als Ergänzung zum Zweck graphischer Lösungen dazu die Hilfswerthe x'_0 y'_0 k. Ich habe diese als Linear-Elemente oder Elemente der Linear-Projection bezeichnet.

Mit Hilfe der neuen Symbole und Einheiten gelingt es leicht, exakte Projectionsbilder herzustellen und wurde nun die Anfertigung des idealen Projectionsbildes aller beobachteten Formen für die formenreichsten Mineralien der verschiedenen Systeme unternommen, und zwar zunächst für Pyrit, Bleiglanz, Wulfenit, Calcit, Quarz, Eisenglanz, Rothgiltigerz, Zinnober, Bournonit, Epidot, sowie für die drei Mineralien der Humit-Gruppe unter Eintragung der wichtigsten Zonenlinien.

Aus den Projectionsbildern und den zugehörigen Zahlenreihen der Tabellen leuchteten Gesetzmässigkeiten hervor und zwar neben solchen, die ihren Ausdruck finden in den Symmetrieverhältnissen, noch weitere, die gemeinsam und unabhängig von dem System allen Krystallen anzugehören scheinen. Letztere sind von besonderem Interesse, denn sie können zum Schlüssel werden für die Erforschung der genetischen Verhältnisse und für die deduktive Entwickelung der Formenreihen.

Es treten hinzu spezielle Eigenthümlichkeiten in der Vertheilung der Formen für die einzelnen Mineralien, die diesen ihren formellen Charakter verleihen und es ist die Möglichkeit gegeben, das aus der Gesammtheit der Formen hervortretende Charakteristische in Abstraktionen (Begriffe) zusammenzufassen, bei den verschiedenen Krystallen zu vergleichen und neben die physikalischen Charaktere zu halten. Daraus ergeben sich Analogien, die zu Gesetzen führen.

Die reichste Quelle für die Erforschung der Beziehungen der Formen floss aus dem hexagonalen System, einmal wegen des ausserordentlichen Formenreichthums einiger hierher gehöriger Mineralien und dann wegen des eigenartigen Eingreifens der Symmetriewirkungen. Es musste daher das hexagonale System Gegenstand einer besonderen Diskussion sein.

Durch die neue Symbolisirung wurde eine einheitliche Behandlung der hexagonalen Formenreihen von holoedrischem und rhomboedrischem Typus ermöglicht und eine Discussion der Zahlen zeigte die volle Uebereinstimmung dieses Systems mit den übrigen und seine Eigenart nur bedingt durch die Eigenart der Symmetrie. Eben diese Discussion der Zahlen führte zur Annahme excentrischer Pole und gab damit die Anlehnung zunächst an das monokline System.

Unter Zugrundelegung einer Hypothese war es möglich, Einblicke zu thun in die genetische Entwickelung der Formenreihen. Das Meiste zeigten wiederum die Formen des hexagonalen Systems und soll das Gefundene an Beispielen aus demselben dargelegt werden unter Zuziehung der Bestätigung aus den anderen Systemen. Recht viel Interessantes gewährte die Untersuchung der Formen der Humitgruppe (Humit, Klinohumit, Chondrodit) und sollen deshalb auch diese eine spezielle Betrachtung finden.

Nachdem bei der Abbildung und Discussion der Formenreihen einzelner Mineralien sich manches für diese als gemeinsam giltig herausgestellt hatte, entstand die Frage, ob die Ausdehnung der Schlüsse auf alle Mineralien gestattet sei, oder ob nicht die Vergleichung mit den Beobachtungen an anderen als den betrachteten Mineralien eine Widerlegung brächte. Um hierin sicher zu gehen oder wenigstens die Kontrole vornehmen zu können, entschloss ich mich dazu, alle bekannt gewordenen Formen sämmtlicher Mineralien aus der bestehenden Literatur zusammenzutragen und zu einem Index zu vereinigen, ein Unternehmen, das nun nach dreijähriger Arbeit zum Abschluss gelangt ist.

Dieser Index soll von den im Vorhergehenden angedeuteten Untersuchungen als Erstes zur Publikation gelangen, während die anderen, die mit ihm im engsten Zusammenhang stehen und ebenfalls dem Abschluss nahe sind, baldigst folgen werden.

Kräfte, Symbole, Projection.

Grundform und Primärform. In dem Wort Grundform sind bis jetzt zwei Begriffe enthalten, die sich nur theilweise decken. Der erste Begriff ist ein rein formeller; er umschliesst die Form, welche die Unterlage der Formbeschreibung und Symbolisirung bildet. Wir wollen für diesen Begriff den Namen Grundform festhalten. Zur Zeit ist es üblich, im Anschluss an C. S. Weiss und F. Mohs als Grundform die Pyramide (111) = P zu wählen. Lévy nahm das Prisma m (110) = ∞P. In dem vorliegenden Werke wurde als Grundform der Pinakoidalkörper gesetzt, d. h. die Form, welche sich zusammensetzt aus den drei Pinakoiden (001) (010) (100), und darauf Symbole und Projection basirt.

Bei der Discussion der Formenreihen zeigt es sich, dass die Entwickelung derselben von ganz bestimmten Flächen ihren Ausgang nimmt. Häufig sind es die Pinakoide, häufig auch ist es eine andere Form. Diese Ausgangsform der genetischen Ableitung bildet den zweiten Begriff, der in dem Wort Grundform enthalten ist. Wir wollen für diesen Begriff ein neues Wort wählen und die Form, auf die er sich bezieht, Primärform nennen. So ist für den Calcit, wie für das hexagonale System überhaupt, Grundform ein Prisma mit der Basis, Primärform dagegen das Spaltungs-Rhomboeder.

Da die Primärform bei verschiedenen Substanzen gleicher Symmetrie sich ändert, ja möglicherweise für dieselbe Substanz als veränderlich gedacht werden kann (Wechsel im Habitus), so empfiehlt es sich nicht, die Symbolik an sie anzuschliessen, sondern an die Grundform. Das schliesst nicht aus, dass eine (gewissermassen locale) Symbolisirung nach den speciellen Entwickelungsverhältnissen eines Minerals nebenher laufen könne. Eine solche soll an einigen Beispielen versucht werden und gehört dahin schon z. B. die bei hexagonalen Mineralien im Index beigefügte Reihe $E = \frac{p-1}{3}\ \frac{q-1}{3}$.

Um die allgemeinen Beziehungen zwischen Kräften, Symbol und Projection abzuleiten, wurde in der Einleitung angenommen, dass, was ja auch der häufigste Fall sein dürfte, beide Begriffe, Grundform und Primärform, sich decken, d. h. dass die Reihenentwickelung von den Pinakoiden ihren Ausgang nehme. Das vereinfacht alle Darlegungen und es kann nachträglich die Trennung beider Begriffe leicht vollzogen werden. Es wäre also hier gleichgiltig, ob wir von Grundform oder Primärform redeten. Wir haben letzteres Wort verwendet, da wo genetische Beziehungen dargelegt wurden, mit denen die Grundform als rein formell nichts zu thun hat. Die Gestalt allerdings, die hier ständig herbeigezogen ist, auf der Symbolik und Projection beruhen, ist die Grundform, nicht die Primärform. Wo rein formelle Beziehungen erörtert werden, tritt auch wohl das Wort Grundform auf. Hauy's forme primitive ist Primärform, diejenige von Lévy Grundform.

Wir wollen, um Beziehungen zu gewinnen zwischen Krystallform und krystallbauender Kraft, ausgehen von folgendem hypothetischen Satz:

Jede Fläche ist krystallonomisch möglich, die senkrecht steht auf einer Molekular-Attraktions-Richtung,

ohne an dieser Stelle eine genetische Begründung desselben zu versuchen.[1]) Dem krystallbauenden Molekül legen wir im Allgemeinen drei primäre Attraktionskräfte mit ihren in entgegengesetzter Richtung wirkenden Gegenkräften bei, die sich unter beliebigem Winkel schneiden und wollen definiren als Primärform diejenige Gestalt, welche entsteht, wenn jede der Primärkräfte für sich flächenbildend wirkt.

Die Primärform ist demnach ein von drei unabhängigen Flächen und deren parallelen Gegenflächen eingeschlossener Körper.[2]) Solche Flächenpaare nennt man Pinakoide und kann daher die Primärform als Pinakoidal-Körper bezeichnen. In Miller'schen Zeichen hat sie das Symbol (001) (010) (100). Unter Axen pflegt man zu verstehen die in den Mittelpunkt des Krystalls transferirten Kanten des Pinakoidalkörpers. Wir wollen sie wegen ihrer Bedeutung in der Linear-Projection Linear-Axen nennen. Sie schliessen die Winkel α β γ ein. Die Länge der Kanten hängt ab von der Centraldistanz der Flächen, einer in der Natur

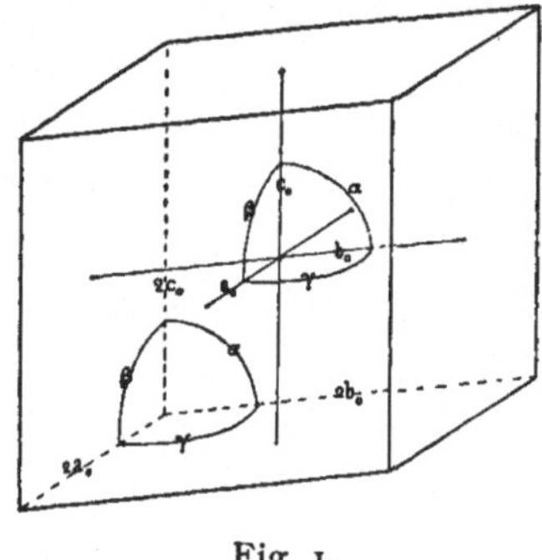

Fig. 1.

[1]) Zur Geschichte dieser Hypothese vergleiche:
Bernhardi Gehlen Journ. 1809. 8. 378.
Neumann, Beitr. z. Krystallonomie. 1823.
Grassmann, Zur physischen Krystallonomie. 1829. Resumé Seite 169.
Uhde, Versuch einer Entwickelung der mechanischen Krystallisations-Gesetze. Bremen 1833. Seite 210.
Hirschwald, Ueber die genetischen Axen der orthometrischen Krystallsysteme. Inaug. Diss. Berlin 1868.
— —. Grundzüge einer mechanischen Theorie der Krystallisations-Gesetze. Min. Mitth. 1873. 3. 171.

[2]) Im hexagonalen System treten Modifikationen auf durch Einführung einer vierten Kraftrichtung, doch wollen wir bei der allgemeinen Untersuchung nur den Fall der drei Axen im Auge haben, um den Zusammenhang nicht zu stören. Die nöthigen Abänderungen sollen dann bei besonderer Betrachtung dieses Systems zusammengefasst werden.

sehr wechselnden Grösse, die zwar gewiss nicht vollständig zufällig ist, deren Gesetze wir aber nicht kennen. Wir dürfen somit, bis uns solche bekannt sind, die Längen der Axen (Kanten) willkürlich wählen und wollen daher zu Axenlängen die Parameter-Verhältnisse der zuerst abgeleiteten Formen, nämlich der primären Domen (101) (011) resp. der primären Pyramide (111) $a_0 : b_0 : c_0$ nehmen. Nun ist die Primärform vollständig bestimmt durch die Werthe $a_0\ b_0\ h_0\ \alpha\ \beta\ \gamma$, deren Gesammtheit wir als Linear-Elemente bezeichnen wollen.

Polarform. Fällen wir aus dem Mittelpunkt des Krystalls auf die Flächen des Pinakoidalkörpers Senkrechte, so geben diese Normalen P Q R, die unter sich die Winkel $\lambda\ \mu\ \nu$ einschliessen, die Richtungen der krystallbauenden Primärkräfte. Auf diese Richtungen tragen wir die relativen Grössen der Primärkräfte $p_0\ q_0\ r_0$ als Längen auf. Die Gesammtheit der Werthe $p_0\ q_0\ r_0\ \lambda\ \mu\ \nu$ wollen wir Polar-Elemente nennen. Bei den weiter unten anzugebenden Beziehungen zwischen Linear- und Polar-Elementen ist durch jede der beiden Arten von Elementen der Krystall vollständig definirt, da aus den Elementen nach empirisch bekannten Ableitungsgesetzen die Gesammtheit der möglichen Flächen hervorgeht. Ist die oben aufgestellte Hypothese richtig, so sind gerade die Polar-Elemente das eigentlich Fundamentale, dem Molekül Eigenthümliche und für die Formen Ursächliche.

Es bilden die Normalen P Q R ein körperliches Eck, das wir zum Parallelepiped ergänzen können mit den ebenen Winkeln $\lambda\ \mu\ \nu$ und den Kantenlängen $2p_0\ 2q_0\ 2r_0$. Dieses wollen wir das Parallelepiped der Primärkräfte oder kurz die Polarform nennen im Gegensatz zur Primärform (Grundform).

Die Winkel sind gemessen im Quadranten oben — vorn — rechts und es liegt p_0 gegenüber λ, q_0 gegenüber μ, r_0 gegenüber ν.

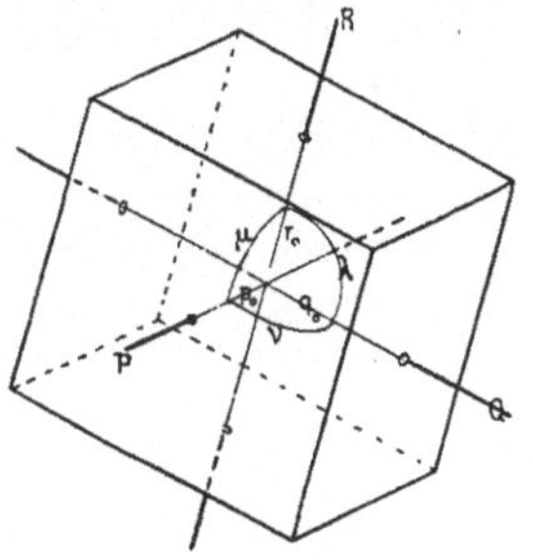

Fig. 2.

Zwischen Grundform und Polarform besteht das Verhältniss der Reciprocität oder Polarität. Dieses involvirt folgende Beziehungen:

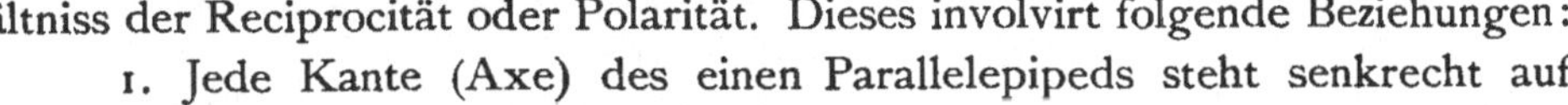

1. Jede Kante (Axe) des einen Parallelepipeds steht senkrecht auf einer Fläche des anderen.
2. Die sphärischen Dreiecke der körperlichen Ecken des einen und des anderen sind reciprok, d. h. die Winkel des einen ergänzen die Seiten des anderen zu 180°.

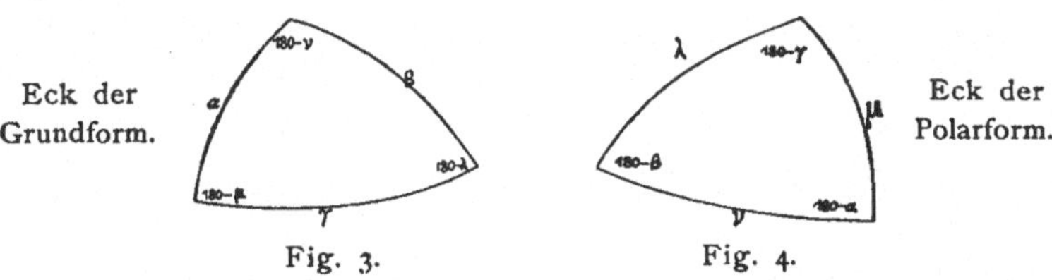

Fig. 3. Fig. 4.

Daraus leitet sich ab der Satz:

$$\sin\alpha : \sin\beta : \sin\gamma = \sin\lambda : \sin\mu : \sin\nu$$

3. Es besteht die Beziehung:

$$a_0 : b_0 : c_0 = \frac{\sin\alpha}{p_0} : \frac{\sin\beta}{q_0} : \frac{\sin\gamma}{r_0} = \frac{\sin\lambda}{p_0} : \frac{\sin\mu}{q_0} : \frac{\sin\nu}{r_0}$$

ein Spezialfall der allgemeinen Relation:

$$aa_0 : bb_0 : cc_0 = \frac{\sin\alpha}{pp_0} : \frac{\sin\beta}{qq_0} : \frac{\sin\gamma}{rr_0} = \frac{\sin\lambda}{pp_0} : \frac{\sin\mu}{qq_0} : \frac{\sin\nu}{rr_0}$$

worin die a b c und p q r weiter unten zu definirende Grössen sind.

Letztere Gleichung umschliesst die wichtigste Verknüpfung der Symbole und Elemente sowie der Projectionen, weshalb wir sie als **Fundamentalgleichung** bezeichnen wollen.

Die Relation 1 bedarf keines Beweises, wohl aber 2 und 3.

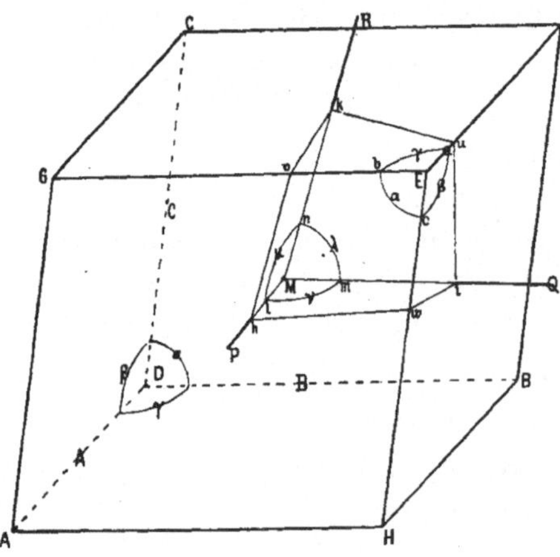

Fig. 5.

Ad 2. Beweis. Es sei (Fig. 5)
M der Krystall-Mittelpunkt,
ABCD das Eck der Grundform, das sphäriche Dreieck abc bildend,
PQRM das Eck der Polarform, das sphärische Dreieck lmn bildend.

MP ⊥ EGAH	Ebene PMQ ⊥ EH
MQ ⊥ EHBF	„ QMR ⊥ EF
MR ⊥ EFCG	„ RMP ⊥ EG

Nach der Definition eines sphärischen Winkels ist Winkel b a c identisch mit dem Winkel k u i der beiden Lothe ku und iu auf Kante EF und somit gleich dem Supplement von λ; analog an den anderen Kanten.

Somit ist: cab = iuk = 180 — λ
abc = kvh = 180 — μ
bca = hwi = 180 — ν
denn: Mhv = Mhw = 90°
Miw = Miu = 90°
Mku = Mkv = 90°

Ebenso ist:

Evh = Ewh = 90°	mln = vhw = 180 — α
Ewi = Eui = 90°	nml = wiu = 180 — β
Euk = Evk = 90°	lnm = ukv = 180 — γ

Fig. 6.

Auch aus beistehender Fig. 6, in der aus einem Punkt λ μ ν im Raum innerhalb des Eckes α β γ der Grundform Lothe auf die das Eck einschliessenden Flächen gefällt sind, ist klar ersichtlich, dass:

$$\lambda = 180 - a$$
$$\mu = 180 - b$$
$$\nu = 180 - c.$$

Ad 3. Eine Fläche kann definirt werden durch ihre Parameter, das sind in Fig. 7 die Abschnitte $M\mathfrak{A} = A$, $M\mathfrak{B} = B$, $M\mathfrak{C} = C$ auf den Axen ABC. Ebenso kann sie definirt werden durch die drei Parallel-Coordinaten $M\mathfrak{P} = P$, $M\mathfrak{Q} = Q$, $M\mathfrak{R} = R$, des Fusspunktes F der Flächennormale MF aus dem Coordinaten-Anfang, bezogen auf die zu ABC polaren Axen PQR. Die Fundamentalgleichung vermittelt die Umwandlung der der einen Definition entsprechenden Werthe in die der anderen.

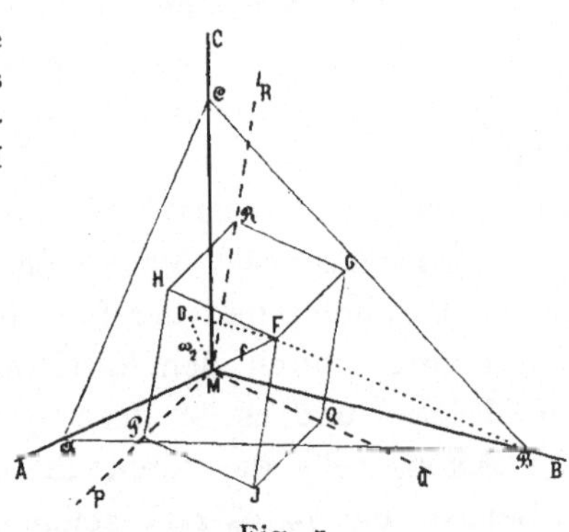

Fig. 7.

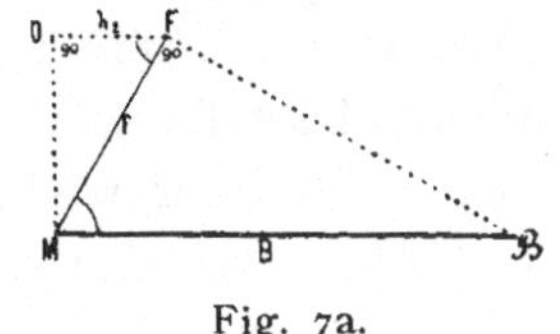

Fig. 7a.

Fällen wir aus F (Fig. 7) auf die Ebene $\mathfrak{R}M\mathfrak{P}$ eine Senkrechte = FD, so läuft diese parallel mit $\mathfrak{B}M$. Es liegen ausserdem $FDM\mathfrak{B}$ in einer Ebene. Wir verbinden D mit M und zeichnen uns die Figur DFBM in ihrer eigenen Ebene heraus (Fig. 7a) Es ist dann:

$$\Delta\, FDM \sim MF\mathfrak{B}$$

da $DF \parallel M\mathfrak{B}$; $FDM = MF\mathfrak{B} = 90^\circ$.

Wenn wir nun setzen:

$$FD = h_2 \quad FM = f \quad M\mathfrak{B} = B$$

so besteht das Verhältniss:

$$h_2 : f = f : B$$

oder

$$h_2 = \frac{f^2}{B}$$

Analog ist, wenn wir die gleiche Construction nach den zwei andere Axen A und C hin ausführen:

$$h_1 = \frac{f^2}{A}$$

$$h_3 = \frac{f^2}{C}$$

oder es ist:

$$A : B : C = \frac{1}{h_1} : \frac{1}{h_2} : \frac{1}{h_3} \quad \ldots\ldots\ldots 1$$

Bezeichnen wir den Inhalt der Fläche $M\mathfrak{Q}G\mathfrak{R}$ mit ω_1
" " $M\mathfrak{R}H\mathfrak{P}$ " ω_2
" " $M\mathfrak{P}J\mathfrak{Q}$ " ω_3

so lässt sich das Volum V des Parallelepipeds der Figur auf drei Weisen ausdrücken. Es ist:

$$V = \omega_1 h_1 = \omega_2 h_2 = \omega_3 h_3$$

danach besteht das Verhältniss:

$$\omega_1 : \omega_2 : \omega_3 = \frac{1}{h_1} : \frac{1}{h_2} : \frac{1}{h_3} = A : B : C \quad \ldots\ldots\ldots 2$$

nach Formel 1.

Es ist aber in dem Parallelogramm $M\mathfrak{R}H\mathfrak{P}$: $M\mathfrak{R} = R$, $M\mathfrak{P} = P$, $\angle\, \mathfrak{R}M\mathfrak{P} = \mu$

Danach berechnet sich der Inhalt:

$$\omega_2 = PR \sin \mu$$

Ebenso ist:

$$\omega_1 = RQ \sin \lambda$$

$$\omega_3 = QP \sin \nu$$

und es besteht die Beziehung:

$$\omega_1 : \omega_2 : \omega_3 = RQ \sin \lambda : PR \sin \mu : QP \sin \nu$$

oder, wenn wir durch PQR dividiren:

$$\omega_1 : \omega_2 : \omega_3 = \frac{\sin \lambda}{P} : \frac{\sin \mu}{Q} : \frac{\sin \nu}{R}$$

Dies zusammen mit Formel 2 giebt:

$$A : B : C = \frac{\sin \lambda}{P} : \frac{\sin \mu}{Q} : \frac{\sin \nu}{R}$$

Die weitere Aenderung in der Schreibweise dieser Fundamentalgleichung bis zur obigen Gestalt erfordert noch einige Darlegungen und folgt Seite 14.

Die Polarform ist aus zwei Gründen interessant:

1. weil wir in ihr die Theilung und Vereinigung der Kräfte verfolgen können, die zur Entstehung der Flächen führen (genetisch),
2. weil sie als Grundlage angesehen werden kann für die polare Projection (formell), sowie für die Flächensymbole.

Alles dies ist so eng verknüpft, dass jedes für sich kaum behandelt werden kann; wir werden das Eine durch das Andere entwickeln.

Combinationen. Symmetrie. Holoedrie. Centraldistanz. Die Polarform ist das Parallelepiped der Primärkräfte. Ihre Axen, d. h. die Parallelen mit den Kanten durch den Mittelpunkt, haben die Richtungen der Primärkräfte im Molekül und es ist deren gegenseitige Neigung gleich $\lambda \, \mu \, \nu$; die Länge der Axen stellt die Intensität dieser Kräfte, der Krafteinheiten dar. Wir haben sie mit $p_0 \, q_0 \, r_0$ bezeichnet. Jedes Molekül verfügt nur einmal über die Kräfte $p_0 \, q_0 \, r_0$. Denken wir uns aber die Primärkräfte nach jeder Axe hin in eine gleiche Anzahl gleicher Theile getheilt, so verhalten sich deren Intensitäten ebenfalls wie $p_0 : q_0 : r_0$. Da es uns jedoch hier nur auf die relative Grösse der wirkenden Krafttheile ankommt, da nur sie, nicht die absolute Grösse die Richtung der Resultante, der Flächennormale, bestimmt, so können wir auch diese kleineren Theile als Einheiten betrachten und eine Fläche bezeichnen nach der Zahl der Krafteinheiten, die in der Richtung jeder der Primärkräfte zur Erzeugung der flächenbildenden Kraft mitwirkt.

Zur Bildung einer Flächennormale wird im Allgemeinen nur ein Theil der durch die besprochene Theilung erzeugten Einzelkräfte verwendet, ein Theil bleibt in jeder Primärrichtung übrig. Diese Reste können theilweise oder im Ganzen zu weiteren Resultanten sich vereinigen, die mit den ersten gleichzeitig Flächen erzeugen. So entstehen die Combinationen. Durch die verschiedene Art der Theilung und Vereinigung ist die grösste Manichfaltigkeit in der Bildung von Combinationen möglich.

Beschränkt wird die Freiheit der Vereinigung durch das Gesetz der Symmetrie (Holoedrie), das erfordert, dass überall da, wo an demselben Krystallelement (Molekül) gleiche Verhältnisse in Bezug auf Richtung und Grösse der Kräfte vorliegen, dieselbe Wirkung (Theilung und Vereinigung) gleichzeitig stattfinde, d. h. dass jede Fläche (Einzelfläche) alle gemäss den Elementen ihres Krystalls zu ihr symmetrischen gleichzeitig hervorruft (Gesammtform).

Beispiel. Wir nehmen einen Krystall rhombischer Symmetrie, bei dem sich also Alles, was in einem Octanten vorgeht, symmetrisch in den sieben anderen wiederholt. Wir können uns dann darauf beschränken, den Vorgang in einem Octanten zu betrachten, wenn wir berücksichtigen, dass eben durch die Symmetrie jede Primärkraft nach vier Seiten hin zugleich und gleichmässig in Anspruch genommen wird, also dem einen Octanten nur ein Viertel derselben zufällt. Dieses Viertel möge in unserem Beispiel nach jeder Axenrichtung in vier Theile zerfallen, die wir jetzt p_0 q_0 r_0 nennen wollen. Jeder dieser Theile ist also $\frac{1}{16}$ der gesammten Primärkraft des Moleküls in seiner Richtung. Wir haben danach zur Verwendung $4p_0$ $4q_0$ $4r_0$. Nun möge die Vereinigung in folgender Weise stattfinden: Es treten zunächst zusammen $1p_0$ $1q_0$ $1r_0$ zu den Resultanten $p_0\ q_0\ r_0 = (111) = 1$; von dem Rest vereinigen sich $3p_0$ mit $2q_0$ zur Resultanten $(320) = \frac{3}{2}\infty$ und die übrig bleibenden $1q_0$ und $3r_0$ mögen jede für sich flächenbildend wirken, so dass erstere Kraft die Form $(010) = 0\infty$, die letztere $(003) = (001) = 0$ erzeugt. So erhalten wir die Combination:

$$(111)\ (320)\ (010)\ (001) = P,\ \infty\bar{P}\frac{3}{2},\ \infty\breve{P}\infty,\ 0P = 1\quad \frac{3}{2}\infty\quad 0\infty\quad 0$$

Durch die Richtung der Normalen ist, wie schon aus dem Beispiele zu ersehen, die Intensität der Kraftwirkung in deren Richtung noch nicht fixirt. Diese Intensität aber ist wohl (neben der Wachsthumsgeschichte) das wesentlichste Moment für die Centraldistanz und dadurch die Ausdehnung der Fläche. So dürfte in dem gegebenen Beispiel (wenn die q_0 und r_0 annähernd gleiche Grösse haben) die Basis, der mehr Kraftantheile zufallen, sich stärker ausbreiten, als das Brachypinakoid.

Polare Flächensymbole. Zum Zweck der Symbolisirung können die Flächen durch ihre Normalen aus dem Krystallmittelpunkt vertreten werden, wenn es uns nicht darauf ankommt, die Centraldistanz der Flächen im Symbol auszudrücken. Eine solche Normale hat die Richtung der die Fläche verursachenden Kraft, die wir, wie oben ausgeführt, ausdrücken können durch die Anzahl p q r der primären Einzelkräfte p_0 q_0 r_0, die zur Bildung einer Resultanten in der Richtung dieser Flächennormalen zusammentreten.

Sollte es einmal wünschenswerth erscheinen, auch die Centraldistanz der Flächen im Symbol zum Ausdruck zu bringen, so könnte dies dadurch geschehen, dass man die Werthe p q r mit einem gemeinsamen Faktor multiplicirte, welcher der Intensität der Kraft in der Richtung der Flächennormale entspräche. Centraldistanz und Kraftintensität müssten durch ein Gesetz verknüpft sein. Um dies Gesetz zu finden, könnte man ein solches zunächst hypothetisch einführen und nach ihm Symbole schreiben, in denen sich die Beobachtungen über Centraldistanz übersichtlich niederlegen liessen. Die so gewonnenen Zeichen könnten dann in ihrer Gesammtheit discutirt werden und das vorläufig eingeführte Gesetz bestätigen, oder durch ein anderes ersetzen. Als nächstliegendes Gesetz bietet sich das folgende:

„Die Centraldistanz einer Fläche ist bei allseitig gleichen Wachsthumsverhältnissen umgekehrt proportional der die Fläche erzeugenden Kraft."

In Buchstaben: $D_1 : D_2 = \frac{1}{k_1} : \frac{1}{k_2}$

So käme der in unserem obigen Beispiel auftretenden Basis (003) ein Drittel der Centraldistanz zu, wie einer unter sonst gleichen Umständen auftretenden Basis (001).

Dies Gesetz hat deshalb viel Wahrscheinlichkeit für sich, weil, wenn es richtig wäre, die Primärkräfte p_0 q_0 r_0 allein wirkend eine Grundform mit den Kantenlängen a_0 b_0 c_0 erzeugen würden, wie sie die Fundamentalgleichung als Abschnitte der Form $p_0\ q_0\ r_0 = (111) = 1$ auf den Linear-Axen giebt, und wie wir sie aus praktischen Gründen zum Zweck der Formbeschreibung und Projection der Grundform bereits willkürlich beigelegt haben. Wäre das aufgestellte Gesetz richtig, so würde die genannte Wahl aufhören, willkürlich zu sein.

Bestimmen wir also eine Fläche durch die drei Zahlen p q r, die angeben, wie viele von den Krafteinheiten p_0 der P Richtung q_0 der Q Richtung, r_0 der R Richtung zur Bildung einer Resultante in der Richtung der Flächennormale zusammentreten, so erhalten wir zunächst ein dreizahliges polares Flächensymbol. Da es aber bei den Symbolzahlen, wie bei den Krafteinheiten, nur auf relative Grössen ankommt, so können wir stets $r = 1$, $r_0 = 1$ setzen und brauchen diese 1 nicht anzuschreiben. Dadurch vereinfacht sich das dreizahlige polare Flächensymbol zu einem zweizahligen:

$$pq\,(1) = pq.$$

(Von diesen zwei Zahlen schreiben wir zu weiterer Vereinfachung in der Regel nur eine, wenn beide einander gleich sind, also p anstatt pp.) Die Symbole pq sind, wie wir sogleich sehen werden, die Coordinaten der Flächenpunkte in polarer Projection und gewähren somit das, was wir auf der ersten Seite als erstrebenswerth bezeichnet haben, dass das Symbol der Zahlenausdruck des Projectionsbildes, die Projection der unmittelbare graphische Ausdruck des Symbols sei. Wir erhalten aus ihm wieder das dreizahlige Symbol, das die Kraftantheile darstellt und für manche Operationen nützlich ist, indem wir als dritten Werth 1 hinzufügen. Wenn im Folgenden die Rede ist von dreizahligem Symbol im Gegensatz zum zweizahligen, so ist dies gemeint. Da pq oft Brüche sind, so können wir durch Multiplication mit dem gemeinsamen Nenner bewirken, dass das dreizahlige Symbol aus lauter ganzen Zahlen besteht. Die so gebildeten Symbole treffen dann im Allgemeinen überein mit den Whewell-Grassmann-Miller'schen Symbolen und weichen von ihnen wesentlich nur im hexagonalen System ab.

Polar-Projection. Für jeden Krystall müssen gegeben sein die Richtungen der Primärkräfte (durch die Winkel $\lambda\ \mu\ \nu$) und ihre Intensitäten durch das Längenverhältniss $p_0 : q_0 : r_0$. Aus diesen Grössen construiren wir die Polarform.

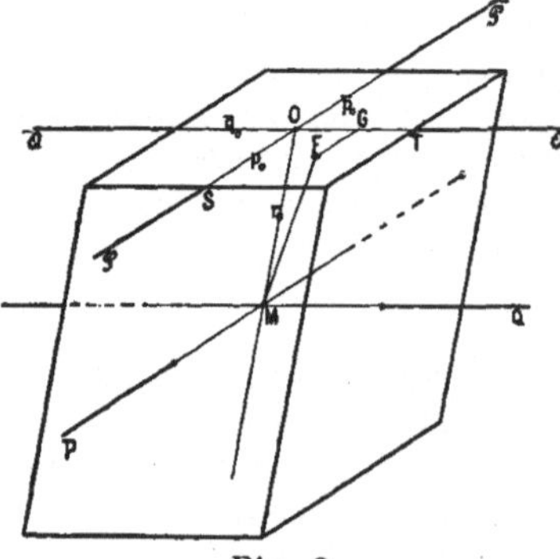

Fig. 8.

Das Zeichen einer Fläche pq sagt aus, dass zu der die Fläche bildenden Resultante, der Flächen-Normale, sich vereinigen die Componenten:

$$pp_0 \quad qq_0 \text{ und } 1.r_0$$

in der Richtung der Axen der Polarform.

$p_0\ q_0\ r_0$ sind die Masseinheiten in den Richtungen der Axen P Q R (Fig. 8):

$$OS = p_0 \quad OT = q_0 \quad MO = r_0$$

Wir werden diese Einheiten nun nicht mehr besonders erwähnen, sondern uns bewusst bleiben, dass in jeder der Axenrichtungen mit anderem Mass gemessen wird; dass also p sagt, es seien in der P Richtung p von den Einheiten aufzutragen, die dieser Richtung eigenthümlich sind u. s. w. Die verschiedenen Krystalle unterscheiden sich dadurch, dass die Kraftrichtungen verschieden sind, ebenso die Einheiten, mit denen gemessen wird.

Sollen Kräfte im Raum vereinigt werden, so trägt man sie nach dem Mass ihrer Intensität mit den ihnen eigenthümlichen Richtungen aneinander. Die Resultante ist die Verbindungslinie des Endpunktes dieses Systems mit dem Ausgangspunkt.

Das Zeichen p q sagt also, dass im Raum

p Einheiten der P Richtung,
q Einheiten der Q Richtung,
1 Einheit der R Richtung

zu einer Resultanten zusammengelegt werden sollen. Es ist also in unseren Zeichen die Componente der R Richtung = 1 genommen. Diese 1 führt uns aus dem Mittelpunkt der Polarform auf deren obere Fläche in den Punkt O. (Fig. 8.) Nun sind OS und OT die Einheiten der P und Q Richtung. In diesen Richtungen also und mit diesen Einheiten sind die Werthe p und q in der oberen Fläche der Polarform aufzutragen. Der Endpunkt dieses Systems von drei Kraftcomponenten muss stets in dieser oberen Fläche liegen. Die Verbindungslinie des Punktes F mit dem Mittelpunkt M der Polarform ist die Resultante, die Flächennormale. Der Ort des Punktes F in der Ebene ist typisch für die Normale und somit für die Fläche, zu der diese gehört. Alle die Punkte, F, die eine Abbildung (Projection) der Flächen sind und die wir daher Flächenpunkte nennen wollen, liegen in einer Ebene, der oberen (horizontalen) Fläche der Polarform. Somit ist für unsere Symbole, in denen der dritte Index der Einheit gleich gesetzt ist, die diesem Einheitsindex zugeordnete (obere) Fläche der Polarform unsere naturgemässe Projections-Ebene.

Zur Projections-Ebene könnten wir ebenso gut eine andere Fläche der Polarform wählen, dann müssten wir nicht r, sondern p oder q = 1 setzen. Wir erhielten dann Symbole von der Form pr resp. qr und, da wir zum Zweck der Zeichnung die Projections-Ebene am besten horizontal legen, müssten wir das ganze System drehen. Das führt auf das Erste zurück und bedeutet nichts weiter, als eine veränderte Aufstellung des Krystalls.

Zum Aufbau einer Fläche resp. zur Zusammensetzung von deren Normale können Antheile von 1, 2 oder 3 der Primärkräfte mitwirken. Dadurch zerfallen die Flächen in drei natürliche Gruppen, die bereits Grassmann in seiner vortrefflichen Schrift (Zur physischen Krystallonomie und geometrischen Combinationslehre. Stettin 1829, vgl. Seite 11 und 129) scheidet und im Anschluss an seine phoronomische Combinationslehre als elementare, binäre, ternäre Flächen bezeichnet. Wir wollen diese Namen unverändert annehmen, nur an Stelle von elementar primär setzen. Es entsprechen die Primärformen den Pinakoiden, die Binärformen den Prismen und Domen, die Ternärformen den Pyramiden.

Also:

Primärformen:	Basis	o
	Längsfläche	o ∞
	Querfläche	∞ o
Binärformen:	Prismen	p ∞, ∞ q
	Domen	p o, o q
Ternärformen:	Pyramiden	p q

Jede dieser Gruppen hat ihren besonderen Charakter und spielt ihre besondere Rolle in der Entwickelung der Formenreihen der Krystalle. Im tetragonalen und hexagonalen System haben wir sogenannte Pyramiden und Rhomboeder von binärem (domatischem) Charakter po und solche von ternärem (pyramidalem) Charakter p.

Rationalität der Krafttheilung. Aus dem Zeichen pq ergeben sich, wie oben Seite 9 u. 10 nachgewiesen, die Axen-Abschnitte ABC der Fläche nach dem Satz:

$$P:Q:R=\frac{\sin\alpha}{A}:\frac{\sin\beta}{B}:\frac{\sin\gamma}{C}=\frac{\sin\lambda}{A}:\frac{\sin\mu}{B}:\frac{\sin\nu}{C}$$

Davon bedeuten PQR die Intensitäten der Kraftantheile. Drücken wir sie in den Einheiten $p_0\ q_0\ r_0$ aus, so ist:

$$P:Q:R=pp_0:qq_0:rr_0$$

Die Axen-Abschnitte ABC beziehen wir auf die Axen der Grundform $a_0\ b_0\ c_0$, betrachten diese als Einheiten (lineare Elemente) und setzen

$$A:B:C=aa_0:bb_0:cc_0$$

wobei nach dem Satz von der Rationalität der Indices abc rationale Zahlen sind. Setzen wir diese Werthe in obige Gleichung, so nimmt sie die Form an, in der wir sie bereits oben (Seite 8) angeschrieben haben:

$$pp_0:qq_0:rr_0=\frac{\sin\alpha}{aa_0}:\frac{\sin\beta}{bb_0}:\frac{\sin\gamma}{cc_0}=\frac{\sin\lambda}{aa_0}:\frac{\sin\mu}{bb_0}:\frac{\sin\nu}{cc_0}\quad\text{(Fundamentalgleichung).}$$

Nun gilt noch für die Constanten jedes Krystalls die Gleichung:

$$p_0:q_0:r_0=\frac{\sin\alpha}{a_0}:\frac{\sin\beta}{b_0}:\frac{\sin\gamma}{c_0}=\frac{\sin\lambda}{a_0}:\frac{\sin\mu}{b_0}:\frac{\sin\nu}{c_0}$$

daher:

$$p:q:r\ (\text{resp. } p:q:1)=\frac{1}{a}:\frac{1}{b}:\frac{1}{c}=\frac{1}{m}:\frac{1}{n}:\frac{1}{o}\ (\text{Weiss})=h:k:l\ (\text{Miller}).$$

Eine Consequenz lässt sich aus letzterer Formel ziehen. Erfahrungsgemäss sind abc hkl rationale Grössen (Gesetz von der Rationalität der Indices), also auch pqr, d. h. die Kraftantheile in jeder Richtung treten in rationaler Anzahl auf oder, was dasselbe ist: die Primärkräfte zerfallen stets in eine ganze Anzahl gleicher Theile. Dies ist der genetische Ausdruck des Satzes von der Rationalität der Indices, wir können es bezeichnen als Gesetz von der Rationalität der Krafttheilung. Das Analogon finden wir beispielsweise in der Akustik beim Zerfallen schwingender Saiten oder Luftsäulen in eine ganze Anzahl gleicher schwingender Einzeltheile. Ebenso entsprechen den Combinationen die Töne mit ihren Obertönen und sind die in beiden Fällen auftretenden Zahlenverhältnisse durchaus analog, wie wir bei der Discussion der Zahlen sehen werden.[1])

In der letzten Formel liegt ferner das Prinzip der Umwandlung in die Weiss'schen und Miller'schen Symbole. Es sind die neuen Symbole im Wesen nicht sehr von den Miller'schen verschieden, nur ist der dritte Index stets = 1 gesetzt und weggelassen, ein Unterschied, der jedoch bei den mit ihnen auszuführenden Operationen wesentlich einschneidend ist. Nur im hexagonalen System weichen die Symbole von den Miller'schen ab und schliessen sich näher denen von Bravais an. Sie bedürfen einer besonderen Besprechung, die später (Seite 29) folgt.

Polar-Elemente. Nach dem Gesagten bestimmt sich die Lage des Projectionspunktes einer Fläche pq einfach dadurch, dass man, ausgehend von dem Projections-Mittelpunkt O, die Grössen pq in den ihnen zukommenden Einheiten p_0 q_0 in den Richtungen OP, OQ als Coordinaten aufträgt, also p mal die Einheit p_0 in der Richtung OP, daran q mal die Einheit q_0 in der Richtung OQ. (Fig. 9.)

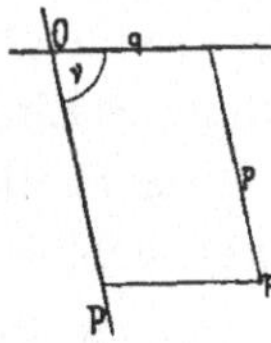

Wir legen im Bild die Richtung OQ von links nach rechts parallel dem Papierrand, OP schliesst sich daran unter dem Winkel ν. (ν ist der Winkel, den die Axen P und Q in der Projections-Ebene einschliessen.)

Fig. 9.

Für viele Untersuchungen reicht die Charakterisirung der Projection durch p_0 q_0 ν aus. Für Untersuchungen über den Zonenverband können sogar alle diese Elemente willkürlich in das Bild getragen werden. Zur graphischen Berechnung von Winkeln im Raum, zum Aufsuchen der Beziehungen zu den anderen Arten der Projection und anderen Aufgaben reichen jedoch diese Daten nicht aus. Dazu fehlt noch und genügt 1. die Angabe der Lage des Scheitelpunktes C (senkrecht über dem Krystallmittelpunkt) gegen den Coordinaten-Anfang O, 2. der verticale Abstand h des Scheitelpunktes C vom Krystallmittelpunkt M.

Die Lage von O gegenüber C können wir auf zwei Arten fixiren, entweder durch die rechtwinkligen Coordinaten y_0 x_0 oder durch die Polarcoordinaten d δ. (Fig. 10.)

x_0 y_0 sind zur Construction bequem, d δ zu manchen Rechnungen willkommen. Es wurden daher im Index alle vier Werthe x_0 y_0 d δ unter den Elementen aufgeführt. Die Masseinheit ist wie überall $r_0 = 1$.

Der verticale Abstand der Projections-Ebene

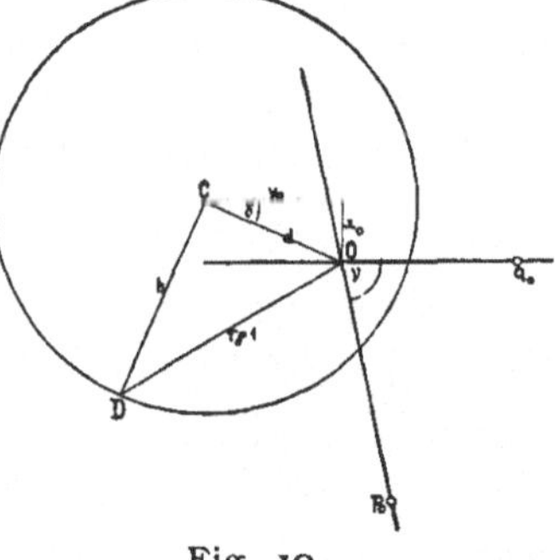

Fig. 10.

[1]) Auf eine solche Analogie weist bereits Grassmann hin (Zur physischen Krystallonomie 1829 Seite 49 und 179).

vom Krystallmittelpunkt (CM) ist in dies Projectionsbild eingetragen als Radius eines um C beschriebenen Kreises, den wir als Grundkreis bezeichnen wollen. Er spielt eine grosse Rolle bei den Constructionen zur graphischen Krystallberechnung und ist unter Anderem auch der Grundkreis der stereographischen Projection.

Ziehen wir CD ⊥ CO, so ist OD $= r_0 = 1$. (Fig. 10.)

Die Gesammtheit der Elemente der Polarprojection, der polaren Elemente, besteht danach aus folgenden Werthen:

$$p_0 \; q_0 \; (r_0 = 1) \; \lambda \; \mu \; \nu \; x_0 \; y_0 \; h \; d \; \delta$$

von denen je fünf unter sich unabhängige zur Ableitung der anderen ausreichen. Im Index finden sich alle diese Werthe für jedes einzelne Mineral ausgerechnet.

Linear-Projection. Unter Linear-Projection verstehen wir eine solche Art der Abbildung, in der sich die Flächen eines Krystalls als gerade oder krumme Linien in einer Ebene darstellen. Von diesen haben (wie wir an anderer Stelle ausführen werden) nur zwei für die Krystallographie Bedeutung, eine, welche die Flächen als Gerade darstellt, die wir kurz Linearprojection nennen wollen und eine zweite, in der die Flächen als Kreise abgebildet erscheinen. Quenstedt erwähnt letztere (Grundriss der Krystallographie, 1873, 141) unter dem Namen Kugelprojection. Sie verhält sich zu der geradlinigen Linearprojection wie die stereographische zur gnomonischen. Da der Name Kugelprojection leicht zu Verwechselungen mit der stereographischen führen kann, wollen wir sie als cyklographische Projection bezeichnen.

Die erstere der beiden genannten Projectionsarten (die Linearprojection) stimmt im Allgemeinen mit der Quenstedt'schen Projection überein; um aber consequent die Beziehungen der Projectionen unter sich durchführen zu können, ist ein Abweichen von der Quenstedt'schen Behandlung nöthig. Quenstedt verschob jede Fläche so, dass sie durch einen Punkt in der Entfernung 1 über dem Mittelpunkt der Projections-Ebene durchging und suchte die Trace der Fläche mit der Projections-Ebene. Wir legen dagegen alle Flächen durch den Mittelpunkt des Krystalls und nehmen die Trace mit einer in der verticalen Entfernung k über dem Krystallmittelpunkt liegenden Ebene (über k vgl. S. 18—20). Zum Zweck der cyklographischen Projection rücken wir ebenso alle Flächen des Krystalls in den Mittelpunkt, um den eine Kugel vom Radius k gezogen ist. Die Tracen der Flächen auf der Oberfläche der Kugel sind grösste Kreise, die nach Analogie der stereographischen Projection auf eine Ebene durch den Krystallmittelpunkt projicirt werden.

Wahl der Projections-Ebene für die Linear-Projection. Als Projections-Ebene ist am besten eine Fläche der Primärform zu wählen, also eines der Pinakoide und zwar zum Zweck einfacher Beziehung zu der Polarprojection und den polaren Flächensymbolen das obere Pinakoid, die Basis. Die Projections-Ebene der Linear- und die der Polar-Projection fallen im Allgemeinen nicht zusammen, vielmehr nur dann, wenn die lineare Projections-Ebene senkrecht steht auf den Flächen der Prismenzone. Dies ist der Fall im regulären, tetragonalen, hexagonalen, rhombischen System. Im monoklinen System nicht, ausser, wenn wir, was sich für manche Untersuchungen wohl empfiehlt, die Projection auf die Symmetrie-Ebene ausführen.

Lineare Flächensymbole. Wie wir die polaren Flächensymbole der gnomonischen Projection entnommen haben, so können wir aus der (geradlinigen) Linear-Projection ebenfalls Symbole für die Flächen und ebenso für die Kanten (Zonen-Axen) gewinnen.

Die (geradlinige) Linear-Projection der Fläche ist eine gerade Linie. Sie kann definirt werden durch die Gleichung zweier auf ihr liegender Zonenpunkte [a b] [a_1 b_1] und lautet dann:

$$\frac{x-a}{y-b} = \frac{a-a_1}{b-b_1}$$

oder sie kann definirt werden durch ihre Abschnitte auf den zwei Coordinaten-Axen AB. Letztere Definition wollen wir zu einer Symbolisirung der Flächen verwenden.

Eine Fläche schneide auf den drei Axen die Längen aa_0, bb_0, cc_0 ab, so lautet die Fundamentalgleichung:

$$aa_0 : bb_0 : cc_0 = \frac{\sin\alpha}{pp_0} : \frac{\sin\beta}{qq_0} : \frac{\sin\gamma}{rr_0}$$

Dabei sind a_0 b_0 (c_0) $\alpha\,\beta\,\gamma$ die linearen Elemente, wovon wir $c_0 = 1$ setzen.

a_0 b_0 c_0 sind die Abschnitte der Form 1 = (111) auf den drei Linear-Axen (die parallel den Kanten des Pinakoidalkörpers [0, ∞0, 0∞] verlaufen), welch letztere sich unter den Winkeln $\alpha\,\beta\,\gamma$ schneiden.

Mit a b c wollen wir die Coefficienten von a_0 b_0 c_0 bezeichnen. Sie sind rationale Zahlen und es entspricht $aa_0 : bb_0 : cc_0$ dem, was man das Parameter-Verhältniss der Fläche nennt und das die Grundlage der Weiss'schen und Naumann'schen Symbolisirung bildet.

Wir setzen $c = 1$; a_0 b_0 (c_0) $\alpha\,\beta\,\gamma$ sind constant für denselben Krystall und es genügt daher zur Bestimmung der Einzelform des durch seine Elemente definirten Krystalls die Angabe von a und b.

Aus der Fundamentalgleichung geht hervor, da

$$cc_0 = 1;\ rr_0 = 1;\ a_0;\ b_0;\ \frac{\sin\alpha}{p_0};\ \frac{\sin\beta}{q_0};\ \frac{\sin\gamma}{r_0}$$

für denselben Krystall constante Grössen sind, dass, abgesehen von den Einheiten, in denen auf jeder einzelnen Axe gemessen werden muss, a b die reciproken Werthe von p q sind.

Beispiel: Wenn $p\,q = 2\ 3$, so ist $a\,b = \left(\frac{1}{2}\ \frac{1}{3}\right)$

Zur Unterscheidung von den polaren Flächen- und den linearen Zonen-Symbolen, die wir in [ ] einschliessen, wollen wir die linearen Flächen-Symbole in runde Klammern ( ) setzen. Um auch die Zonenlinien aus ihren Parametern in polarer Projection zu symbolisiren, können wir die analog gebildeten zweizahligen Symbole in geschweifte Klammern { } einschliessen.

Wir haben dann im Ganzen vier Arten von Symbolen, die sich in ihrem äusseren Ansehen folgendermassen unterscheiden:

1. pq = polare Flächensymbole,
2. {pq} = polare Zonensymbole,
3. (ab) = lineare Flächensymbole,
4. [ab] = lineare Zonensymbole.

1 und 2 beziehen sich auf Polarelemente und Polarprojection, 3 und 4 auf Linear-Elemente und Linearprojection; die Zahlen von 1 und 4 bedeuten Parameter, die von 2 und 3 Coordinaten. (Ueber Zonensymbole vgl. die Tabelle S. 24.)

Eine Schwierigkeit in der linearen Symbolisirung entsteht für die Prismen-Flächen. Für sie sind a und b = o und nur ihr Verhältniss bezeichnet die Richtung der durch den Coordinaten-Anfang gehenden Projectionslinie. Wir wollen zur Bezeichnung das Symbol nehmen, so wie es sich aus dem polaren Symbol direkt ableitet:

Also aus $\frac{p}{q}\infty = p\infty\, q\infty$ ergiebt sich $ab = \left(\frac{o}{p}\ \frac{o}{q}\right)$

z. B. $pq = \frac{3}{2}\infty = 3\infty\ 2\infty$ „ „ $ab = \left(\frac{o}{3}\ \frac{o}{2}\right)$

$pq = 2\infty = 2\infty\ \infty$ „ „ $ab = \left(\frac{o}{2}\ \frac{o}{1}\right) = \left(\frac{o}{2}\ o\right)$

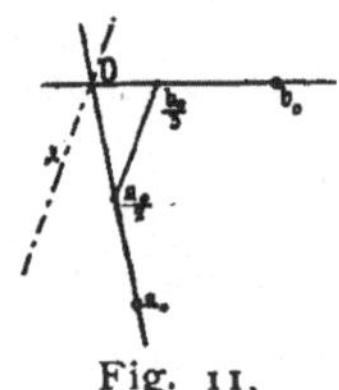
Fig. 11.

Die Projection findet sich für $\left(\frac{o}{p}\ \frac{o}{q}\right)$, indem man mit der Trace $\left(\frac{1}{p}\ \frac{1}{q}\right)$ eine Parallele durch den Coordinaten-Anfang zieht.

Beispiel: $x = \infty\frac{3}{2}$ (polar) $= \left(\frac{o}{2}\ \frac{o}{3}\right)$ (linear) (Fig. 11).

Linear-Elemente. Die Elemente der Linear-Projection sind genau analog denen der Polar-Projection. Sie leiten sich aus der Grundform her, wie die Polar-Elemente aus der Polarform. Wir haben die drei Axen, die sich unter den Winkeln $\alpha\, \beta\, \gamma$ schneiden mit den Parameter-Einheiten a_0 b_0 und $c_0 = 1$. Von diesen treten im Projectionsbild auf a_0 b_0 γ.

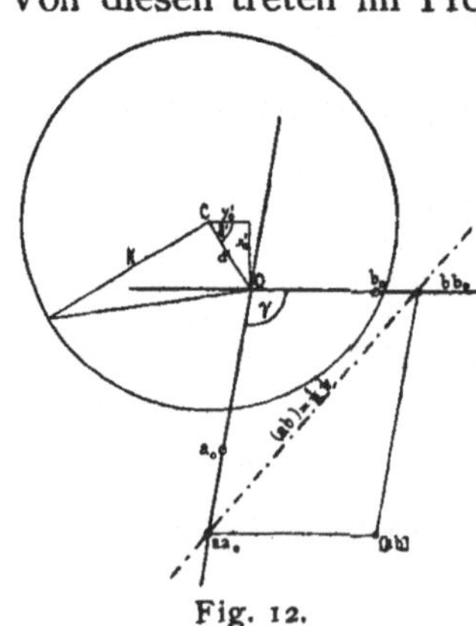
Fig. 12.

Mit ihrer Hilfe können wir die Kantenpunkte (Zonenpunkte) [a b] aus ihren Coordinaten a b mit den respectiven Einheiten a_0 b_0 auftragen, ebenso die Flächenlinien von $(ab) = \frac{1}{a}\ \frac{1}{b}$ durch Verbinden der Punkte aa_0 und bb_0. (Fig. 12.)

Analog der Polar-Projection ist noch einzutragen der Scheitelpunkt C aus seinen rechtwinkligen Parallelcoordinaten x'_0 y'_0 oder seinen Polar-Coordinaten d' δ' und es ist mit der Verticalhöhe k der Projections-Ebene über dem Krystallmittelpunkt als Radius um C ein Kreis zu beschreiben, der der Grundkreis der cyklographischen Projection ist.

Danach haben wir im Ganzen für die Linear-Projection folgende Elemente, die sich im Index berechnet finden:

$$a_0 \; b_0 \; (c_0 = 1) \quad \alpha \, \beta \, \gamma \quad x'_0 \, y'_0 \, k \quad d' \, \delta'$$

von denen je fünf unabhängige zur Festlegung der Grundform resp. der Projection ausreichen.

Von den zwischen den Linear- und Polar-Elementen bestehenden Beziehungen mögen hier nur zwei besonders hervorgehoben werden:

1. Die Radien der Grundkreise gleich den vertikalen Entfernungen der Projections-Ebenen vom Krystall-Mittelpunkt, bezogen auf die relativen Einheiten (r_0 c_0), sind in polarer und linearer Projection gleich.

Beweis: Sei der polare Radius $= h r_0$, der lineare $= k c_0$, so behauptet der Satz, es sei $h = k$.

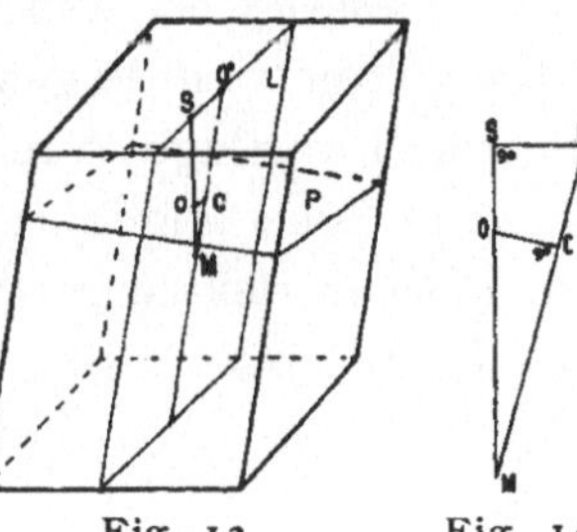

Fig. 13. Fig. 14.

Ist das Parallelepiped (Fig. 13) die Grundform (0 . 0∞ . ∞0), so ist die Basis L die Ebene der Linear-Projection. Wir legen hinein die Ebene der Polar-Projection P senkrecht zu den aufrechten Kanten der Grundform, ziehen MCO' parallel diesen Kanten, ausserdem MOS $\perp$ L. Es liegen O'S in der Ebene L, OC in der Ebene P.

Nun ist:

S der Scheitelpunkt	der linearen Projection,	
O' der Coordinaten-Anfang	„	„ „
C der Scheitelpunkt	der polaren Projection	
O der Coordinaten-Anfang	„	„ „

denn es ist MC $\perp$ P, MS $\perp$ L, und daher:

C der Austrittspunkt der Normale aus M auf der polaren Projections-Ebene P
S „ „ „ „ „ „ „ „ linearen „ L.

Da ausserdem MO' den prismatischen Kanten der Grundform parallel läuft und L die Ebene der Linear-Projection ist, so ist der Punkt O' die lineare Projection der prismatischen Zonen-Axe [0]. Da ferner MO senkrecht steht auf der Fläche L, der Basis der Grundform = (001), während die Fläche P die polare Projections-Ebene ist, so ist O der gnomonische Projectionspunkt der Fläche L.

MCO'SO liegen in einer Ebene auf den Seiten des Dreiecks MO'S. Zeichnen wir dieses Dreieck (Fig. 14) heraus, so ist:

$$\triangle MCO \sim MSO', \text{ da } \angle MCO = MSO' = 90^\circ$$

daher:

$$MC : MO = MS : MO'$$

Es ist aber:

$$MO = r_0 \qquad MO' = c_0$$
$$MC = hr_0 \qquad MS = kc_0$$

also:

$$hr_0 : r_0 = kc_0 : c_0$$

$$\boxed{h = k}$$

2. Die Abstände von Scheitelpunkt und Coordinaten-Anfang gemessen, in ihren relativen Einheiten, sind gleich und entgegengesetzt gerichtet in linearer und polarer Projection.

Beweis: Setzen wir diesen Abstand in polarer Projection = d, in linearer = d', so ist zu beweisen, dass d = — d'.

Es ist in obigen Figuren 13 und 14:

$$MO = r_0 \qquad MO' = c_0 \qquad | \qquad dr_0 : r_0 = d'c_0 : c_0$$
$$CO = dr_0 \qquad SO' = d'c_0 \qquad | \qquad d = d'$$

Nur die Richtung der d ist verschieden. Also: $\boxed{d = -d'}$

Benennung der Zonen. (Fig. 15.) In der Projections-Ebene der gnomonischen Projection liegen zwei Axen P und Q (nur im hexagonalen System drei gleichwerthige Axen). Auf jeder der Axen treten Flächenpunkte aus, die einer Zone angehören; diese Zonen wollen wir Axen-Zonen nennen. Die Flächen der einen Axen-Zone haben das Symbol oq, die der anderen das Symbol po.

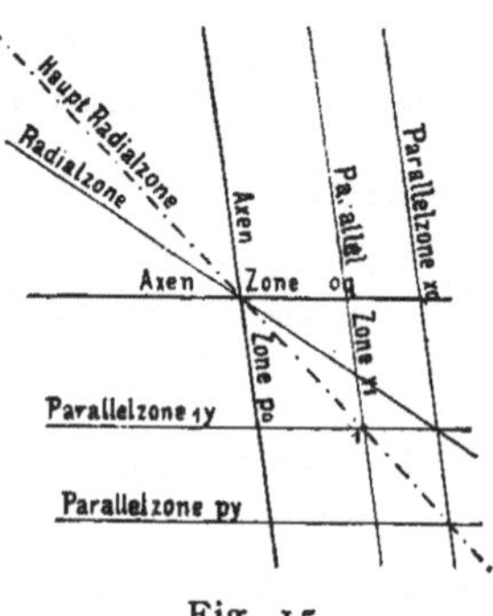

Fig. 15.

Zonen, deren Projectionslinien parallel den Axen laufen, sollen Parallel-Zonen heissen. Für sie ist entweder p oder q constant. Wir schreiben

‖ Z 2q für eine Parallelzone mit constantem p = 2
‖ Z p3 „ „ „ „ „ q = 3

Eine hervorragende Wichtigkeit hat die erste Parallelzone, d. h. die, für welche p resp. q = 1 ist.

Radialzonen mögen solche Zonen heissen, deren Linien durch den Coordinaten-Anfang O gehen. Für jede derselben ist p : q constant.

Danach bezeichnen wir als

Radialzone $\frac{p}{q}$ = RZ$\frac{p}{q}$ die Zone, für welche $\frac{p}{q}$ einen bestimmten constanten Werth hat.

z. B.: RZ2 = Radialzone, bei der $\frac{p}{q} = 2$

RZ$\frac{2}{3}$ = „ „ „ $\frac{p}{q} = \frac{2}{3}$

Unter den Radialzonen sind von besonderer Wichtigkeit diejenigen, bei welchen p : q = 1 ist. Sie mögen wegen ihrer hervorragenden Bedeutung Haupt-Radial-Zonen (auch Diagonalzonen wäre für sie ein geeigneter Name) genannt und abgekürzt mit HRZ bezeichnet werden. Für sie ist p=q und würde für eine Form derselben das Symbol pp (z. B. 22) lauten, wofür der Einfachheit wegen p (z. B. 2) gesetzt wurde. Die HRZ sind demnach in dem Formenverzeichniss daran kenntlich, dass die Symbole ihrer Formen aus nur einer Zahl bestehen. Nur da, wo die Zahlen des Symbols zweiziffrig sind, wurden beide Zahlen geschrieben, z. B. 12 . 12, da 12 = Zwölf von 12 = Eins, Zwei nicht zu unterscheiden wäre. Der Fall ist nicht häufig. Ebenso müssen die zwei Zahlen ausgeschrieben werden, wenn sie, wie z. B. im triklinen System oder wenn eine Einzelfläche bezeichnet wird, im Uebrigen gleich sind, aber verschiedenes Vorzeichen haben.

Excentrische Radialzonen wurden solche Zonen genannt, deren Linien durch einen gemeinsamen excentrischen Flächenpunkt gehen.

Prismen-Zone ist die Zone derjenigen Flächen, die senkrecht stehen auf der Projections-Ebene, deren Projectionspunkte daher in gnomonischer Projection alle im Unendlichen liegen. Für diese Flächen ist demnach p und q unendlich gross, doch besteht ein Verhältniss p : q, das anzeigt, welcher Radialzone das Prisma angehört. Dies wird im Symbol ausgedrückt. So sei $3\infty \cdot \infty$ das Symbol des Prismas. für das $p : q = 3 : 1$ ist; man könnte dafür auch setzen $\infty \cdot \frac{1}{3}\infty$. Ebenso sei $\infty \cdot \frac{3}{2}\infty$ das Symbol desjenigen Prismas für welches $p : q = 1 : \frac{3}{2}$ ist, man könnte dafür setzen $\frac{2}{3}\infty \cdot \infty$. Nun wurde durchgehends der auftretende Zahlenwerth > 1 genommen und der kürzeren Schreibweise wegen das zweite Zeichen ∞ weggelassen, so dass bedeutet:

$3\infty = 3\infty \cdot \infty$ das Prisma der RZ3, für das also $p : q = 3 : 1$

$\infty\frac{3}{2} = \infty \cdot \frac{3}{2}\infty$ " " " $RZ\frac{2}{3}$ " " " $p : q = \frac{2}{3} : 1 = 1 : \frac{3}{2} = 2 : 3$.

Symbolisirung der Kanten (Schnittlinien, Zonenaxen, Zonen). Der Punkt ist in der Linear-Projection das Bild einer Kante (Zonenaxe). Seine Lage wird bestimmt durch die Coordinaten vom Nullpunkt (Austrittspunkt der Kante $\infty 0 : 0\infty$). Die Einheiten sind die Parameter-Einheiten der Krystallographie (Linear-Einheiten) a_0 b_0, wobei $c_0 = 1$ gesetzt ist. Die Coordinaten haben die Grösse aa_0 und bb_0, wovon a_0 und b_0, die Einheiten nach den beiden Richtungen, nicht eigens angeschrieben werden müssen. So ergiebt sich das Symbol der Kanten (Zonen) analog dem der Flächen aus zwei Zahlen bestehend a und b, die angeben, dass der Projectionspunkt der Kante gefunden wird, indem man vom O Punkt ausgehend die Einheit a_0 in der OA Richtung a mal, daran die Einheit b_0 in der OB Richtung b mal aufträgt. Das allgemeine Zeichen ist

[a b],

das zum Unterschied vom Flächensymbol in [ ] gesetzt werden möge.

Ableitung des linearen und polaren Kantensymbols (Zonensymbol). Eine Zone (Kante) kann gegeben sein direkt und zwar:

1. polar durch die Parameter der Zonenlinie. Polares Zonensymbol $\{p\,q\}$,
2. linear durch die Coordinaten des Zonenpunktes. Lineares Zonensymbol $[a\,b]$,

oder indirect und zwar:

3. polar durch die Gleichung der Zonenlinie,
4. polar durch die Symbole zweier Flächenpunkte der Zone $p_1\,q_1$ und $p_2\,q_2$,
5. linear durch die Parameter zweier Flächenlinien der Zone $(a_1\,b_1)$ und $(a_2\,b_2)$.

Zwischen 1 und 2, d. h. $\{p\,q\}$ und $[a\,b]$ besteht dieselbe Beziehung, wie zwischen den polaren und linearen Flächensymbolen $p\,q$ und $(a\,b)$, nämlich:

$$a = \frac{1}{p};\quad b = \frac{1}{q}$$

Diese Beziehung leitet sich direkt aus der Fundamentalgleichung ab, indem nur diesmal $pp_o\;qq_o$ Parameter $aa_o\;bb_o$ Coordinaten sind; eine Umkehrung der gewöhnlichen Anwendung, die bei der Gegenseitigkeit der beiden polaren Gestalten direkt giltig ist. Die Fundamentalgleichung lautet:

$$aa_o : bb_o : cc_o = \frac{\sin\alpha}{pp_o} : \frac{\sin\beta}{qq_o} : \frac{\sin\gamma}{rr_o}$$

Darin ist für denselben Krystall, auf den sich sowohl die Symbole $[a\,b]$ als auch $\{pq\}$ beziehen, a_o, b_o, p_o, q_o, $\sin\alpha$ und $\sin\beta$ constant und wir setzen ausserdem $cc_o = 1$, $rr_o = 1$. Dadurch geht die Fundamentalgleichung über in:

$$a : b : 1 = \frac{1}{p} : \frac{1}{q} : 1$$

und es ist:

$$a = \frac{1}{q}\quad b = \frac{1}{p}$$

Ad 3. Hat die Gleichung der zu betrachtenden Zone die allgemeine Form der Gleichung ersten Grades

$$lx + my + n = o$$

so finden wir die Parameter $p\,q$, d. s. die Zahlen des polaren Zonensymbols $\{p\,q\}$ als Werthe für x und y, indem wir y resp. $x = o$ setzen. Dann ist:

$$\left.\begin{aligned} p &= -\frac{n}{l} \\ q &= -\frac{n}{m} \end{aligned}\right\}\text{ und das der Gleichung entsprechende polare Zonensymbol} = \left\{\frac{\bar{n}}{l}\;\frac{\bar{n}}{m}\right\}$$

Die reciproken Werthe $\frac{1}{p} = a$; $\frac{1}{q} = b$ sind die Zahlen des linearen Zonensymbols $[a\,b]$, also:

$$\left.\begin{aligned} a &= -\frac{l}{n} \\ b &= -\frac{m}{n} \end{aligned}\right\}\text{ und das der Gleichung entsprechende lineare Zonensymbol} = \left[\frac{\bar{l}}{n}\;\frac{\bar{m}}{n}\right]$$

Beispiel: Es sei die Zonengleichung:

$$x + y - 1 = 0. \quad \text{Also: } l = 1;\ m = 1;\ n = -1,$$

so ist das polare Zonensymbol: $\left\{\frac{-1}{1}\,\frac{-1}{1}\right\} = \{11\} = \{1\}$

das lineare Zonensymbol: $\left[\frac{-1}{1}\,\frac{-1}{1}\right] = [11] = [1]$.

Ad 4. Ist die Zone gegeben durch zwei Flächen $p_1 q_1$ und $p_2 q_2$ derselben, so kann man zuerst die Zonengleichung aufstellen:

$$\frac{x - p_1}{y - q_1} = \frac{p_1 - p_2}{q_1 - q_2}$$

und dann, nachdem man der Gleichung obige Gestalt $lx + my + n = 0$ gegeben, in derselben Weise verfahren wie bei 3, und das ist wohl für das Gedächtniss das Beste.

Auch direkt lässt sich das Symbol [a b] aus den Symbolen $p_1 q_1$ und $p_2 q_2$ erhalten nach den Gleichungen, die sich aus der Zonengleichung leicht ableiten lassen:

$$a = \frac{q_1 - q_2}{q_1 p_2 - q_2 p_1}$$

$$b = \frac{p_1 - p_2}{p_1 q_2 - p_2 q_1} = -\frac{p_1 - p_2}{q_1 p_2 - q_2 p_1} \text{ [1]}$$

Ad 5. Die Ableitung der Coordinaten des linearen Zonenpunktes aus den Parametern zweier Flächen der Zone ergiebt sich im Projectionsbild unmittelbar, da der Zonenpunkt der Schnittpunkt der beiden Flächenlinien ist. Die Ableitung auf dem Weg der Rechnung kann auf 4 zurückgeführt werden, indem man statt der linearen Symbole der zwei Flächen $(a_1 b_1)$ $(a_2 b_2)$ die polaren $p_1 q_1 = \frac{1}{a_1}\,\frac{1}{b_1}$ und $p_2 q_2 = \frac{1}{a_2}\,\frac{1}{b_2}$ einführt. Direkt ergeben sich die Coordinaten [a b] des Zonenpunktes nach den folgenden Formeln, die sich leicht ableiten lassen:

$$a = \frac{a_1 a_2 (b_2 - b_1)}{a_1 b_2 - a_2 b_1} = \frac{b_2 - b_1}{\frac{b_2}{a_2} - \frac{b_1}{a_1}}$$

$$b = \frac{b_1 b_2 (a_1 - a_2)}{a_1 b_2 - a_2 b_1} = \frac{a_2 - a_1}{\frac{a_2}{b_2} - \frac{a_1}{b_1}}$$

---

[1]) Ausrechnung:

$$\frac{x - p_1}{y - q_1} = \frac{p_1 - p_2}{q_1 - q_2}$$

Für $x = 0$ ergiebt sich der Parameter:

$$q = y = \frac{p_1 q_2 - p_2 q_1}{p_1 - p_2}$$

analog für $y = 0$: $p = x = \frac{q_1 p_2 - q_2 p_1}{q_1 - q_2}$

und die reciproken Werthe:

$$b = \frac{1}{q} = \frac{p_1 - p_2}{p_1 q_2 - p_2 q_1}$$

$$a = \frac{1}{p} = \frac{q_1 - q_2}{q_1 p_2 - q_2 p_1}$$

Zonensymbole. Specialfälle. Die häufigsten Zonen sind die folgenden und es ist bequem, für sie die Symbole zusammenzustellen:

Name der Zone.	Specialwerthe f. d. Werthe l m n d. allgemein. Zonengleichung.	Zonengleichung.	Allgemeine Form eines Flächensymbols aus der Zone.	Polares Zonensymbol $\{pq\}$ (Parameter).	Lineares Zonensymbol (Kanten-Symbol) $[ab]$ (Coordinat.)
p Axen-Zone = pAZ. .	m = o, n = o	x = o	po	$\{o\infty\}$	$[\infty o]$
q Axen-Zone = qAZ. .	l = o, n = o	y = o	oq	$\{\infty o\}$	$[o\infty]$
p Parallel-Zone = p ‖ Z p	m = o, $-\frac{n}{l} = q$	x = p	py	$\{p\infty\}$	$\left[\frac{1}{p} o\right]$
q Parallel-Zone = q ‖ Z q	l = o, $-\frac{n}{m} = q$	y = q	xq	$\{\infty q\}$	$\left[o \frac{1}{q}\right]$
Radial-Zone m = RZm .	n = o	lx + my = o	αq · q	$\left\{\frac{o}{l}\ \frac{o}{\bar{m}}\right\}$	$[l\infty \cdot m\infty] = \left[\frac{l}{m}\infty\right]$
Haupt-Radial-Zone = HRZ	n = o, l = ± m	x + y = o	$p\bar{p}$	$\left\{\frac{o}{1}\ \frac{o}{\bar{1}}\right\} = \{o\bar{o}\}$	$[\infty\bar{\infty}]$
(Diagonal-Zone = DZ) .		x − y = o	p	$\left\{\frac{o}{1}\ \frac{o}{1}\right\} = \{oo\} = \{o\}$	$[\infty\infty] = [\infty]$
Prismen-Zone = PrZ . .	n = ± ∞	lx + my = ± ∞	$\alpha\infty \cdot \infty = \alpha\infty$	$\{\infty\infty\} = \{\infty\}$	$[oo] = [o]$
Mittel-Parallel-Zone = M‖Z	l = 1, m = 1 [1])	x + y + n = o	$p \cdot \overline{p+n}$	$\{\bar{n}\ \bar{n}\} = \{\bar{n}\}$	$\left[\frac{\bar{1}}{n}\ \frac{\bar{1}}{n}\right] = \left[\frac{\bar{1}}{n}\right]$
Allgemeine Zone = Z .	—	lx + my + n = o	pq	$\left\{\frac{\bar{n}}{l}\ \frac{\bar{n}}{m}\right\}$	$\left[\frac{\bar{l}}{n}\ \frac{\bar{m}}{n}\right]$

Wir gebrauchen hier wie in allen unseren zweizahligen Symbolen die Abkürzung, dass wir, wenn die zwei Zahlen p q resp. a b einander gleich sind, die Zahl nur einmal setzen, also $[p] = [pp]$; $\{2\} = \{22\}$; $\bar{1} = \bar{1}\bar{1}$. Ausserdem schreiben wir gekürzt:

$$\alpha\infty \text{ für } \alpha\infty \cdot \infty = \infty \cdot \frac{1}{\alpha}\infty;\quad \infty\beta \text{ für } \infty \cdot \beta\infty = \frac{1}{\beta}\infty \cdot \infty.$$

Durch Auftragen der Kantenpunkte aus ihren Symbolen als Coordinaten erhalten wir das lineare Projectionsbild. Jede Gerade zwischen zwei Punkten stellt eine Fläche dar. Ebenso können wir das Projectionsbild aufbauen durch Eintragen der Flächenlinien aus ihren Symbolen (a b) als Parametern, indem wir die Einheit a_0 nach OA amal, die Einheit b_0 nach OB bmal auftragen, die gefundenen Punkte auf OA und OB verbinden (s. Fig. 12 S. 18). Der Schnittpunkt zweier Flächenlinien ist der Projections-

[1]) Für diejenigen M ‖ Z, bei denen l = −1 oder m = −1, ändert sich entsprechend das Vorzeichen im Symbol. Die Werthe l m n können überall + oder − sein.

punkt ihrer gemeinsamen Kante, das ist zugleich der Projectionspunkt der Axe der durch die beiden Flächen fixirten Zone.

Symbole der Gesammtformen, der Theilformen, der Einzelflächen. Wir verstehen unter Gesammtform den Inbegriff aller Flächen, die bei einem Krystall durch die Symmetrie gleichzeitig bedingt werden, wenn eine derselben vorhanden ist. So werden z. B. mit einer Fläche pq im holoedrisch regulären System 47 andere gleichzeitig hervorgerufen. Diese Gesammtformen zerfallen durch die Meroedrie in Gruppen, die geschlossen auftreten. Ferner bewahren Fläche und parallele Gegenfläche eine gewisse Zusammengehörigkeit und endlich ist die Einzelfläche soweit selbstständig, dass sie ebenfalls einer besonderen Bezeichnung bedarf. Die Symbole sollen nun so eingerichtet sein, dass es durch sie möglich ist, jede Gesammtform als Ganzes, jede Theilform, das parallele Flächenpaar und die Einzelfläche auszudrücken. Wie dies zu erreichen ist, möge nun zugleich mit den Eigenheiten des Projectionsbildes für die einzelnen Systeme betrachtet werden. Jedoch werden wir hier (besonders in Bezug auf meroedrische Flächencomplexe) nur das Princip darlegen, die Detailbesprechungen an anderer Stelle geben.

Reguläres System. Das allgemeine Zeichen der Gesammtform sei pq. Um die Einzelformen zu finden, gehen wir zurück auf das dreizahlige Symbol pq1, für welches wir pqr setzen können, in dem wir durch Multiplication mit dem grössten gemeinsamen Nenner ganze Zahlen einführen, z. B. für die Gesammtform:

$$\frac{1}{3}\frac{2}{3} = \frac{1}{3}\frac{2}{3}1 = 123$$

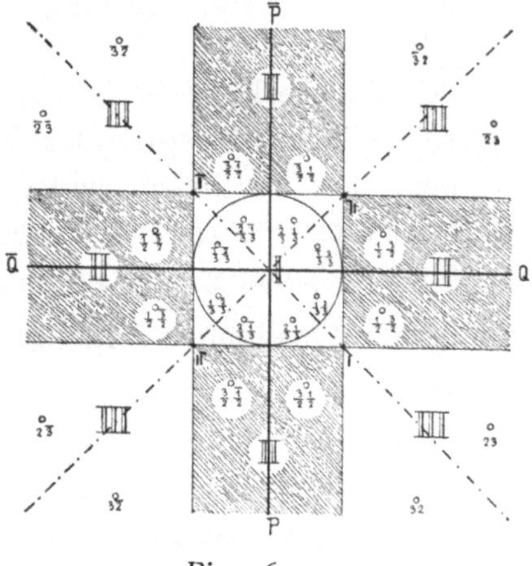

Fig. 16.

Dies pqr fällt zusammen mit Miller's hkl. Durch Permutation von $\pm$ p, $\pm$ q, $\pm$ r erhalten wir alle Einzelflächen. Setzen wir dann jedesmal den letzten Werth $= +1$, so finden wir die Symbole für die 24 Einzelflächen der oberen Projections-Ebene.

Soll die Gegenfläche gemeint sein, so bezeichnen wir dies hier wie in allen anderen Systemen durch ein Minuszeichen unter dem Symbol, also:

$\underline{pq}$ = Gegenfläche von pq

$\underline{2\bar{3}}$ = „ „ $2\bar{3}$

Sodann brauchen wir nur noch die 24 Flächen der oberen Projections-Ebene unter sich zu unterscheiden. Diese zerfallen in drei Gruppen I. II. III., je nachdem der grösste, mittlere oder kleinste der drei Werthe p q r an die letzte Stelle tritt. Die Flächenpunkte der drei Gruppen ordnen sich im Projectionsbild in verschiedene Felder, die in Fig. 16 durch Schraffirung geschieden und mit den Nummern der Gruppe bezeichnet sind.

In Gruppe I. ist p und q $<$ 1 z. B. für das dreiziffrige Symbol 123 : $\frac{2}{3}\frac{1}{3};\ \frac{1}{3}\frac{2}{3}$

II. „ p oder q $<$ 1 „ „ „ „ „ „ $\frac{3}{2}\frac{1}{2};\ \frac{1}{2}\frac{3}{2}$

III. „ p und q $>$ 1 „ „ „ „ „ „ 3 2 ; 2 3

Das innere Feld zwischen den wichtigen Eckpunkten $1 \cdot 1\bar{1} \cdot \bar{1} \cdot \bar{1}1$ wollen wir hier, sowie in den anderen Systemen innere Projections-Ebene nennen. Für alle Formen der inneren Projections-Ebene ist (absolut) p und q $<$ 1.

Durch die Vertauschung von p und q erhalten wir obige sechs Formen. Weiter theilt sich das Feld in vier Quadranten (1 . 2 . 3 . 4) Fig. 17 und es unterscheiden sich die Indices der in den einzelnen Quadranten liegenden Flächenpunkte durch die Vorzeichen.

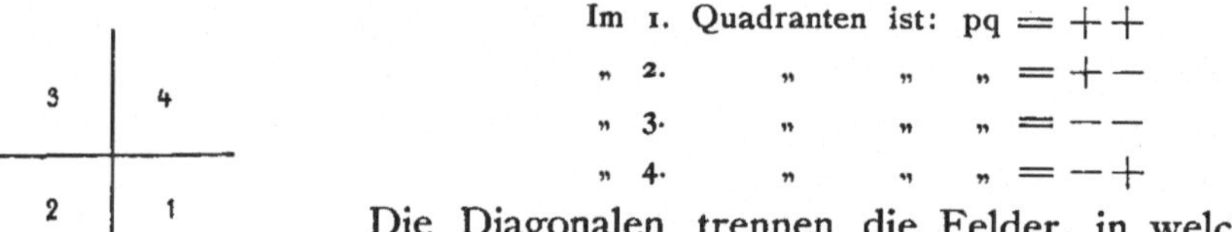

Fig. 17.

Im 1. Quadranten ist: pq $= + +$
„ 2. „ „ „ $= + -$
„ 3. „ „ „ $= - -$
„ 4. „ „ „ $= - +$

Die Diagonalen trennen die Felder, in welchen p $>$ q (vorn — hinten), von denen, in welchen p $<$ q ist (links — rechts).

Durch diese Eintheilung sind wir im Stande, jede Einzelfläche zu bezeichnen, wie im Beispiel der Fig. 16 zu ersehen. Eine zweite Art zur Benennung der Einzelfläche findet sich an späterer Stelle bei der Besprechung der Buchstaben-Bezeichnung angegeben.

Zur Bezeichnung der Gesammtform wählen wir dasjenige Symbol der Gruppe I. im Quadranten 1, für welches p $>$ q ist, also in unserem Beispiel $\frac{2}{3}\frac{1}{3}$ und zwar geben wir deshalb den Symbolen der Gruppe I. den Vorzug, weil die Projectionspunkte der Einzelflächen, die diesen Symbolen direkt entsprechen, dicht beisammen liegen in der Mitte des Projectionsbildes und dadurch leicht überblickt werden können. Wenn es in einem speciellen Falle wünschenswerth erscheint, kann auch eine andere Einzelfläche, z. B. 23 als Vertreter der Gesammtform verwendet werden. Im Index wurde je ein positiver Vertreter der drei Gruppen für die Gesammtform eingesetzt, also z. B.:

$$\frac{2}{3}\frac{1}{3};\ \frac{1}{2}\frac{3}{2};\ 3\,2$$

und erhielten die Symbole der ersten Gruppe die Ueberschrift G_1, die der zweiten G_2, der dritten G_3.

Die hemiedrischen Theilformen werden nur durch $\pm$ resp. lr vor dem Symbol kenntlich gemacht, die tetartoedrischen durch $\pm$lr. Dass die Form theilflächig ist, sieht man eben an dem vorgesetzten $\pm$lr. Welche Art der

Hemiedrie vorliegt, braucht nicht bei jeder einzelnen Form auf's Neue im Symbol ausgedrückt zu werden, wenn es nur einmal von dem Krystall ausgesagt ist. Im Index findet sich eine diesbezügliche Angabe im Kopf der Tabellen zugleich mit Nennung des Krystallsystems. Dadurch wird das Symbol entlastet und können die Angaben $\frac{pq}{2}\ \frac{pq}{4}$ resp. $\pi\ \varkappa$ entbehrt werden. Das Gesagte gilt auch für die anderen Systeme.

In Projectionsbildern empfiehlt es sich, die Gebiete der drei Gruppen resp. bei Meroedrien die zusammengehörigen Theilgebiete des Projectionsfeldes durch eingelegte Farbentöne hervorzuheben, wie dies in Fig. 16 durch die Schraffirung angedeutet ist.

Der Kreis in Figg. 16—21 ist der Grundkreis der Projection vom Radius h. Im regulären System ist $h = r_o = p_o = q_o = 1$.

Tetragonales System. Die Gesammtform pq ($p > q$) umschliesst die Einzelflächen $\pm p \,.\, \pm q$ sowie $\pm q \,.\, \pm p$ nebst den Gegenflächen auf der unteren Projectionsfläche, die wieder durch das Minuszeichen unter dem Symbol kenntlich gemacht werden. Also z. B. (Fig. 18):

Gesammtform: 21

Einzelflächen: $21 \quad 12 \quad 2\bar{1} \quad 1\bar{2} \quad \bar{2}\bar{1} \quad \bar{1}\bar{2} \quad \bar{2}1 \quad \bar{1}2$

mit den Gegenflächen: $\underline{21} \quad \underline{12} \quad \underline{2\bar{1}} \quad \underline{1\bar{2}} \quad \underline{\bar{2}\bar{1}} \quad \underline{\bar{1}\bar{2}} \quad \underline{\bar{2}1} \quad \underline{\bar{1}2}$

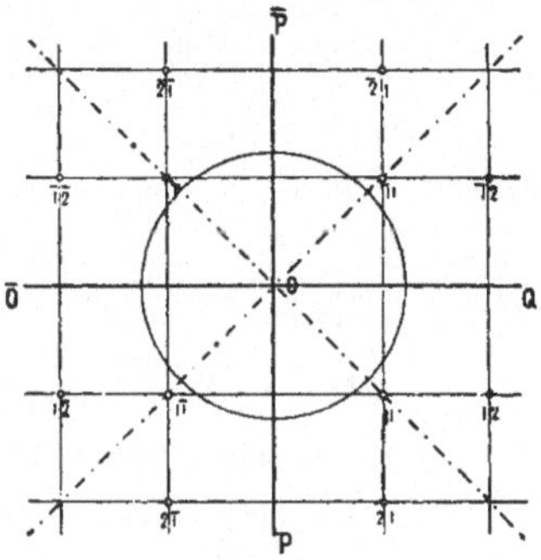

Fig. 18.

Als Repräsentanten der Gesammtform wählen wir dasjenige Symbol der Fläche pq des ersten Quadranten vorn rechts, bei dem $p > q$ ist. Die Meroedrien werden wieder durch $\pm 1r$ vor dem Symbol angezeigt.

In diesem System ist $p_0 = q_0$ jedoch verschieden von $r_0 = h = 1$, daher ist im Index unter den Elementen nur p_0 angegeben.

Rhombisches System. Zu einer Gesammtform gehören hier im Allgemeinen vier Einzelflächen nebst ihren Gegenflächen, nämlich:

$pq \quad p\bar{q} \quad \bar{p}\bar{q} \quad \bar{p}q$

mit den Gegenflächen: $\underline{pq} \quad \underline{p\bar{q}} \quad \underline{\bar{p}\bar{q}} \quad \underline{\bar{p}q}$

Als Repräsentant der Gesammtform ist $pq = +p \,.\, +q$ gewählt. Durch die Diagonalen durch O und die vier Punkte der Form 1 wird das Feld in zweierlei Gebiete getheilt, die in der Fig. 19 durch Schraffirung unterschieden sind. In dem einen Theil (vorn — hinten) liegen die Formen, für welche $p > q$ (Querformen), in den seitlichen Theilen die, für welche $p < q$ ist (Längsformen).

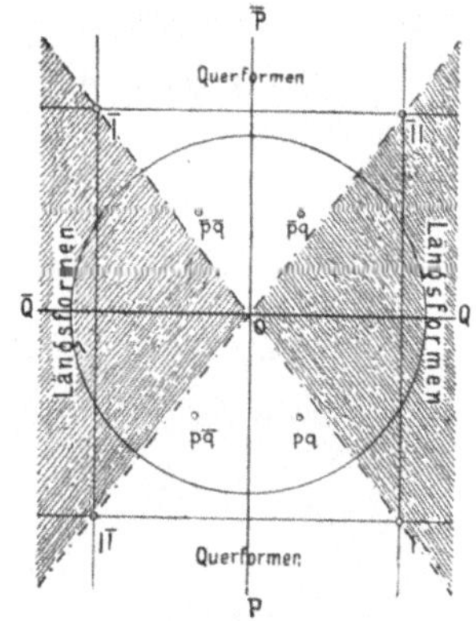

Fig. 19.

Die Bezeichnung **Längsform** soll ausdrücken, dass eine Form zwischen den Formen der Haupt-Radialzone (Pyramiden der Hauptreihe) und der Längsfläche $0\infty = (010)$ liege, **Querform**, dass sie zwischen diesen und der Querfläche $\infty 0 = (100)$ liege. Für erstere ist $p < q$, für letztere $p > q$. Vgl. Figg. 19—21.

In diesem System sind p_0 und q_0 verschieden unter sich und ebenso von $r_0 = h = 1$.

Monoklines System. In diesem System fallen der Projections-Mittelpunkt O und der Scheitelpunkt C nicht mehr zusammen, doch liegen beide auf der Symmetrielinie P des Bildes. Die Excentricität ist $e = CO = \cos \mu$, der Radius des Grundkreises, der um C als Mittelpunkt beschrieben ist $= h = \sin \mu$.

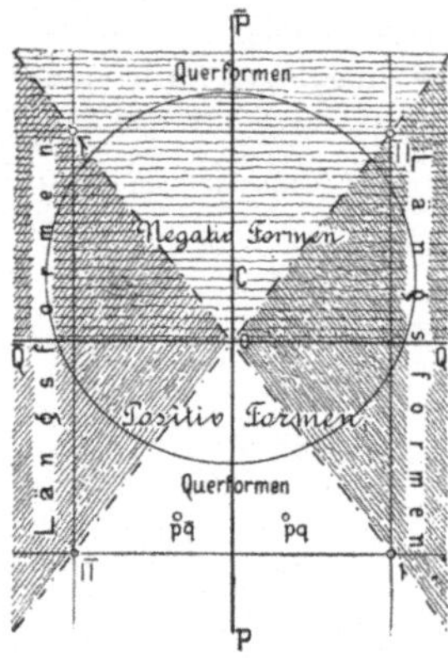

Fig. 20.

Hier gehören nur mehr zwei Flächen mit ihren Gegenflächen zu einer Gesammtform, nämlich:

$$\left.\begin{array}{ll} pq & p\bar{q} \\ \text{mit den Gegenflächen } \underline{pq} & \underline{p\bar{q}} \end{array}\right\} \text{positive Formen,}$$

oder andererseits:

$$\left.\begin{array}{ll} \bar{p}\bar{q} & \bar{p}q \\ \text{mit den Gegenflächen } \underline{\bar{p}\bar{q}} & \underline{\bar{p}q} \end{array}\right\} \text{negative Formen.}$$

Die positiven Formen, nämlich diejenigen, bei denen $p = +$, scheiden sich von den negativen, bei denen $p = -$ ist, im Projectionsbild durch die Quer-Axe Q, wodurch dieses in eine vordere $+$ und eine hintere $-$ Hälfte zerfällt. Beide Gebiete sind in Zeichnungen vortheilhaft durch einen eingelegten Farbenton zu scheiden, in der Fig. 20 ist dies durch Schraffirung angedeutet. Wie im rhombischen System zerfällt das Bild durch die Diagonalen in das Gebiet der Längsformen $(p < q)$ und der Querformen $(p > q)$.

Als Zeichen für die Gesammtform wählen wir:

Für die positiven Formen $+pq$, das umfasst pq $p\bar{q}$ nebst den Gegenflächen $\underline{pq}$ $\underline{p\bar{q}}$

„ „ negativen „ $-pq$ „ „ $\bar{p}\bar{q}$ $\bar{p}q$ „ „ „ $\underline{\bar{p}\bar{q}}$ $\underline{\bar{p}q}$

Triklines System.

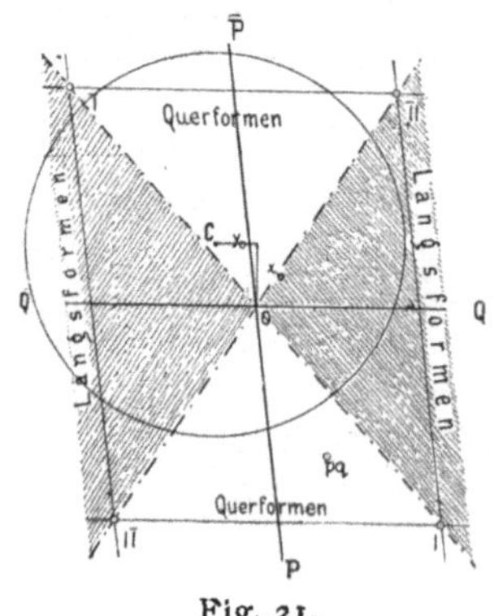

Fig. 21.

Die Verhältnisse des Triklinen Systems sind (als allgemeiner Fall) bereits auseinander gesetzt. Hier gehören nur Fläche und Gegenfläche zu einer Gesammtform, und ist daher eine besondere Bestimmung für die Bezeichnung dieser nicht nöthig. Zur besseren Uebersicht können wir wieder wie in Fig. 21 die Längsformen $(p < q)$ von den Querformen $(p > q)$ abscheiden. Die Grenzen der Gebiete beider im Projectionsfeld bilden die Diagonalen.

Hexagonales System. Das hexagonale System bedarf einiger besonderer Betrachtungen. Nehmen wir als Primärform ein hexagonales Prisma mit der Basis, so haben wir die Auswahl zwischen zwei scheinbar gleichwerthigen Prismen, die unter 30^0 (oder 90^0) gegen einander verdreht sind. Welches von beiden als das primäre anzusehen sei, lässt sich a priori nicht entscheiden, doch giebt die Betrachtung der Symbole und die Discussion der Zahlen, wie wir sehen werden, ein Anhalten dafür. Wir nehmen zunächst beliebig eins von beiden und erhalten nun die Richtung der primären Axen, Kraftrichtungen, als Normale auf dessen Flächen. Von diesen liegen drei (PQS) in einer Ebene, die vierte (R) steht senkrecht darauf. Die Projections-Ebene ist senkrecht auf R zu wählen und fällt daher mit der Basis o = (0001) zusammen. In ihr treten auf, (vgl. Fig. 22) von O, dem Projectionspunkt der Basis und Austrittspunkt von R, ausstrahlend, die drei Richtungen der Primärkräfte P Q S mit ihren Gegenrichtungen als Coordinaten-Axen. Diese drei Axen sind unter sich gleichwerthig und haben deshalb die gleiche Einheit $p_0 = q_0$, deren Grösse wir sogleich ableiten werden. Zuvor wollen wir untersuchen, wie wir in voller Analogie mit den anderen Systemen zu einem Symbol gelangen.

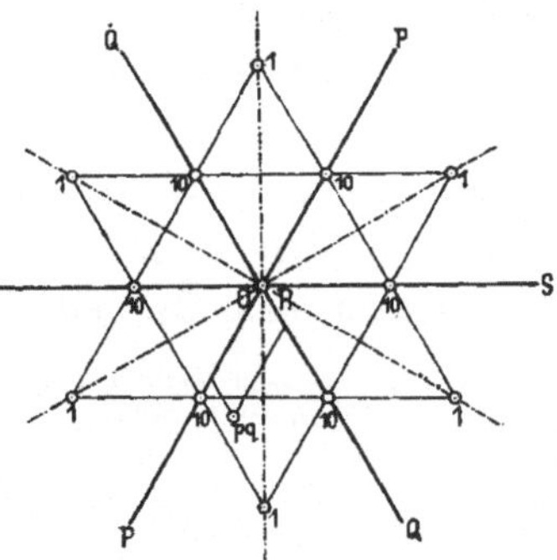

Fig. 22.

Das Symbol soll ausdrücken (genetisch) die die Fläche bauenden Kraftantheile und zugleich (formell) die Coordinaten des Flächenpunktes im Projectionsfeld. Genetisch können wir annehmen, dass stets nur von drei Kräften in den Richtungen PQR oder QSR oder PSR Antheile zusammentreten zur Bildung einer Fläche, deren Projectionspunkt dann innerhalb des durch P und Q resp. Q und S oder P und S eingeschlossenen Sextanten liegt. Demgemäss brauchen wir in dem Symbol, das die Antheile der componirenden Kräfte giebt, nur die Angabe von drei Werthen, von denen der eine, = 1 gesetzt, nicht geschrieben werden muss, wodurch wir ein zweizahliges Symbol erhalten. Ebenso können wir formell zur Bestimmung der Lage eines Flächenpunktes in der Projection durch Coordinaten wieder nur zwei Werthe gebrauchen. Auch so kommen wir auf ein zweizahliges Symbol pq.

Es fragt sich nun, welche Axen als Coordinaten zu nehmen sind. In dieser Beziehung giebt es zwei Wege: entweder wir nehmen zwei von den drei Axen PQS, z. B. PQ mit ihren Gegenrichtungen fest für alle Punkte als Coordinaten-Axen an (dies ist erforderlich für manche Aufgaben, z. B. für Untersuchungen in Zonenlinien, die durch mehrere Sextanten hindurchgehen), oder wir betrachten jeden Sextanten für sich selbstständig. In letzterem Fall ist nur eine nähere Angabe nöthig, in welchem Sextanten resp. Duodecanten der zu bezeichnende Flächenpunkt liegt. Für das allgemeine Symbol ist eine solche Angabe überflüssig, da jeder Punkt gleichmässig in allen Duodecanten auftritt. Nur für die Meroedrien und die Einzelflächen muss eine solche Angabe gemacht werden und wir sind darauf angewiesen, für diese den anderen Systemen analoge, jedoch der dreiseitigen Symmetrie sich anschliessende Auskunftsmittel herbeizuziehen.

Allgemeines Symbol. Als zusammenwirkend müssen wir ausser r_0 zwei benachbarte Horizontalkräfte annehmen, d. h. solche, die einen Winkel von 60^0 (nicht von 120^0) einschliessen. So setzt sich die Resultante, die Flächennormale MF im perspectivischen Bild der Projection (Fig. 23), zusammen aus $r_0 = 1$ in der verticalen und den Antheilen pp_0 und qq_0 in der P und Q Richtung. Durch Auftragen von $r_0 = 1$ gelangen wir nach O in die Oberfläche der Polarform, die hier zusammenfällt mit der Basis o = (0001) und bewegen uns nun, von O als Nullpunkt oder Projections-Mittelpunkt ausgehend, auf dieser oberen Fläche, die dadurch zur Projections-Ebene wird, in den Richtungen der Coordinaten OP und OQ. Es sind die Längen der in diesen Richtungen aufzutragenden Coordinaten pp_0 und qq_0 oder pp_0 und qp_0, da $p_0 = q_0$ ist. In dem Projectionsbild (Fig. 23 und 24) werden wir demnach zu dem Punkt F geführt, indem wir von O ausgehend in der Richtung OP pmal, daran in der Richtung parallel OQ qmal die Einheit p_0 auftragen. So erhalten wir genetisch ebenso wie formell das dreizahlige Symbol pqr = pq1 oder das zweizahlige pq in voller Analogie mit den anderen Systemen.

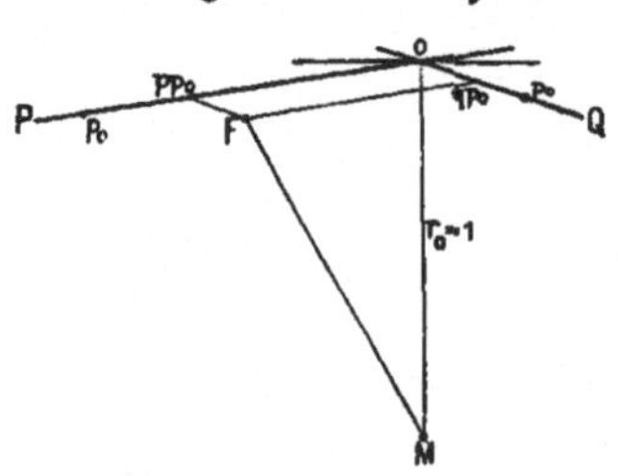

Fig. 23.

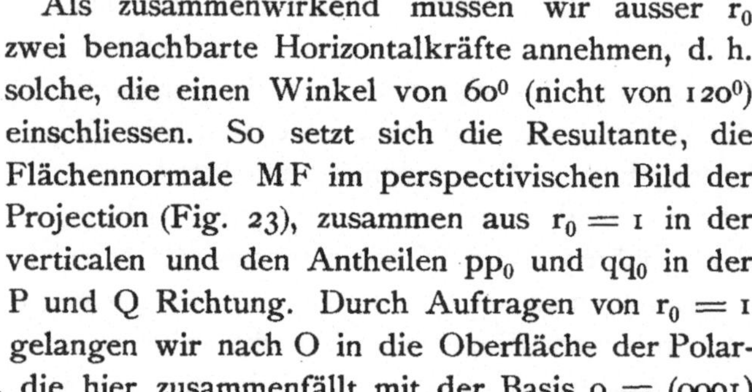

Fig. 24.

Meroedrien. Durch die Meroedrien theilt sich die obere Projections-Ebene in sechs Felder (rhomboedrische Hemiedrie) Fig. 25 oder in zwölf (pyramidale, trapezoedrische Hemiedrie, Tetartoedrie) Fig. 26.[1])

Die sechs Felder (Sextanten) numeriren wir von 1—6, gezählt nach der Gangrichtung des Uhrzeigers, ebenso wie in den anderen Systemen die Quadranten. In rhomboedrischer Hemiedrie, der wichtigsten

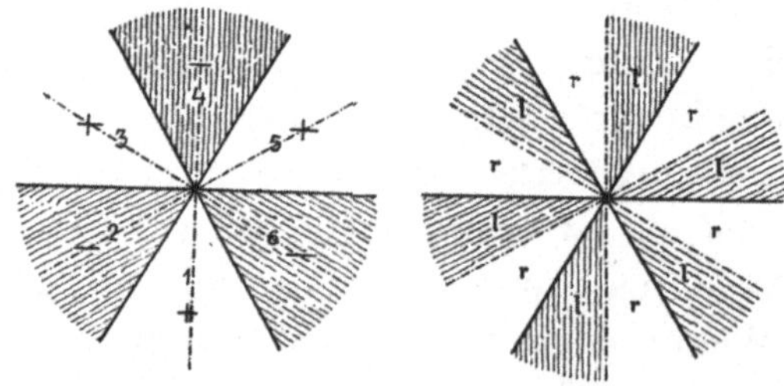

Fig. 25. Fig. 26.

[1]) Wir betrachten hier nur das Projectionsfeld, soweit wir es zur Symbolisirung brauchen und werden die speciellere Discussion von Hemiedrie und Projection an einem anderen Orte geben, da sie hier zu weit führen würde.

von allen, tritt eine Fläche stets in allen geraden (2 . 4 . 6) oder allen ungeraden (1 . 3 . 5) Sextanten zugleich auf. Wir wollen die ersteren positive (+) nennen, die letzteren negative (—) (Fig. 25). Im Symbol drücken wir dies aus durch $\pm$ vor den Zahlen, also $+$pq, — pq.

Zerfällt das Feld in 12 Theile (Duodecanten), so trennen wir diese zunächst nach Sextanten im Anschluss an das Obige und unterscheiden in diesen eine linke (l) und rechte (r) Hälfte mit dem Blick nach der Vertical-Axe resp. dem Projections-Mittelpunkt gerichtet (Fig. 26).

Die Gegenfläche bezeichnen wir wieder durch — unter dem Symbol, z. B. $\underline{pq}$, Gegenfläche von pq.

Einzelflächen. Aus Obigem können wir zwei Arten der Bezeichnung der Einzelflächen ableiten. Zunächst eine Art der Bezeichnung, wie sie ebenfalls für Buchstaben vorgeschlagen werden soll. Wir zählen die Sextanten 1—6 und hängen deren Nummer oben an das Symbol an, rechts für die Fläche rechts, links für die Fläche links, also:

21^3 ist die Fläche 21 im dritten Sextanten rechts (sprich 21 . 3 rechts),
$^3 21$ „ „ „ 21 „ „ „ links (sprich 21 . 3 links).

Dies ist die anschaulichste Art. Nach Bedarf können wir vor das Zeichen zur Orientirung + oder — setzen, z. B. $+21^3$.

Fig. 28 giebt ein Bild dieser Bezeichnungsweise. In ihr haben die ungeradzahligen (—) Sextanten eine Schraffirung senkrecht zu den Zwischen-Axen, die geradzahligen (+) nicht, die linken Sextanthälften eine Schraffirung parallel den Zwischenaxen, die rechten nicht. Hierdurch kommt zugleich die für die Meroedrien wichtige Trennung in die Gebiete $\pm$ l r zur Darstellung.

Genauer anlehnend an die genetischen Verhältnisse, doch weniger übersichtlich ist folgende Schreibweise: Wir numeriren die Axen im Projectionsfeld I. II. III. mit den Stücken der Gegenrichtung $\overline{I}$. $\overline{II}$. $\overline{III}$. (Fig. 27.) Von diesen drei Axen sind stets nur Antheile von zweien am Symbol wirklich betheiligt. Wir bilden nun dreizahlige Symbole aus p, q und o, wobei die o an die Stelle der unbetheiligten Axe tritt. Die erste Ziffer bezieht sich auf die I., die zweite auf die II., die dritte auf die III. Axe. Eine Uebersicht giebt die Fig. 27. Durch diese Bezeichnung sind die einzelnen Sextanten gegeben. In jedem derselben treten aus der Vertauschung von p und q für das allgemeine Symbol pq zwei Werthe auf, also z. B. pqo und qpo. Sonach haben wir wieder Symbole für alle zwölf oberen Einzelflächen. Für die Gegenflächen möge — unter dem Symbol eintreten.

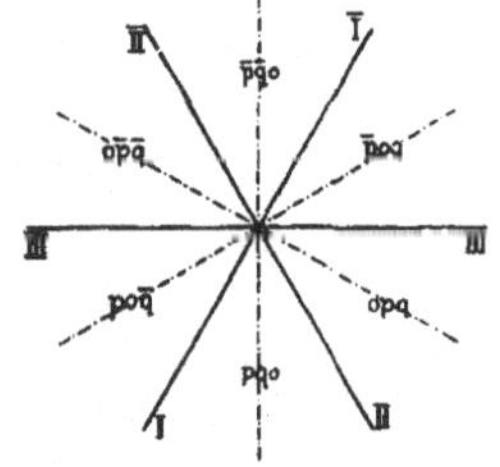

Fig. 27.

In allen anderen Systemen ist es vortheilhaft, die Werthe $\pm pq$ direct in die Rechnung einzuführen, im hexagonalen System nicht, da durch die von der Symmetrie herbeigeführte dreifache Manichfaltigkeit leicht Irrthümer entstehen können. Es ist hier in allen Fällen vortheilhaft, der Rechnung eine Handskizze der Projection zu Grunde zu legen. In ihr aber lässt sich am schnellsten und mit der geringsten Gefahr des Irrthums die Stelle einer Einzelfläche nach der ersten Schreibweise finden. Sie dürfte deshalb entschieden den Vorzug verdienen. Ausserdem hat sie noch einen Vortheil; sie ermöglicht die Uebersicht der Zusammengehörigkeit der Einzelflächen nach Gruppen der Meroedrie nach der Vertheilung der Indices. Diese stellt sich folgendermassen (vgl. Fig. 26):

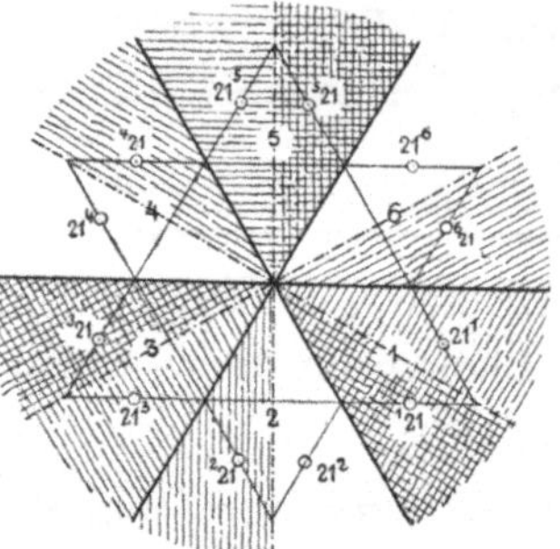

Fig. 28.

Rhomboedrische Hemiedrie:		
Alle — Formen haben ungeradzahligen Index:	$^{1}21^{1}$ $^{3}21^{3}$ $^{5}21^{5}$	
„ + „ „ geradzahligen „	$^{2}21^{2}$ $^{4}21^{4}$ $^{6}21^{6}$	
Pyramidale Hemiedrie:		ebenso die
Alle Formen rechts haben den Index rechts:	21^{1} . . . 21^{6}	Gegenflächen
„ „ links „ „ „ links:	$^{1}21$ . . . $^{6}21$	$\underline{21^{1}}$ $\underline{21^{3}}$ u. s. w.
Rhomboedrische Tetartoedrie:		
Alle — Formen rechts haben ungeradzahligen Index rechts:	21^{1} 21^{3} 21^{5}	
„ — „ links „ „ „ links:	$^{1}21$ $^{3}21$ $^{5}21$	
u. s. w.		
Trapezoedrische Tetartoedrie:		
Alle — Formen rechts haben ungeradzahligen Index rechts:	21^{1} 21^{3} 21^{5}	in der oberen Projectionsebene.
und zugleich „ „ links:	$\underline{^{1}21}$ $\underline{^{3}21}$ $\underline{^{5}21}$	in der unteren Projectionsebene.
u. s. w.		

In der unteren Projections-Ebene erhalten die Sextanten gleiche Nummern mit denjenigen der oberen, die deren Gegenflächen enthalten.

Symbole G_1 und G_2. Umwandlung derselben. Statt des einen Prismas können wir als Primärform auch dasjenige betrachten, das gegen dieses um 30^0 (90^0) verdreht ist. Auf beide können wir in gleicher Weise eine Symbolisirung gründen. Wir wollen Symbole der ersten Aufstellung mit G_1, solche der zweiten mit G_2 bezeichnen.

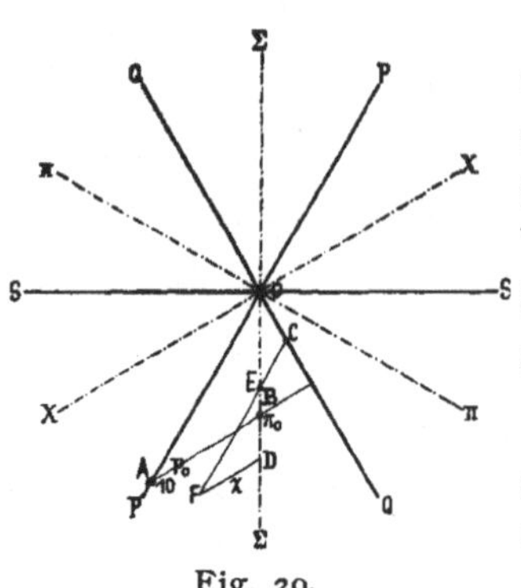

Fig. 29.

Es mögen sich in Fig. 29 die Axen PQS auf G_1, $\Pi X \Sigma$ auf G_2 beziehen und es sei:

$OA = p_0$ die Einheit der PQS
$OB = \pi_0$ die Einheit der $\Pi X \Sigma$ } wobei $p_0 = \pi_0 \sqrt{3}$

so erhält der Punkt A in G_1 das Zeichen 10, in G_2 das Zeichen 1,

„ „ B in G_2 „ „ 10.

Es sei für einen Punkt F das Symbol pq (G_1) $= \pi\chi$ (G_2), so ziehen wir nach beiden Arten von Axen die Coordinaten: FC, CO resp. FD, DO.

Es ist dann: $FC = pp_o \qquad CO = qp_o = CE.$

$OD = \pi\pi_o \qquad DF = \chi\pi_o = DE.$

Nun ist in $\triangle$OCE:

$OE = OC\sqrt{3}$ d. h.: $\pi\pi_o - \chi\pi_o = qp_o\sqrt{3}$

$ED = \frac{EF}{\sqrt{3}}$ d. h.: $\chi\pi_o = \frac{pp_o - qp_o}{\sqrt{3}} = \frac{p_o}{\sqrt{3}}(p - q)$

demnach ist: $\pi\pi_o = qp_o\sqrt{3} + \frac{pp_o - qp_o}{\sqrt{3}} = \frac{p_o}{\sqrt{3}}(p + 2q)$

da nun aber $\frac{p_o}{\sqrt{3}} = \pi_o$, so ist: $\boxed{\begin{array}{c}\chi = p - q \\ \pi = p + 2q\end{array}}$

Diese zwei Gleichungen geben das Umwandlungs-Symbol, das wir schreiben wollen: $pq\ (G_1) \doteqdot (p + 2q)\ (p - q)\ (G_2)$.

Wir finden aus einem Symbol pq der ersten Aufstellung das der zweiten, indem wir für das neue p den Werth p + 2q, für das neue q den Werth p — q bilden, z. B.:

$21\ (G_1) = \quad 41\ (G_2)$

$10\ (G_1) = 11 = 1\ (G_2).$

Die umgekehrte Verwandlung G_2 in G_1 ergiebt sich leicht, indem man aus den Gleichungen $\chi = p - q$; $\pi = p + 2q$ p und q berechnet. Es ist:

$$p = \frac{\pi + 2\chi}{3}$$

$$q = \frac{\pi - \chi}{3}$$

oder als Umwandlungs-Symbol geschrieben:

$$pq\ (G_2) \doteqdot \frac{p + 2q}{3}\ \frac{p - q}{3}\ (G_1)$$

z. B.: $21\ (G_2) = \frac{4}{3}\ \frac{1}{3}\ (G_1)$.

Berechnung von p_0, a_0 und a'_0 aus dem Axen-Verhältniss a : c.[1]) Die linearen Axen stehen allgemein senkrecht auf den polaren. Gehen wir also für das Symbol pq von Polaraxen aus, die 60° einschliessen, so schliessen die entsprechenden Linearaxen 120° ein, d. h.

ist $\nu = 60^0$

so ist $\gamma = 120^0$.

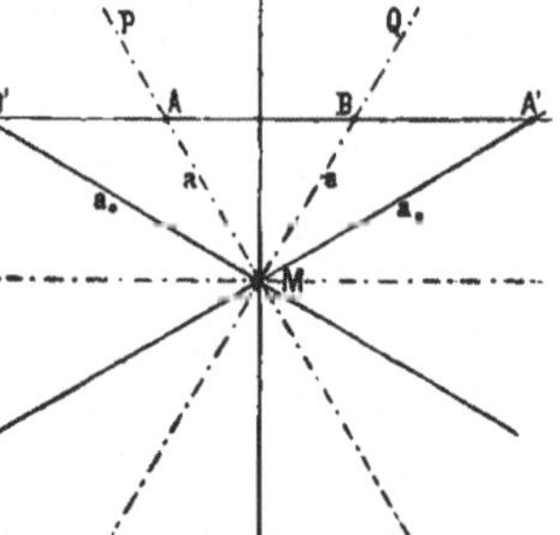

Fig. 30.

Dass für $\nu = 60°$ $\gamma = 120°$ und nicht $= 60°$ sein müsse, geht aus der Betrachtung hervor, dass für die polaren und

---

[1]) Im Allgemeinen werden derartige Berechnungen erst an späterer Stelle gegeben. Diese wurde hier vorausgenommen, weil sie zugleich einige Bezeichnungsweisen erklärt, die dem hexagonalen System speciell zukommen, von dessen Besonderheiten hier die Rede ist.

die linearen Axen gleiche Symmetrieverhältnisse bestehen müssen, dass also die Zwischenaxe (Fig. 30), welche den Winkel zwischen den Polaraxen P und Q halbirt, also zwischen P und Q Symmetrielinie ist, auch den Winkel zwischen den zugeordneten Linearaxen halbiren muss. Soll nun ausserdem die eine der letzteren auf P, die andere auf Q senkrecht stehen, so können die P und Q zugeordneten Linearaxen nur diejenigen sein, welche den Winkel von 120° einschliessen und in Fig. 30 mit A' und B' bezeichnet sind.

Für die Elemente eines jeden Krystalls aus irgend einem System gilt die Gleichung:

$$p_0 : q_0 : r_0 = \frac{\sin \alpha}{a_0} : \frac{\sin \beta}{b_0} : \frac{\sin \gamma}{c_0}$$

Nun ist speciell für das hexagonale System

$$p_0 = q_0;\ r_0 = 1;\ a_0 = b_0$$
$$\alpha = \beta = 90°;\ \gamma = 120°.$$

und es geht bei Einsetzung dieser Werthe obige Gleichung über in:

$$p_0 : p_0 : 1 = \frac{1}{a_0} : \frac{1}{a_0} : \frac{\sin 120°}{c_0}$$

und da $\sin 120° = \frac{1}{2}\sqrt{3}$, so ist:

$$p_0 = \frac{c_0}{a_0 \cdot \frac{1}{2}\sqrt{3}} = \frac{2}{\sqrt{3}} \frac{c_0}{a_0}$$

Die Angabe des Axen-Verhältnisses 1 : c in der üblichen Schreibweise sagt aus, dass eine Fläche der Pyramide P (100) resp. des Rhomboeders R (100) auf der Vertical-Axe das Stück c abschneidet, wenn der Abschnitt auf den Horizontalaxen = 1 ist. Die dabei gemeinten Horizontalaxen bilden aber den Winkel 60° (nicht wie die linearen 120°). Nun kann das P resp. R, von dem die Angabe des Axen-Verhältnisses 1 : c gemacht ist, identisch sein mit 1 oder auch mit 10 unserer neuen Symbole. Welche von diesen beiden Annahmen gemacht ist, und zugleich, welcher von beiden Aufstellungen G_1 oder G_2 das Symbol 1 resp. 10 angehört, wollen wir dadurch anzeigen, dass wir unter a : c setzen (1) resp. (10) und hinter die Angabe der Verhältnisszahlen (G_1) resp. (G_2) (vgl. Index), zum Beispiel:

$$\underset{(1)}{a : c} = 1 : 0{\cdot}95\ (G_2)$$

bedeutet, a : c sei das Axen-Verhältniss für diejenige Pyramide (Rhomboeder), welche in der Aufstellung G_2 des Index das Zeichen 1 führt.

$$\underset{(10)}{a : c} = 1 : 0{\cdot}95\ (G_1)$$

bedeutet, a : c sei das Axen-Verhältniss für diejenige Pyramide (Rhomboeder), welche in der Aufstellung G_1 des Index das Zeichen 10 führt.

Wir wollen den ersten Fall von den beiden soeben betrachteten ins Auge fassen und das c für diesen Fall mit c_1, für den zweiten Fall mit c_{10} bezeichnen. Es sei Fig. 30 Seite 33 ein Horizontalschnitt durch den Mittelpunkt des Krystalls, MP und MQ die Polaraxen, deren Einheiten mit r_0 zur Bildung von 1 zusammentreten, es sei ferner B'ABA' die Trace dieser

Pyramidenfläche in besagter Ebene. Sie schneide P und Q, die einen Winkel von 60^0 einschliessen, in A und B. Nach der üblichen Bezeichnungsweise ist nun $MA = MB = a$, während der Abschnitt auf der Vertical-Axe $= c_1$ ist. Nun ist aber für die Linearaxen, wie oben nachgewiesen, $\gamma = 120^0$, also die Abschnitte A'M resp. B'M $= a_0 = a\sqrt{3}$, während $c_0 = c_1$ der gewöhnlichen Angabe bleibt. Demnach ist für den oben ausgeführten hier zutreffenden Fall, also für $p = q = 1$:

$$p_o = \frac{2}{\sqrt{3}} \frac{c_o}{a_o} = \frac{2}{\sqrt{3}} \frac{c_1}{a\sqrt{3}} = \frac{2}{3} \frac{c_1}{a}$$

Wenn nun, wie derzeit üblich, $a = 1$ gesetzt wird, so ist für $a:c$:

$$p_o = \frac{2}{3} c_1 \tag{1}$$

Für den **zweiten** Fall ist bei der gleichen Aufstellung

$$c_1 = \sqrt{3}\, c_{10}$$

dies eingesetzt in $p_o = \frac{2}{3} c_1$ giebt: $\boxed{p_o = \frac{2}{3} c_{10} \sqrt{3} = c_{10} \sqrt{\frac{4}{3}}}$

Im Index finden sich die Werthe c a_o p_o mit ihren Logarithmen angeführt und zwar für diejenige Aufstellung, deren Axenverhältniss a : c zu oberst angeschrieben ist. Ausserdem findet sich darin noch ein Werth a'_o mit seinem Logarithmus. a'_o ist die Länge der Abschnitte der primären Pyramide (Rhomboeder) auf den sich unter 60° schneidenden Axen der Grundform für $c_o = 1$. Es berechnet sich:

$$\boxed{a'_o = \frac{1}{c_1} = \frac{a_o}{\sqrt{3}}}$$

Die Angabe dieses Werthes ist für manche Rechnungen erwünscht.

Der Werth a_0 leitet sich folgendermassen ab:

$$\left.\begin{array}{l} \text{Es ist: } p_o = \frac{2}{3} c_1 \\ \text{Andererseits ist: } p_o = \frac{2}{\sqrt{3}} \frac{c_o}{a_o} \text{ und für } c_o = 1\text{; } p_o = \frac{2}{\sqrt{3}} \frac{1}{a_o} \end{array}\right\} \text{daher: } \boxed{a_o = \frac{\sqrt{3}}{c_1}}$$

und da $c_1 = \sqrt{3}\, c_{10}$, so ist auch $\boxed{a_o = \frac{1}{c_{10}}}$

Es erschien im hexagonalen System eine besonders genaue Präcisirung der Angaben nöthig, da bei der Wiederholung der gleichen oder sich ergänzenden Winkel von 30^0 60^0 90^0 120^0 leicht Inconsequenzen durch Verwechselung auftreten, die bei Anwendung allgemeiner, d. h. für alle Systeme geltender Formeln zu falschen Resultaten führen und es unmöglich machen, zutreffende Analogien zu ziehen. Wir werden bei der Discussion des hexagonalen Systems sehen, wie eine solche Vertauschung der Axen mit den um 30^0 (oder 90^0) abstehenden Zwischenaxen die Beziehungen zwischen den Formen von holoedrischem oder hemiedrischem Typus verschleierte, so dass verschiedenartig gebaute Symbole für beide Typen nothwendig erschienen und sogar verschiedene Krystallsysteme für beide postulirt wurden.[1])

Wie oben ausgeführt, lassen sich für die Formen des hexagonalen Systems zwei selbstständige Reihen von Symbolen aufstellen, die sich auf zwei um 30^0 (90^0) gegeneinander gedrehte Aufstellungen beziehen (G_1 und G_2). Als G_1 sind diejenigen Symbole bezeichnet, die aus den Zeichen anderer Autoren bei Anwendung der in dieser Einleitung gegebenen Umwandlungs-Symbole unmittelbar hervorgehen, während G_2 sich aus G_1 ergiebt nach dem Transformations-Symbol:

$$pq\ (G_1) \div (p + 2q)\ (p - q)\ (G_2).$$

Im Index wurden beide Reihen neben einander aufgeführt. Mit welcher zu operiren sei, muss von Fall zu Fall entschieden werden. Die Ansicht des Verfassers findet sich in den angenommenen Elementen ausgedrückt. Bei rhomboedrischer Ausbildung ist in der Regel die Aufstellung G_2, bei holoedrischer G_1 zu wählen. Die Entscheidung lässt sich aus der Discussion der Zahlen gewinnen, doch zeigt schon der Anblick der ganzen Reihe, dass beispielsweise für Calcit G_2, für Quarz G_1 den Vorzug verdiene. Im Uebrigen ist die Grenze nicht scharf und es kann sogar unter Umständen vortheilhaft sein, zum Zweck der Rechnung oder Construction bei demselben Mineral beide Symbole neben einander zu gebrauchen.

---

[1]) Vgl.: Des Cloizeaux. Manuel de min. 1862. I. XV—XIX.
Mallard. Traité de cryst. 1879. I. 97 und 113.
Brezina. Methodik d. Kryst. Bestimm. 1884. 311.

Aufstellung. Umwandlung. Transformation.

Aufstellung der Krystalle.[1]) Der Zweck des Index ist, das vorhandene Formenmaterial in der Weise zu vereinigen, dass es die Unterlage zu allgemeinen Schlüssen bilden könne und diese vorbereite. Dazu ist erforderlich, dass die Gesammtheit der Formen jedes Minerals möglichst leicht und vollständig, besonders in ihren Zonenreihen überblickt werden könne, und dass andererseits die Analogien der Mineralien unter sich klar hervortreten.

Andere Gründe erfordern, dass die Symbolzahlen möglichst einfache seien und sich den aus der Allgemeinheit der Fälle abgeleiteten und noch zu entwickelnden Zahlengesetzen einordnen. Auf all dies und noch vieles andere ist die Wahl der Aufstellung von Einfluss. Die Manichfaltigkeit der Rücksichten ist so gross, dass ihr nicht nach allen Seiten stets genügt werden kann. Sie soll hier nicht entwickelt, sondern nur einige wichtige Principien gegeben werden, die der Verfasser consequent durch die ganze Reihe durchzuführen gesucht hat und die motiviren sollen, warum vielfach von der zur Zeit üblichen Aufstellung abgegangen wurde.

1. Im hexagonalen und tetragonalen System sind Projection und Wahl der Axen von der Natur vorgezeichnet. Nur ist eine Vertauschung der horizontalen Axen mit den Zwischenaxen möglich. Im hexagonalen System wurden im Index die Symbole für beide sich hierdurch ergebende Aufstellungen (G_1 und G_2) neben einander gestellt. Im tetragonalen System ist die Vertauschung der Axen öfters vorgenommen worden zum Zweck der Gewinnung der einfachsten Zahlenausdrücke.
2. Im monoklinen System erhält die Symmetrie-Ebene (in Uebereinstimmung mit dem Usus) stets das Zeichen 0∞.
3. Im rhombischen und triklinen System ist in der Regel der stumpfe Prismen-Winkel nach vorn gelegt.
4. Die Symbole sollen die einfachsten sein, zunächst ohne Rücksicht auf Analogien. Diese ergeben sich erst aus der Discussion. Der Analogie darf die Einfachheit keinesfalls geopfert werden.

---

[1]) Wir verstehen unter Aufstellung nicht nur die Wahl der Axenrichtungen, sondern zugleich die der Einheiten, also aller Elemente.

5. Bei formenreichen Krystallen sind in der Regel zwei Axenzonen (Prismen- resp. Domenreihen) vorwiegend entwickelt. Nun ist es zur Zeit Gebrauch, die reichst entwickelte derselben als Prismenzone aufrecht zu stellen. Da wir aber hauptsächlich bestrebt sind, aus dem Projectionsbild und den ihm entsprechenden Zahlen Uebersicht zu gewinnen, so ist es vortheilhaft, die Linien der zwei stärkst entwickelten Axenzonen als P und Q in die Projections-Ebene zu legen. Gegen die Peripherie ist das Projectionsbild in der gnomonischen Projection stark auseinander gezogen. Es stehen in ihr die Prismenflächen isolirt da, während für die Flächen der P und Q Axen der Verband unter sich und mit anderen Flächen besser übersehen werden kann. Die übliche Aufstellungsweise gibt der wichtigsten prismatischen (domatischen) Zone eine bevorzugte, aber auch isolirte Stellung, reisst sie aus dem Verband heraus, aus Gründen räumlicher Anschauung des Körpers, da im Raum, besonders bei sehr ungleicher Flächenentwickelung, nur eine Zone auf einmal bequem übersehen werden kann. Sind wir nun auch nicht im Stande, die Entwickelung nach allen drei Dimensionen in der Anschauung zugleich zu erfassen, so ermöglicht uns die Projection, doch wenigstens zwei derselben zugleich zu verfolgen. Hierin liegt ein entschiedener Fortschritt, den wir am fruchtbarsten ausnützen können, wenn wir die zwei stärkst entwickelten Richtungen in Projectionsbild und Symbol in das Gebiet der deutlichsten Anschauung bringen. Wollen wir den Krystall nach allen Seiten kennen lernen, so müssen wir noch die Projection auf 0∞ und $\infty 0$ vornehmen und mit den dem entsprechenden Symbolen operiren. Aber die erste am meisten aussagende (mit der Projection auf 0) bleibt die Hauptaufstellung, nach der im Allgemeinen zu symbolisiren ist.

6. Von hervorragender Bedeutung für den Aufbau des Krystalls sind die Parallel- und Radialzonen und unter diesen wieder besonders die erste Parallelzone ($\| Z1$) und die Hauptradialzone (HRZ). Parallel- und Radialzonen sind durchaus gleichwerthig und gehen durch Vertauschung der Axen in einander über. Was sich auf zwei Projections-Ebenen (Oberflächen der Polarform) als Parallelzone darstellt, ist auf der dritten Radialzone, wie aus den Figg. 31—33 ersichtlich ist.

Die Parallelzonen haben das Symbol py resp. xq, wobei p und q constant, xy variabel gedacht sind. Für die Radialzonen ist p : q constant. Beim Ueberblicken der Zahlenreihen der Tabellen treten aber die Parallelzonen deutlicher hervor, als die Radialzonen, da die constante Zahl unmittelbar zu sehen, das constante Verhältniss erst zu bestimmen ist. Deshalb ist diejenige Aufstellung vorgezogen, bei welcher die Parallelzonen und besonders die ‖ Z1 am reichsten ent-

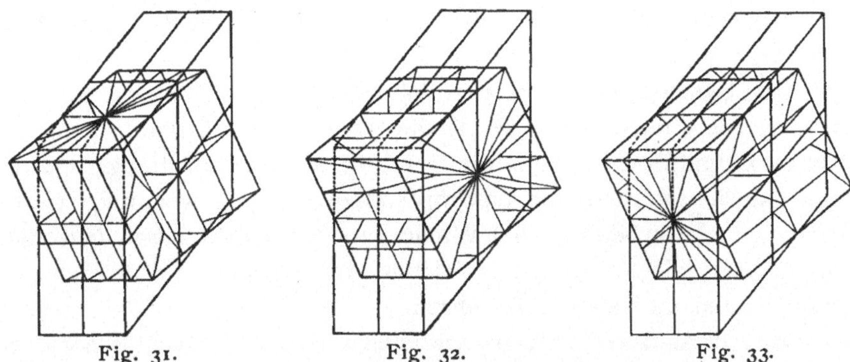

Fig. 31. Fig. 32. Fig. 33.

wickelt erscheint. In der Regel ist dies Princip mit 5 nicht in Widerspruch.

Bei consequenter Anwendung dieser Principien stellen sich ungesucht die Analogien ein; so fand sich z. B. die analoge Aufstellung der wasserfreien Sulfate Glaserit, Mascagnin, Thenardit, Anhydrit, Baryt, Cölestin, Barytocölestin, Anglesit, Hydrocyanit (vgl. Anglesit Bemerkungen).

Symbole anderer Autoren. Von Formen- und Flächensymbolen haben die folgenden in die Literatur Eingang gefunden: die von Hauy, Weiss, Mohs, Naumann, Whewell-Grassmann-Miller, Lévy-Des Cloizeaux, Bravais, Haidinger, Hausmann, Dana, Schrauf.

Um sie lesen zu können, bedarf es eines Schlüssels, der für jede Form angiebt, welche Rechnungsoperationen mit ihr ausgeführt werden sollen, um die Zeichen in einer als Mittel des allgemeinen Verständnisses gewählten Bezeichnungsweise zu finden. Solche Rechnungsvorschriften wurden als Umwandlungs-Symbole bezeichnet, im Gegensatz zu Transformations-Symbolen, die die Rechnungsvorschrift geben sollen für die Veränderung, welche die Symbole durch Aenderung in der Aufstellung des Krystalls und in der Wahl der Elemente erleiden. Diese Umwandlungs-Symbole wurden zur Ueberführung aller anderen in unsere neuen Zeichen gegeben. Sie haben die Gestalt von Gleichungen, sind jedoch keine solche, sondern Rechnungsvorschriften. Setzt man in dem Umwandlungs-Symbol für die auf beiden Seiten auftretenden Variablen die auf der linken Seite für den speciellen Fall vorliegenden Werthe ein, so erhält man auf der rechten Seite das gesuchte mit links identische Symbol.

Zum Beispiel:

Rhombisches System:	$m\bar{P}n$ (Naumann)	=	$m\frac{m}{n}$ (Gdt)
	$3\bar{P}\frac{3}{2}$ „	=	$3\ 2$ „
	BB'n (Hausmann)	=	∞n (Gdt)
	BB'3 „	=	$\infty 3$ „

Für alle die obigen Bezeichnungsweisen wurden die Umwandlungs-Symbole wiedergegeben, nur nicht für die von Hauy. Für sie ist die Sache weitaus weniger einfach, als bei allen anderen dadurch, dass Hauy seine Symbole von einer sehr grossen Zahl von Grundformen ableitet, z. B. im regulären System vom Oktaeder, Würfel, Rhombendodekaeder, Tetraeder und ausserdem noch von einer Reihe abgeleiteter Grundformen. Bei jeder anderen Grundform erlangen die Symbole andere Bedeutung. Die Umwandlungs-Tabellen würden, um erschöpfend zu sein, so weitläufig werden, dass ich von der Ausarbeitung und Wiedergabe derselben absah und mich darauf beschränkte, die sicher identificirten Hauy'schen Symbole neben ihren Aequivalenten im Index aufzuführen.

Zur Zeit sind von diesen Symbolen die von Miller, Weiss und Naumann in Gebrauch, im hexagonalen System die vierstelligen nach Bravais; ausserdem in Frankreich die Zeichen Lévy-Des Cloizeaux und in Amerika die von Dana. Augenblicklich sind die Miller-Bravais'schen Zeichen im Begriff, alle anderen zu verdrängen.

In Betreff der sog. Miller'schen Symbole erschien es fraglich, ob der Name dieses Autors für sie festzuhalten sei. Der Hergang ihrer Einführung ist folgender: Zuerst wurden die genannten Symbole von W. Whewell in Vorschlag gebracht in einer Abhandlung: A general method of calculating the angles made by any planes of Crystals and the laws according to which they are formed. Gelesen vor der Royal Society London 25. Nov. 1824 und publicirt: London. Roy. Soc. Transactions. 1825. part. I. S. 87. Bald darauf und unabhängig von Whewell hat M. L. Frankenheim (Oken Isis 1826. I. 497) die gleichen Symbole in Vorschlag gebracht (vgl. besonders Seite 502. 10). Während Whewell an Hauy's Anschauungen anschliesst, geht Frankenheim in seiner Entwickelung von den Flächennormalen aus, auf die für derlei Betrachtungen zuerst Bernhardi (Gehlen Journal 1809. 8. 378) hingewiesen und deren Behandlung Neumann (Beiträge zur Krystallonomie 1823) durchgebildet hat. J. G. Grassmann kam ebenfalls selbstständig zu den gleichen Symbolen (Zur physischen Krystallonomie, Stettin 1829) und giebt sie im Einzelnen für das reguläre System (Seite 95). Er geht dabei wie Frankenheim von der Flächennormale aus, in die er in Uebereinstimmung mit Bernhardi die flächenbildende Kraft legt. In seiner Lehre von der Cohäsion, Breslau 1835, wendet Frankenheim die Grassmann'schen Symbole an. S. 298.

W. H. Miller hat den Symbolen die jetzt übliche äussere Gestalt gegeben, die Rechnungsmethoden, mit Benutzung der stereographischen Projection, unter Zugrundelegung dieser Symbole ausgebildet und in einem Compendium alle bekannten Krystallformen der Mineralien in ihnen ausgedrückt. Seine diesbezüglichen Schriften sind: A treatise on crystallography. London 1839. Uebers. v. J. Grailich. Wien 1856. An elementary introduction to Mineralogy by the late W. Phillips. New Ed. by Brooke & Miller. London 1852. On the crystallographic Method of Grassmann. Cambridge 1868.

Will man danach auf die ersten Quellen zurückgehen, so muss man die Zeichen die Whewell'schen nennen, oder bei der Selbstständigkeit der beiden anderen: Whewell-Frankenheim-Grassmann'sche, doch darf man sie wohl ohne Schmälerung der Verdienste der genannten Autoren Miller'sche Zeichen nennen nach dem Autor, Miller, der ihnen die jetzige Gestalt und die weitreichende Anwendung gegeben hat.

Für die neuen Symbole wurden die Umwandlungen gegeben zurück in die Zeichen von Weiss, Miller, Bravais, Lévy-Des Cloizeaux und Naumann.

Ausser den eingeführten Symbolen wurden noch solche aufgestellt von:

Bernhardi (Gehlen Journ. 1807. **4.** 230. 1807. **5.** 155). vgl. Quenstedt, Grundr. d. Kryst. 1873. 27.

Kupffer (Handb. d. rechn. Krystallonomie. St. Petersburg 1831. 190).

G. Werner (Jahrb. Min. 1882. **2.** 55—88) für das hexagonale System.

Bei diesen ist es über den Versuch der Einführung kaum hinausgekommen und konnte deshalb von der Angabe der Umwandlungs-Symbole für sie abgesehen werden.

Die Zeichen, deren sich G. Rose und Rammelsberg bedienen, können nicht als eigentliche Flächensymbole angesehen werden. Sie sind Abkürzungen für die weitläufige Weiss'sche Schreibweise und stellen sich dar als ein Zwischending zwischen Symbolen und Buchstabenzeichen. Sie finden sich fast stets begleitet von den identischen Weiss'schen Zeichen. Zu dieser Unselbstständigkeit kommen, besonders bei Rammelsberg, mehrfache Modificationen, weshalb für sie von einer Angabe der Umwandlungs-Symbole abgesehen wurde.

Die im Index aufgenommenen Symbole sind nicht gleich behandelt. Sie sind nach der Schreibweise von Miller, Bravais, Naumann und in der neuen für alle Formen angeschrieben und zwar bezogen auf die im Index angenommene Aufstellung. In den Symbolen von Hauy, Mohs, Lévy-Des Cloizeaux und Hausmann nur da, wo diese in der Literatur sich vorfanden und zwar mit der dort verwendeten Aufstellung. Deckt sich diese mit der Aufstellung des Index nicht, so wurde die Ueberschrift der Columne in [ ] gesetzt, z. B. [Hausmann]. Es muss dann das angeschriebene Symbol zuerst nach Art unserer Zeichen gelesen und darauf das bei dem Mineral für den betreffenden Autor vermerkte Transformations-Symbol angewendet werden, um auf das Zeichen des Index zu gelangen.

z. B.: Datolith . $d^{\frac{1}{4}}$ [Des Cloizeaux].

$d^{\frac{1}{4}}$ ist allgemein im monoklinen System $= +2$ (s. S. 50).

Darauf ist anzuwenden das Transformations-Symbol: pq (Descl.) $= \frac{p}{2}q$ (G),

also: $d^{\frac{1}{4}} = +2$ (Descl.) $= +12$ (Gdt = Index).

Diese Umwandlung ist jedoch für die angeschriebenen Formen nur nöthig zum Zweck der Controle, da ja die Identification, die diese Rechnung umschliesst, durch die Nebeneinanderstellung direkt gegeben ist.

Elemente anderer Autoren. Synonymik der Axen. Wir beziehen in Uebereinstimmung mit dem herrschenden Gebrauch in dem Axen-Verhältniss a : b : c a auf die Längsaxe (l = vorn — hinten), b auf die Queraxe (q = links — rechts) und c auf die aufrechte Axe (⊥ = oben — unten), daneben geht die ältere Bezeichnung her, die im rhombischen, monoklinen, triklinen System zwischen einer Brachy- (◡), Makro- (-) und Vertical-Axe (ı) unterscheidet, im monoklinen System ausserdem zwischen einer gegen die aufrechte Axe schiefwinklig geneigten (Klino-) Axe, einer zur aufrechten rechtwinkligen (Ortho-) und einer aufrechten (Vertical-) Axe. Die Buchstaben a b c für diese drei Axen sind bei den verschiedenen Autoren verschieden gedacht. Um die gegebenen Axenverhältnisse zu verstehen, muss man die Bedeutung von a b c kennen. Im Folgenden gebe ich eine Tabelle für eine Reihe von Autoren. Sie ist nicht vollständig, trotzdem wollte ich sie hier aufnehmen, da sie für die meisten Fälle ausreicht.

Tetragonales System. $a : \overset{\perp}{c}$ entspricht bei:

Autor	
Naumann, Kokscharow, G. Rose, C. S. Weiss, A. Weiss, Dana	c : a
Kenngott	b : a
Mohs, Hartmann, Zippe, Haidinger	$\sqrt{2} : a$
Quenstedt	a : c

Hexagonales System. $a : \overset{\perp}{c}$ (10) entspricht bei:

Autor	
C. S. Weiss, A. Weiss, Dana, Schrauf z. Th.	c : a
Kenngott	b : a
Naumann	1 : a
Mohs	$\sqrt{3} : a$

Rhombisches System. $\overset{1}{a} : \overset{q}{b} : \overset{\perp}{c}$ entspricht bei:

Autor	
C. S. Weiss, Dauber, G. Rose	$\overset{1}{a} : \overset{q}{b} : \overset{\perp}{c}$
Miller, Lang, Schrauf, Zepharovich, Miers	$\overset{1}{b} : \overset{q}{a} : \overset{\perp}{c}$ resp. y : x : z
Dana	$\overset{1}{b} : \overset{q}{c} : \overset{\perp}{a}$
Quenstedt	$\breve{a} : \bar{b} : \overset{\perp}{c}$
Senfft, Sjögren	$\breve{b} : \bar{a} : \overset{\perp}{c}$
Mohs, Haidinger, Naumann, Kokscharow, Scheerer, Kenngott	$\breve{c} : \bar{b} : \overset{\perp}{a}$.

Monoklines System. $\overset{1}{a} : \overset{q}{b} : \overset{\perp}{c}$ $\angle\beta$ entspricht bei:

Autor		
C. S. Weiss, G. Rose, Naumann, Kokscharow, Dana, Scacchi	$\breve{b} : \bar{c} : \overset{\perp}{a}$	$\angle\gamma$
Dauber	a : b : c	$\angle\beta$
Kenngott	c : b : a	$\angle$ c.

Triklines System. $\overset{1}{a} : \overset{q}{b} : \overset{\perp}{c}$ $\angle\alpha\beta\gamma$ entspricht bei:

Autor		
Naumann	$\breve{c} : \bar{b} : \overset{\perp}{a}$	$\angle\gamma\beta\alpha$
Dana	$\overset{1}{b} : \overset{q}{c} : \overset{\perp}{a}$	$\angle\beta\gamma\alpha$

Haben die Buchstaben a b c in dem angegebenen Axenverhältniss eine andere als die im Index meist angenommene Bedeutung, so muss zum Zweck des Vergleichs mit anderen Angaben die Umstellung vorgenommen werden, die sich aus obiger Uebersicht ergiebt.

Umrechnung der Elemente. Manche Autoren geben ein aus a b c $\alpha\beta\gamma$ bestehendes Axenverhältniss überhaupt nicht an, statt dessen finden sich andere Verhältnisszahlen z. B. bei Mohs und dessen Nachfolgern, so besonders Haidinger, Zippe, Schabus, bei anderen Autoren gewisse Elementarwinkel, so bei Miller, oder endlich ein Zahlenverhältniss in Verbindung mit Winkelangaben, z. B. bei Lévy und Des Cloizeaux. Die Umrechnungen sind einfach, jedoch bedarf es, besonders bei mangelnder Uebung, einer grossen Aufmerksamkeit und öfters zeitraubender Orientirung, um die

Umrechnungen richtig auszuführen, denn es sind gar manche Eigenarten zu berücksichtigen und Fehler durch Uebersehen derselben leicht möglich. Es wurden deshalb die einfachen Umrechnungs-Gleichungen unter dem Titel Umrechnung der Elemente für die Angaben von Mohs (Haidinger, Zippe), Miller, Lévy und Des Cloizeaux zusammengestellt. Die Winkelangaben Hausmann's fallen zum Theil mit denen von Mohs zusammen, zum Theil führen sie zu den üblichen Elementen auf den an späterer Stelle für einzelne Specialfälle zur Berechnung der Elemente aus Messungen angegebenen Wegen.

Für das trikline System sind die angegebenen Winkel wechselnd und ist es hier am besten, von speciellen Formeln abzusehen und auf dem allgemeinen Wege der Berechnung der Elemente aus Messungen unter Zugrundelegung einer Handskizze der Projection die Ausrechnung zu machen.

Umwandlung der Symbole.

Allgemeine Bemerkungen zu den folgenden Tabellen:

1. Die unter der Ueberschrift Gdt auftretenden zwei Werthe entsprechen unseren neuen Symbolen pq und es ist, wenn in den Bemerkungen von p die Rede ist, der erste, wenn von q, der zweite dieser beiden Werthe gemeint.
2. $\overset{>}{pq}$ resp. $\overset{<}{pq}$ soll bedeuten, dass p absolut, d. h. ohne Rücksicht auf das Vorzeichen, grösser resp. kleiner als q sei.
3. Im hexagonalen System haben wir die Aufstellung, welcher unsere Symbole entsprechen, so wie sie sich unmittelbar aus der Anwendung der Umwandlungssymbole ergeben, als G_1 bezeichnet. Neben der Aufstellung G_1 her geht eine andere, um 30^0 gegen diese gedrehte, G_2, (vgl. S. 32) für welche man die Symbole, aus denen der Aufstellung G_1 gewinnt durch die Rechnungsvorschrift:

$$pq\ (G_1) \doteqdot (p + 2q)\ (p - q)\ (G_2)$$

Umgekehrt gelangt man zu dem Symbol der Aufstellung G_1 aus dem der Aufstellung G_2 nach der Rechnungsvorschrift:

$$pq\ (G_2) \doteqdot \frac{p + 2q}{3}\ \frac{p - q}{3}\ (G_1)$$

Bei diesen beiden Umwandlungen ist stets ohne Rücksicht auf das Vorzeichen $p > q$ zu nehmen. Nimmt man $p < q$, so entsteht bei der Umwandlung ein Symbol mit negativem q. Solche Symbole $p\bar{q}$ (vgl. Index G'_1 G'_2) haben auch ihre Bedeutung im Projectionsbild; während man zu dem Projectionspunkt pq gelangt, indem man an p unter stumpfem Winkel q aufträgt, so ist $\bar{q}$ von derselben Stelle rückwärts d. h. unter spitzem Winkel aufzutragen. Will man Symbole mit negativem q beseitigen, so gilt die Umwandlung:

$$\pm p\bar{q} = \mp\ (p - q)\ q$$

$$\text{z. B: } -2\frac{\bar{2}}{5} = +\frac{8}{5}\,\frac{2}{5}$$

Miller-Symbole.

System.	Miller.	Gdt.	Bemerkungen.
Regulär . **Tetragonal** **Rhombisch** **Monoklin .** **Triklin . .**	h k l	$\frac{h}{l}\ \frac{k}{l}$	In Miller's Schriften sowie bei manchen anderen Autoren sind im rhombischen System h und k vor der Umwandlung zu vertauschen. (Vgl. Synonymik der Axen S. 42.)
Hexagonal.	$\overset{>}{\overline{hkl}}$	$\frac{h-k}{h+k+l} \cdot \frac{k-l}{h+k+l}$	$\overset{>}{\overline{hkl}}$ bedeutet, dass vor der Umwandlung die Zahlen des Miller'schen Symbols so zu ordnen sind, dass, mit Berücksichtigung des Vorzeichens, $h>k>l$ ist.

Hexagonales System. Anmerkung. Fällt nach der Umwandlung $p<q$ aus, so sind für rhomboedrische Formen p und q zu vertauschen und das Symbol erhält das Vorzeichen —, z. B. (110) (Miller) $= -\,0\tfrac{1}{2} = \tfrac{1}{2}0$ (G_1).

System.	Gdt.	Miller.	Bemerkungen.
Regulär . **Tetragonal** **Rhombisch** **Monoklin .** **Triklin . .**	pq	pq1	Hexagonales System. Statt $-\overset{>}{pq}$, wobei $p>q$, ist vor der Umwandlung qp zu setzen.
Hexagonal	pq	$(1+2p+q)(1-p+q)(1-p-2q)$	

Hexagonales System. Anmerkung. Das dreitheilige Umwandlungssymbol ist nicht so leicht im Gedächtniss zu behalten; wenigstens sind durch Verwechselung von + und —, 1 und 2, wenn man nach dem Gedächtniss arbeitet, leicht Fehler möglich; deshalb ist das folgende scheinbar complicirtere, in der Ausführung einfachere Verfahren vorzuziehen.

Man macht, wenn dies nicht schon der Fall ist, p und q zu Brüchen mit gleichem Nenner. Ganze Zahlen haben natürlich den Nenner 1. So erhält man:

$$pq = \frac{a}{c}\ \frac{b}{c}$$

Nun schreibt man $a0\bar{b}$ in Gestalt eines Miller'schen Zeichens an. Dies Zeichen kann schon das richtige sein, wenn nämlich $a+\bar{b}=c$ ist. Ist dies nicht der Fall, so vertheilt man die Differenz $c-(a+\bar{b})$ gleichmässig auf $a\,0\,\bar{b}$, d. h. man fügt jeder dieser Zahlen ein Drittel der Differenz, nämlich $\frac{c-(a+\bar{b})}{3} = \delta$ zu, wodurch man das richtige Symbol erhält.

Also $\qquad hkl \quad = a+\delta \quad \delta \quad \bar{b}+\delta$

wobei $\qquad h+k+l = a+\delta+\delta+\bar{b}+\delta = a+\bar{b}+3\delta = c$

ist, was zur Controle dient. In der Ausführung ist dieses Verfahren höchst einfach.

1. Beispiel: $pq = \frac{2}{3}\ \frac{1}{3}$

Gesetzt: $\frac{20\bar{1}}{3}$; $\delta = \frac{3-(2+\bar{1})}{3} = \frac{2}{3}$

$hkl = 2+\frac{2}{3};\ 0+\frac{2}{3};\ \bar{1}+\frac{2}{3} = \frac{8}{3}\cdot\frac{2}{3}\cdot\frac{\bar{1}}{3} = 82\bar{1}.$

2. Beispiel: $pq = 21$

Gesetzt: $\frac{20\bar{1}}{1}$; $\delta = \frac{1-(2+\bar{1})}{3} = 0$

$hkl = 20\bar{1}.$

Bei negativen Formen $-\,pq = -\frac{a}{c}\ \frac{b}{c}$ $(p>q)$ verfährt man ebenso, nur hat man entweder pq zu vertauschen, also statt $-\,pq$, wobei $p>q$ zu setzen qp, oder den Werth c negativ zu nehmen. Das Resultat ist in beiden Fällen dasselbe.

Beispiel: $pq = -\frac{13}{5}1 = -\frac{13}{5}\frac{5}{5}$

Gesetzt: $\frac{5\cdot 0\cdot \overline{13}}{5}$; $\delta = \frac{5-(5+\overline{13})}{3} = +\frac{13}{3}$; $hkl = 5+\frac{13}{3};\ 0+\frac{13}{3};\ \overline{13}+\frac{13}{3} = 28\cdot 13\cdot \overline{26},$

oder: $\frac{13\cdot 0\cdot \bar{5}}{\bar{5}}$; $\delta = \frac{\bar{5}-(13+\bar{5})}{3} = -\frac{13}{3}$; $hkl = 13+\frac{\overline{13}}{3};\ 0+\frac{\overline{13}}{3};\ \bar{5}+\frac{\overline{13}}{3} = 26\cdot\overline{13}\cdot\overline{28}.$

Als Probe richtiger Umwandlung bildet man rückwärts pq aus hkl.

Naumann-Symbole.

<table>
<tr><th>System.</th><th>Naumann.</th><th>Gdt.</th><th>Bemerkungen.</th></tr>
<tr><td>Regulär</td><td>mOn</td><td>$\frac{1}{n}\ \frac{1}{m}$</td><td rowspan="9">Tetragonales System.
Für das allgemeine Zeichen machen wir $p > q$.
Rhombisches System.
Dies gilt für den normalen Fall, dass im Axen-Verhältniss (a : b : c) $a < b$ ist. Ist $a > b$, so sind p und q zu vertauschen. Dann ist also
$m\bar{P}n = \frac{m}{n}m;\ m\breve{P}n = m\frac{m}{n}$.
Triklines System.
In Bezug auf die Vorzeichen ist:
$mP'n = p\,q \qquad m'Pn = p\,\bar{q}$
$mP_{,}n = \bar{p}\,\bar{q} \qquad m_{,}Pn = \bar{p}\,q$
Es gilt hier ebenfalls die obige Bemerkung zum rhombischen System.
Hexagonales System.
Man könnte direkt Symbole der zweiten Aufstellung (G_2) erhalten nach der Identität:
$\pm mPn = \pm\frac{m}{n}(2n-1)\cdot\frac{m}{n}(2-n)\ (G_2)$
$\pm mR^n = \pm\frac{m(3n-1)}{2}\cdot m \qquad (G_2)$
Doch erscheint es nicht nöthig, sich letztere Symbole zu merken, vielmehr ist es vorzuziehen, G_1 und aus diesem G_2 zu bilden.</td></tr>
<tr><td>Tetragonal</td><td>mPn</td><td>$m\ \frac{m}{n}$</td></tr>
<tr><td rowspan="2">Rhombisch</td><td>$m\bar{P}n$</td><td>$m\ \frac{m}{n}(p>q)$</td></tr>
<tr><td>$m\breve{P}n$</td><td>$\frac{m}{n}\ m(p<q)$</td></tr>
<tr><td rowspan="2">Monoklin</td><td>±mP̵n</td><td>$\mp m\ \frac{m}{n}(p>q)$</td></tr>
<tr><td>±mP̵n</td><td>$\pm\frac{m}{n}\ m(p<q)$</td></tr>
<tr><td rowspan="2">Triklin</td><td>$m\bar{P}n$</td><td>$m\ \frac{m}{n}(p>q)$</td></tr>
<tr><td>$m\breve{P}n$</td><td>$\frac{m}{n}\ m(p<q)$</td></tr>
<tr><td rowspan="2">Hexagonal</td><td>±mPn

± mR^n</td><td>$\pm\frac{m}{n}\ \frac{m(n-1)}{n}$

$\pm\frac{m(n+1)}{2}\ \frac{m(n-1)}{2}$</td></tr>
</table>

Dana-Symbole.

Die Symbole Dana's sind die Naumann'schen, nur von diesen unterschieden durch einige Aeusserlichkeiten. Es gilt also für ihre Umwandlung Alles bei „Naumann" Gesagte. Dabei ist Folgendes zu beachten:

Dana lässt aus dem Naumann'schen Symbol die Buchstaben O P R weg und setzt an deren Stelle, wenn zwei Zahlen auftreten, zwischen diese einen Strich oder lässt auch diesen weg.

z. B.: $2P = 2;\ 2P2 = 2-2 = 22$

O bedeutet oP resp. oR, $\infty O \infty$.
I „ ∞P „ ∞R, ∞O.
Im Uebrigen tritt i an Stelle des Naumann'schen ∞.
Ursprünglich hatte Dana O statt des obigen I,
P „ „ „ O angewendet.[1])

Im hexagonalen System ist: $m-n = mPn$
$m^n = mRn.$

---

[1]) Vgl. Amer. Journ. 1852 (2). 13. 399—404.

Naumann-Symbole.

System.	Gdt.	Naumann.	Bemerkungen.
Regulär	$\overset{>}{pq}$	$\frac{1}{q}O\frac{1}{p}$	Reguläres System. $q < p < 1$. Rhombisches System. Für den Fall, dass in dem Axenverhältniss (a:b:c) a > b ist, ändert sich die Umwandlung in: $\overset{>}{pq} = p\breve{P}\frac{p}{q}$; $\overset{<}{pq} = q\bar{P}\frac{q}{p}$ Triklines System. In Bezug auf Vorzeichen ist: $pq = mP'n$ $p\bar{q} = m'Pn$ $\bar{p}\bar{q} = mP_{,}n$ $\bar{p}q = m_{,}Pn$ Es gilt hier ebenfalls die Bemerkung zum rhombischen System. Hexagonales System. Wollen wir direct aus dem Symbol G_2 das Naumann'sche Zeichen ableiten, so dient dazu das Umwandlungs-Symbol: $pq\,(G_2) = qR\frac{2p+q}{3q}$ $= \frac{2p+q}{3}P\frac{2p+q}{p+2q}$ Statt letztere Formeln anzuwenden, erscheint es einfacher, von dem Symbol G_2 auf G_1 zurückzugehen und nur die Umwandlung aus dieser Aufstellung in Naumann'sche Zeichen zu verwenden. Dadurch dürften Irrungen am leichtesten vermieden werden.
Tetragonal	$\overset{>}{pq}$	$pP\frac{p}{q}$	
Rhombisch	$\overset{>}{pq}$	$p\bar{P}\frac{p}{q}$	
	$\overset{<}{pq}$	$q\breve{P}\frac{q}{p}$	
Monoklin	$\pm\overset{>}{pq}$	$\mp p\grave{P}\frac{p}{q}$	
	$\pm\overset{<}{pq}$	$\mp q\grave{P}\frac{q}{p}$	
Triklin	$\overset{>}{pq}$	$p\bar{P}\frac{p}{q}$	
	$\overset{<}{pq}$	$q\breve{P}\frac{q}{p}$	
Hexagonal	$\pm\overset{>}{pq}$	$\pm(p+q)P\frac{p+q}{p}$	
		$\pm(p-q)R\frac{p+q}{p-q}$	

Dana-Symbole.

Im triklinen System geht Dana von Naumann ab. Er setzt die Formen oben vorn +, unten vorn —, dabei links ohne Index (Strich), rechts mit dem Index '. Am besten ist dies aus Figur 34 zu übersehen. Diesen Index ' hängte er ursprünglich der ersten Zahl an, später der zweiten. An Stelle von m resp. n steht auch wohl 'm resp. 'n. z. B.

$$m - \breve{n} = m - '\breve{n}.$$

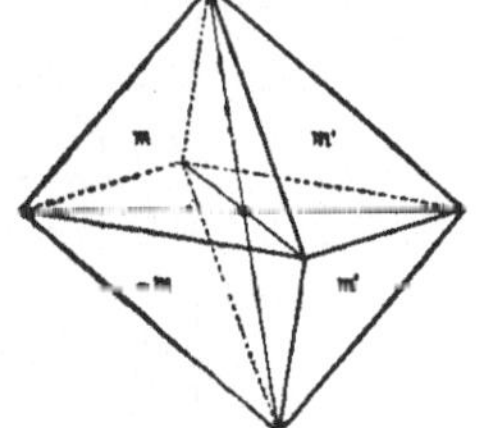

Fig. 34.

Doch kommen auch andere Modificationen in Anbringung der Indices vor und es ist in Bezug darauf Vorsicht nöthig. So hat Egleston die Naumann'schen Indices wieder genommen und hängt sie der ersten der zwei Zahlen an.[1])

z. B.: $'m\,\breve{n}$ (Egleston) $=$ $m - \breve{n}$ oder $m - '\breve{n}$ (Dana) $= m'\breve{P}n$ (Naumann)

$_{,}m\,\bar{n}$ (Egleston) $= -m - \bar{n}$ oder $-m - '\bar{n}$ (Dana) $= m_{,}\bar{P}n$ (Naumann).

Liest man so die Dana'schen Zeichen nach Naumann'scher Art, so bedürfen sie keiner selbstständigen Umwandlungs-Formeln.

[1]) Comparison of notations. New York 1871.

Weiss-Symbole.

System.	Weiss.	Gdt.	Bemerkungen.
Regulär . . **Tetragonal** **Rhombisch** **Monoklin .** **Triklin . . .**	$\frac{1}{m} a : \frac{1}{n} b : \frac{1}{s} c$	$\frac{m}{s}\ \frac{n}{s}$	Hat a, b oder c den Index (') z. B. b', so ist das entsprechende m, n oder s negativ zu setzen. z. B. $\frac{1}{m} a : \frac{1}{n} b' : \frac{1}{s} c$ (Weiss) $\doteqdot \frac{m}{s}\ \frac{\bar{n}}{s}$ (Gdt.) Ueber die wechselnde Bedeutung der Axen s. S. 42.
Hexagonal	$\frac{1}{m} a : \frac{1}{t} a : \frac{1}{n} a : \frac{1}{s} c$ $\frac{1}{m} a' : \frac{1}{t} a' : \frac{1}{n} a' : \frac{1}{s} c$	$+ \frac{m}{s}\ \frac{n}{s}$ $- \frac{m}{s}\ \frac{n}{s}$	$t = m + n$

System.	Gdt.	Weiss.	Bemerkungen.
Regulär . . **Tetragonal** **Rhombisch** **Monoklin .** **Triklin . . .**	pq	$\frac{1}{p} a : \frac{1}{q} b : c$	Für $\bar{p}$ resp. $\bar{q}$ ist zu setzen a' statt a, b' statt b.
Hexagonal.	$+$pq $-$pq	$\frac{1}{p} a : \frac{1}{p+q} a : \frac{1}{q} a : c$ $\frac{1}{p} a' : \frac{1}{p+q} a' : \frac{1}{q} a' : c$	

Die Weiss'schen Zeichen finden sich oft in ein Viereck eingeschlossen, und dabei im hexagonalen System der c Werth in diesen Rand eingefügt. Es bringt dies keine Aenderung in der Bedeutung mit sich, doch wird vielleicht die specielle Angabe der Umwandlung für dies etwas andersartige Aussehen beim hexagonalen System willkommen sein.

$$\boxed{\begin{matrix} \gamma c \\ a : \frac{1}{n} a : \frac{1}{n-1} a \\ \frac{2}{n+1} s : \frac{2}{2n-1} s : \frac{2}{n-2} s \end{matrix}} = n\gamma Pn \text{ (Naumann)} = (n-1)\gamma \cdot \gamma \ (G_1).$$

$$\boxed{\begin{matrix} \gamma c \\ a' : \frac{1}{n} a' : \frac{1}{n-1} a' \\ \frac{2}{n+1} s' : \frac{2}{2n-1} s' : \frac{2}{n-2} s' \end{matrix}} = -n\gamma Pn \text{ (Naumann)} = -(n-1)\gamma \cdot \gamma \ (G_1).$$

$$\boxed{\begin{matrix} \gamma c \\ a : a : \infty a \end{matrix}} = \gamma P \text{ (Naumann)} = \gamma \cdot 0 \ (G_1).$$

$$\boxed{\begin{matrix} \gamma c \\ a' : a' : \infty a' \end{matrix}} = -\gamma P \text{ (Naumann)} = -\gamma \cdot 0 \ (G_1).$$

Der dritte Abschnitt: $\frac{1}{n-1}$ a leitet sich aus den zwei anderen a und $\frac{1}{n}$ a folgendermassen ab. Wenn I. II. III. (Fig. 35) die drei horizontalen Axen, A B C die Schnitte der Fläche mit diesen Axen sind, ausserdem BD ∥ AO, so ist Dreieck BDC ∾ AOC. Wenn wir setzen

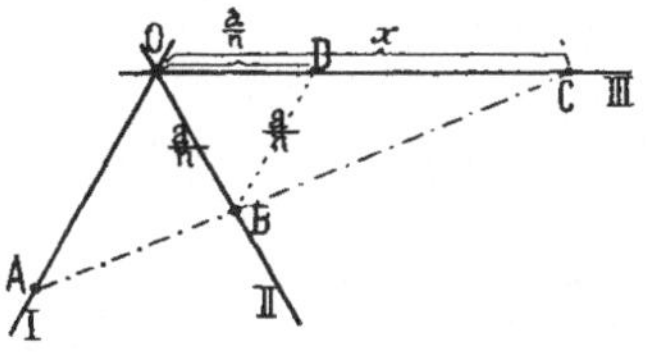

$$OA = a; \; OD = OB = DB = \frac{a}{n}; \; OC = x,$$

Fig. 35.

so ist: $\frac{x - \frac{a}{n}}{a} = \frac{x}{a}$ und daraus $x = \frac{a}{n-1}$

Bravais-Symbole.

Hexagonales System. Das allgemeine Zeichen sei g h k l, wobei $g + h + k = 0$ ist, so erhalten wir unser dreizahliges Zeichen durch Weglassen derjenigen Zahl k, von den drei ersten Zahlen des Symbols, welche gleich der negativen Summe der beiden andern ist; das zweizahlige durch Division der zwei ersten Zahlen des so erhaltenen dreizahligen Symbols durch die letzte. Also

$$\mathbf{ghkl} \text{ (Bravais)} = \frac{g}{l}\frac{h}{l} \; (G_1),$$

wenn $k = \overline{g + h}$ ist.

$$+ \, pq \; (G_1) = p \cdot q \cdot \overline{p + q} \cdot 1 \text{ (Bravais)}$$
$$- \, pq \; (G_1) = \bar{p} \cdot \bar{q} \cdot p + q \cdot 1 \text{ (Bravais)}.$$

Die Schreibweise der vierzahligen Symbole ist bei verschiedenen Autoren wechselnd in Bezug auf die Mittel zur Unterscheidung der meroedrischen Gestalten. Diese Mittel sind die verschiedene Reihenfolge der drei ersten Zahlen und die Anbringung der Zeichen ± über den Zahlen. Was gemeint sei, ist in jedem speciellen Fall leicht zu erkennen.

Lévy-Des Cloizeaux-Symbole.

Lévy-Des Cloizeaux.	Gdt.
Reguläres System.	
p	0
b^n	$\frac{1}{n}0$
$a^{n>1}$	$\frac{1}{n}$
$a^{n<1}$	$n1$
$b^{\frac{1}{u}}\ b^{\frac{1}{v}}\ b^{\frac{1}{w}}$	$\frac{v}{w}\ \frac{u}{w}$
Tetragonales System.	
p	0
m	∞
h^1	$\infty 0$
h^n	$\frac{n+1}{n-1}\infty$
a^n	$\frac{1}{n}0$
b^n	$\frac{1}{2n}$
a_n	$\frac{n+1}{2}\ \frac{n-1}{2}$
$b^{\frac{1}{u}}\ b^{\frac{1}{v}}\ h^{\frac{1}{w}}$	$\frac{v+u}{2w}\ \frac{v-u}{2w}$
Rhombisches System.	
p	0
m	∞
g^1	0∞
h^1	$\infty 0$
g^n	$\infty\frac{n+1}{n-1}$
h^n	$\frac{n+1}{n-1}\infty$
e^n	$0\frac{1}{n}$
a^n	$\frac{1}{n}0$
b^n	$\frac{1}{2n}$
e_n	$\frac{n-1}{2}\ \frac{n+1}{2}$
a_n	$\frac{n+1}{2}\ \frac{n-1}{2}$
$b^{\frac{1}{u}}\ b^{\frac{1}{v}}\ g^{\frac{1}{w}}$	$\frac{v-u}{2w}\ \frac{v+u}{2w}$
$b^{\frac{1}{u}}\ b^{\frac{1}{v}}\ h^{\frac{1}{w}}$	$\frac{v+u}{2w}\ \frac{v-u}{2w}$

Lévy-Des Cloizeaux.	Gdt.
Monoklines System.	
p	0
m	∞
g^1	0∞
h^1	$\infty 0$
g^n	$\infty\frac{n+1}{n-1}$
h^n	$\frac{n+1}{n-1}\infty$
d^n	$+\frac{1}{2n}$
b^n	$-\frac{1}{2n}$
e^n	$0\frac{1}{n}$
o^n	$+\frac{1}{n}0$
a^n	$-\frac{1}{n}0$
a^n	$-\frac{n+1}{2}\ \frac{n-1}{2}$
o^n	$+\frac{n+1}{2}\ \frac{n-1}{2}$
$d^{\frac{1}{u}}\ b^{\frac{1}{v}}\ g^{\frac{1}{w}}$	$+\frac{v-u}{2w}\ \frac{v+u}{2w}$
$b^{\frac{1}{u}}\ d^{\frac{1}{v}}\ g^{\frac{1}{w}}$	$-\frac{v-u}{2w}\ \frac{v+u}{2w}$
$d^{\frac{1}{u}}\ d^{\frac{1}{v}}\ h^{\frac{1}{w}}$	$+\frac{v+u}{2w}\ \frac{v-u}{2w}$
$b^{\frac{1}{u}}\ b^{\frac{1}{v}}\ h^{\frac{1}{w}}$	$-\frac{v+u}{2w}\ \frac{v-u}{2w}$

Das 3theilige Lévy'sche Symbol ist so zu ordnen, dass im regul. Syst. $u<v<w$, im tetrag., rhomb., monokl. u. trikl. Syst. $u<v$ wird.

Gedächtnissregel. Abgesehen von den Vorzeichen ist:

$$x^{\frac{1}{u}}\ y^{\frac{1}{v}}\ h^{\frac{1}{w}} = \frac{v+u}{2w}\ \frac{v-u}{2w}$$

$$x^{\frac{1}{u}}\ y^{\frac{1}{v}}\ g^{\frac{1}{w}} = \frac{v-u}{2w}\ \frac{v+u}{2w}$$

Ist das Symbol so geordnet, dass $v>u$, so ist zur Bestimmung der Vorzeichen von pq der erste Buchstabe (x) entscheidend, also für:

$x = f$; $pq = ++$	$x = c$; $pq = -+$
„ „ d; „ „ $+-$	„ „ b; „ „ $--$

Für die Domen ist:

$a, o = po$	$a, e = -$
$e, i = oq$	$i, o = +$

Lévy-Des Cloizeaux.	Gdt.
Triklines System.	
p	0
t	∞
m	$\bar{\infty}\infty$
g^1	0∞
h^1	$\infty 0$
g^n	$\infty\frac{n+1}{n-1}$
${}^n g$	$\infty\frac{\overline{n+1}}{n-1}$
h^n	$\frac{n+1}{n-1}\infty$
${}^n h$	$\frac{n+1}{n-1}\bar{\infty}$
i^n	$0\frac{1}{n}$
e^n	$0\frac{\bar{1}}{n}$
o^n	$\frac{1}{n}0$
a^n	$\frac{\bar{1}}{n}0$
f^n	$\frac{1}{2n}$
d^n	$\frac{1}{2n}\ \frac{\bar{1}}{2n}$
c^n	$\frac{\bar{1}}{2n}\ \frac{1}{2n}$
b^n	$\frac{\bar{1}}{2n}$
$f^{\frac{1}{u}}\ d^{\frac{1}{v}}\ g^{\frac{1}{w}}$	$\frac{v-u}{2w}\ \frac{v+u}{2w}$
$d^{\frac{1}{u}}\ f^{\frac{1}{v}}\ g^{\frac{1}{w}}$	$\frac{v-u}{2w}\ \overline{\frac{v+u}{2w}}$
$c^{\frac{1}{u}}\ b^{\frac{1}{v}}\ g^{\frac{1}{w}}$	$\overline{\frac{v-u}{2w}}\ \frac{v+u}{2w}$
$b^{\frac{1}{u}}\ c^{\frac{1}{v}}\ g^{\frac{1}{w}}$	$\overline{\frac{v-u}{2w}}\ \overline{\frac{v+u}{2w}}$
$f^{\frac{1}{u}}\ d^{\frac{1}{v}}\ h^{\frac{1}{w}}$	$\frac{v+u}{2w}\ \frac{v-u}{2w}$
$d^{\frac{1}{u}}\ f^{\frac{1}{v}}\ h^{\frac{1}{w}}$	$\frac{v+u}{2w}\ \overline{\frac{v-u}{2w}}$
$c^{\frac{1}{u}}\ b^{\frac{1}{v}}\ h^{\frac{1}{w}}$	$\overline{\frac{v+u}{2w}}\ \frac{v-u}{2w}$
$b^{\frac{1}{u}}\ c^{\frac{1}{v}}\ h^{\frac{1}{w}}$	$\overline{\frac{v+u}{2w}}\ \overline{\frac{v-u}{2w}}$

Lévy-Des Cloizeaux-Symbole.

System.	Lévy-Des Cloizeaux	Gdt. I. Aufstellung (G_1).	Gdt. II. Aufstellung (G_2).	Bemerkungen.
Hexagonal Holoedrisch	p	0	0	Es wurden hier ausnahmsweise auch die directen Verwandlungssymbole in G_2 gegeben wegen ihrer besonderen Einfachheit und Wichtigkeit für Lévy-Des Cloizeaux's rhomboedr. System. Für das holoedrisch hexagonale System sind die Umwandlungs-Symbole direkt in G_2 von geringer Bedeutung. Die in G_1 finden hier fast allein Anwendung.
	m	$\infty 0$	∞	
	h^1	∞	$\infty 0$	
	h^n	$n\infty$	$\frac{n+2}{n-1}\infty$	
	b^n	$\frac{1}{n}0$	$\frac{1}{n}$	
	a^n	$\frac{1}{n}$	$\frac{3}{n}0$	
	$b^{\frac{1}{u}} b^{\frac{1}{v}} b^{\frac{1}{w}}$	$\frac{u}{w}\ \frac{v}{w}$	$\frac{u+2v}{w}\ \frac{u-v}{w}$	
Hexagonal Rhomboedr. Hemiedrisch	a^1	0	0	Fällt $p<q$ aus, so ist zu setzen: $\mp qp$ statt $\pm pq$ z. Beisp. -21 „ $+12$ Für den Fall, dass q negativ ausfällt, ist $\pm p\bar{q} = \mp(p-q)\,q$ (vgl. Allg. Bemerkung 3, S. 44). In der gemeinsamen Umwandlungs-Formel für das allgemeine rhomboedrische Zeichen $b^{\frac{1}{u}} b^{\frac{1}{v}} b^{\frac{1}{w}}$ u. s. w. ist für die Indices bei b und d entgegengesetztes Vorzeichen zu nehmen, was durch $\pm w$ resp. $\mp w$ angedeutet ist; es ist nämlich im Fall b b b zu setzen u v w „ „ b b d „ „ u v $\bar{w}$ „ „ d d b „ „ u v $\bar{w}$ und dann eventuell die Zeichen so umzustellen, dass mit Berücksichtigung des Vorzeichens $u>v>w$ wird.
	p	10	1	
	e^2	$\infty 0$	∞	
	d^1	∞	$\infty 0$	
	e^n	$\frac{n+1}{n-2}0$	$\frac{n+1}{n-2}$	
	a^n	$\frac{n-1}{n+2}0$	$\frac{n-1}{n+2}$	
	d^n	$\frac{n}{n-1}\ \frac{1}{n-1}$	$+1\ \frac{n+2}{n-1}$	
	b^n	$\frac{n-1}{n+1}\ \frac{1}{n+1}$	$+1\ \frac{n-2}{n+1}$	
	$e_{\frac{1}{n}}$	$-2n\ (1-n)$	$-2\ (3n-1)$	
	$b^{\frac{1}{u}} b^{\frac{1}{v}} b^{\frac{1}{w}}$ $b^{\frac{1}{u}} b^{\frac{1}{v}} d^{\frac{1}{w}}$ $d^{\frac{1}{u}} d^{\frac{1}{v}} b^{\frac{1}{w}}$	$\frac{u-v}{u+v\pm w}\ \frac{v\mp w}{u+v\pm w}$ $(u>v>w)$	$\frac{u+v\mp 2w}{u+v\pm w}\ \frac{u-2v\pm w}{u+v\pm w}$ $(u>v>w)$	

Diese Zeichen u v w resp. u v $\bar{w}$ sind unmittelbar die $b^{\frac{1}{u}} b^{\frac{1}{v}} b^{\frac{1}{w}}$ u. s. w. entsprechenden Miller'schen Zeichen. Es ist nun statt der Anwendung obiger directer Umwandlungs-Symbole am einfachsten, aus $b^{\frac{1}{u}} b^{\frac{1}{v}} b^{\frac{1}{w}}$ u. s. w. zum Zweck der Verwandlung in unsere Zeichen zuerst das Miller'sche Zeichen anzuschreiben, die Ordnung der Indices mit Berücksichtigung des Vorzeichens nach der Grösse vorzunehmen, eventuell alle Vorzeichen in die entgegengesetzten zu verwandeln, damit $u+v+w>0$ ausfällt. Daraus ist das Symbol G_1 abzuleiten (vgl. Miller Symbole), indem:

$$uvw = hkl\ (\text{Miller}) = \frac{h-k}{h+k+l}\ \frac{k-l}{h+k+l}\ (G_1).$$

Die Form ist $+$ für $p>q$, $-$ für $p<q$.

Lévy-Des Cloizeaux-Symbole.

Reguläres System.

Gdt.	Lévy-Des Cloizeaux.
0	p
p0	$b^{\frac{1}{p}}$
p1	a^{p}
p	$a^{\frac{1}{p}}$
pq	$b^{\frac{1}{p}}\, b^{\frac{1}{q}}\, b^{1}$

Tetragonales System.

Gdt.	Lévy-Des Cloizeaux.
0	p
∞0	h^{1}
∞	m
p∞	$h^{\frac{p+1}{p-1}}$
p0	$a^{\frac{1}{p}}$
p	$b^{\frac{1}{2p}}$
p · p—1	a_{2p-1}
pq	$b^{\frac{1}{p-q}}\, b^{\frac{1}{p+q}}\, h^{1}$

Rhombisches System.

Gdt.	Lévy-Des Cloizeaux.
0	p
0∞	g^{1}
∞0	h^{1}
∞	m
p∞	$h^{\frac{p+1}{p-1}}$
∞q	$g^{\frac{q+1}{q-1}}$
0q	$e^{\frac{1}{q}}$
p0	$a^{\frac{1}{p}}$
p	$b^{\frac{1}{2p}}$
p · p—1	a_{2p-1}
p · p+1	e_{2p+1}
$\overset{>}{pq}$	$b^{\frac{1}{p-q}}\, b^{\frac{1}{p+q}}\, h^{1}$
$\overset{<}{pq}$	$b^{\frac{1}{q-p}}\, b^{\frac{1}{q+p}}\, g^{1}$

Monoklines System.

Gdt.	Lévy-Des Cloizeaux.
0	p
0∞	g^{1}
∞0	h^{1}
∞	m
p∞	$h^{\frac{p+1}{p-1}}$
∞q	$g^{\frac{q+1}{q-1}}$
0q	$e^{\frac{1}{q}}$
+p0	$o^{\frac{1}{p}}$
—p0	$a^{\frac{1}{p}}$
+p	$d^{\frac{1}{2p}}$
—p	$b^{\frac{1}{2p}}$
—p · p—1	a_{2p-1}
+p · p—1	o_{2p-1}
$+\overset{>}{pq}$	$d^{\frac{1}{p-q}}\, d^{\frac{1}{p+q}}\, h^{1}$
$-\overset{>}{pq}$	$b^{\frac{1}{p-q}}\, b^{\frac{1}{p+q}}\, h^{1}$
$+\overset{<}{pq}$	$d^{\frac{1}{q-p}}\, b^{\frac{1}{q+p}}\, g^{1}$
$-\overset{<}{pq}$	$b^{\frac{1}{q-p}}\, d^{\frac{1}{q+p}}\, g^{1}$

Triklines System.

Gdt.		Lévy-Des Cloizeaux.
0		p
0∞		g^{1}
∞0		h^{1}
∞		t
$\infty\overline{\infty}$		m
p∞		$h^{\frac{p+1}{p-1}}$
$\overline{p}\infty$		${}^{\frac{p+1}{p-1}}h$
∞q		$g^{\frac{q+1}{q-1}}$
$\infty\overline{q}$		${}^{\frac{q+1}{q-1}}g$
0q		$i^{\frac{1}{q}}$
$0\overline{q}$		$e^{\frac{1}{q}}$
p0		$o^{\frac{1}{p}}$
$\overline{p}0$		$a^{\frac{1}{p}}$
p		$f^{\frac{1}{2p}}$
$p\overline{p}$		$d^{\frac{1}{2p}}$
$\overline{p}p$		$c^{\frac{1}{2p}}$
$\overline{p}$		$b^{\frac{1}{2p}}$
p>q	pq	$f^{\frac{1}{p-q}}\, d^{\frac{1}{p+q}}\, h^{1}$
	$p\overline{q}$	$d^{\frac{1}{p-q}}\, f^{\frac{1}{p+q}}\, h^{1}$
	$\overline{p}q$	$c^{\frac{1}{p-q}}\, b^{\frac{1}{p+q}}\, h^{1}$
	$\overline{p}\,\overline{q}$	$b^{\frac{1}{p-q}}\, c^{\frac{1}{p+q}}\, h^{1}$
p<q	pq	$f^{\frac{1}{q-p}}\, d^{\frac{1}{q+p}}\, g^{1}$
	$p\overline{q}$	$d^{\frac{1}{q-p}}\, f^{\frac{1}{q+p}}\, g^{1}$
	$\overline{p}q$	$c^{\frac{1}{q-p}}\, b^{\frac{1}{q+p}}\, g^{1}$
	$\overline{p}\,\overline{q}$	$b^{\frac{1}{q-p}}\, c^{\frac{1}{q+p}}\, g^{1}$

Lévy-Des Cloizeaux-Symbole.

System.	Gdt.	Lévy-Des Cloizeaux.	Bemerkungen.
Hexagonal Holoedrisch	I. Aufstellung (G_1).		Für die holoedrischen Symbole Lévy-Des Cloizeaux wurde die Umwandlung aus den Symbolen G_1 gegeben, für die rhomboedrischen die aus G_2, aus dem Grunde, weil sie so am einfachsten ist. In der Regel verwenden wir Symbole holoedrischer Krystalle in der Stellung G_1, diejenigen rhomboedrischer Krystalle in G_2. Ist es einmal anders der Fall, so müssen die Symbole vor der Umwandlung aus der Aufstellung I in die Aufstellung II übergeführt werden nach dem Symbol $pq\ (G_1) \doteqdot (p+2q)\ (p-q)\ (G_2)$ respective umgekehrt: $pq\ (G_2) \doteqdot \frac{p+2q}{3}\ \frac{p-q}{3}\ (G_1)$.
	0	p	
	∞0	m	
	∞	h^1	
	p∞	h^p	
	p0	$b^{\frac{1}{p}}$	
	p	$a^{\frac{1}{p}}$	
	pq	$b^{\frac{1}{p}}\ b^{\frac{1}{q}}\ b^1$	
Hexagonal Rhomboedr. Hemiedrisch	II. Aufstellung (G_2).		
	0	a^1	
	∞0	e^2	
	∞	d^1	
	$-\frac{1}{2}$	b^1	
	$+1$	p	
	$+p\ (p<1)$	$a^{\frac{1+2p}{1-p}}$	
	$+p\ (p>1)$	$e^{\frac{2p+1}{p-1}}$	
	$-p\ \left(p<\frac{1}{2}\right)$	$a^{\frac{1-2p}{1+p}}$	
	$-p\ \left(p>\frac{1}{2}\right)$	$e^{\frac{2p-1}{p+1}}$	
	$+1q\ (q>+1)$	$d^{\frac{q+2}{q-1}}$	Die Umwandlung $\pm pq = b^{\frac{1}{h}}\ b^{\frac{1}{k}}\ b^{\frac{1}{l}}$ resp. $b^{\frac{1}{h}}\ b^{\frac{1}{k}}\ d^{\frac{1}{l}}$ bedeutet: Es soll aus dem Zeichen $\pm pq$ zunächst das Miller'sche Zeichen hkl nach der hierfür gegebenen Vorschrift abgeleitet werden, dann ist: $hkl = b^{\frac{1}{h}}\ b^{\frac{1}{k}}\ b^{\frac{1}{l}}\ (h>k>l)$ $hk\bar{l} = b^{\frac{1}{h}}\ b^{\frac{1}{k}}\ d^{\frac{1}{l}}\ (h>k)$.
	$+1q\ \left(q \begin{smallmatrix} >-1 \\ <+1 \end{smallmatrix}\right)$	$b^{\frac{2+q}{1-q}}$	
	$-2q$	$e_{\frac{3}{q+1}}$	
	$\pm pq$	$\left.\begin{matrix} b^{\frac{1}{h}}\ b^{\frac{1}{k}}\ b^{\frac{1}{l}} \\ \text{resp. } b^{\frac{1}{h}}\ b^{\frac{1}{k}}\ d^{\frac{1}{l}} \end{matrix}\right\}$	

Mohs-Symbole.

Reguläres System.

Mohs.	Gdt.	Mohs.	Gdt.	Mohs.	Gdt.	Mohs.	Gdt.	Mohs.	Gdt.
H	0	A_1	$\frac{2}{3}0$	B_1	$\frac{1}{2}1$	C_1	$\frac{1}{2}$	T_1	$\frac{2}{3}\frac{1}{3}$
O	1	A_2	$\frac{1}{2}0$	B_2	$\frac{1}{3}1$	C_2	$\frac{1}{3}$	T_2	$\frac{3}{5}\frac{1}{5}$
D	10	A_3	$\frac{1}{3}0$					T_3	$\frac{1}{2}\frac{1}{4}$

Tetragonales System.

Mohs.	Gdt.	Mohs.	Gdt.
P	1	$P+\infty$	∞
P^m	m1	$[P+\infty]$	$\infty 0$
$P-1$	10	$(P+\infty)^m$	$m\infty$
$P-\infty$	0	$[(P+\infty)^m]$	$\frac{m+1}{m-1}\infty$
n Geradzahlig.		n Ungeradzahlig.	
$P\pm n$	$2^{\pm\frac{n}{2}}$	$P\pm n$	$2^{\frac{\pm n+1}{2}}$; 0
$(P\pm n)^m$	$m\,2^{\pm\frac{n}{2}}$; $2^{\pm\frac{n}{2}}$	$(P\pm n)^m$	$(m+1)\,2^{\frac{\pm n-1}{2}}$; $(m-1)\,2^{\frac{\pm n-1}{2}}$
$z\sqrt{2}\,P\pm n$	$2z\,2^{\pm\frac{n}{2}}$; 0	$z\sqrt{2}\,P\pm n$	$z2^{\frac{\pm n+1}{2}}$; $z2^{\frac{\pm n+1}{2}}$
$z(P\pm n)^m$	$zm\,2^{\pm\frac{n}{2}}$; $z\,2^{\pm\frac{n}{2}}$	$(z\,P\pm n)^m$	$z\,(m+1)\,2^{\frac{\pm n-1}{2}}$; $z\,(m-1)\,2^{\frac{\pm n-1}{2}}$
$(z\sqrt{2}\,P\pm n)^m$	$z\,(m+1)\,2^{\pm\frac{n}{2}}$; $z\,(m-1)\,2^{\pm\frac{n}{2}}$	$(z\sqrt{2}\,P\pm n)^m$	$zm\,2^{\frac{\pm n+1}{2}}$; $z\,2^{\frac{\pm n+1}{2}}$

Anm. 1) Die Zufügung von $\sqrt{2}$ zum Symbol bedeutet eine Drehung um 45^0 und entspricht dem Umwandlungs-Symbol: pq (I) $\doteqdot$ (p+q) (p—q) (II).

2) Die Prismen sind in der Literatur nicht selten vertauscht, sodass $(P+\infty)m$ statt $[(P+\infty)m]$ steht. Es dürfte dies nicht auf einen Irrthum in den Symbolen, sondern auf den Umstand zurückzuführen sein, dass, wo Pyramiden fehlen $(P+\infty) = \infty$ und $[P+\infty] = \infty 0$ nicht unterschieden werden können.

Mohs-Symbole.

Rhombisches, Monoklines und Triklines System.

Mohs.	Gdt.	Mohs.	Gdt.	Mohs.	Gdt.
P	1	$z\breve{P}r$	0z	$P-\infty$	0
$P+n$	2^n	$z\bar{P}r$	z0	$P+\infty$	∞
$zP+n$	$z2^n ; z2^n$	$\breve{P}r+n$	$0\ 2^n$	$(\breve{P}+\infty)^m$	∞m
$(\breve{P})^m$	1m	$\bar{P}r+n$	$2^n\ 0$	$(\bar{P}+\infty)^m$	$m\infty$
$(\bar{P})^m$	m1	$z\breve{P}r+n$	$0; z\ 2^n$	$\breve{P}r+\infty$	0∞
$(\breve{P}+n)^m$	$2^n; m2^n$	$z\bar{P}r+n$	$z\ 2^n; 0$	$\bar{P}r+\infty$	$\infty 0$
$(\bar{P}+n)^m$	$m2^n; 2^n$	$(\breve{P}r)^m$	$\frac{m-1}{2}\ \frac{m+1}{2}$	$(\breve{P}r+\infty)^m$	$\infty\ \frac{m+1}{m-1}$
$(z\breve{P}+n)^m$	$z2^n; zm2^n$	$(\bar{P}r)^m$	$\frac{m+1}{2}\ \frac{m-1}{2}$	$(\bar{P}r+\infty)^m$	$\frac{m+1}{m-1}\ \infty$
$(z\bar{P}+n)^m$	$zm2^n; z2^n$	$(z\breve{P}r)^m$	$z\frac{m-1}{2}; z\frac{m+1}{2}$	$(z\breve{P}r+n)^m$	$z\frac{m-1}{2}2^n; z\frac{m+1}{2}2^n$
$\breve{P}r$	01	$(z\bar{P}r)^m$	$z\frac{m+1}{2}; z\frac{m-1}{2}$	$(z\bar{P}r+n)^m$	$z\frac{m+1}{2}2^n; z\frac{m-1}{2}2^n$
$\bar{P}r$	10	$(\breve{P}r+n)^m$	$\frac{m-1}{2}2^n; \frac{m+1}{2}2^n$		
		$(\bar{P}r+n)^m$	$\frac{m+1}{2}2^n; \frac{m-1}{2}2^n$		

Hexagonales System.

Mohs.	Gdt.	Mohs.	Gdt.	Mohs.	Gdt.
R	1	P	10	$zP\pm n$	$z(-2)^{\pm n}; 0$
$R\pm n$	$(-2)^{\pm n}$	$(P)^m$	$\frac{3m-1}{2}; 1$	$(zP\pm n)^m$	$z(-2)^{\pm n}\frac{3m-1}{2}; z(-2)^{\pm n}$
$zR\pm n$	$z(-2)^{\pm n}$	$(zP)^m$	$z\frac{3m-1}{2}; z$	$P+\infty$	$\infty 0$
$R-\infty$	0	$P\pm n$	$(-2)^{\pm n}; 0$	$(P+\infty)^m$	$\frac{3m-1}{2}\infty$ bei rhomb. Kryst.
$R+\infty$	∞	$(P\pm n)^m$	$(-2)^{\pm n}\frac{3m-1}{2}; (-2)^{\pm n}$		$\frac{m+1}{m-1}\infty$ bei holoedr. Kryst.

Anm. 1) n kann + oder — Werthe annehmen. Im zweiten Fall treten negative Potenzen auf, z. B.: $P-3 = 2^{-3} = \frac{1}{8}$.

2) Die Formeln gelten im rhombischen, monoklinen und triklinen System für den Fall, dass in dem Axenverhältniss Mohs a<b ist. Wird a>b, so sind p und q zu vertauschen, da sich dann (˘) auf die Quer-, (¯) auf die Längs-Axe bezieht.

3) In Bezug auf das Vorzeichen ist im triklinen System:

$$+r = pq$$
$$-r = \bar{p}q$$
$$+l = p\bar{q}$$
$$-l = \bar{p}\bar{q}$$

Princip der Ableitung in Mohs-Symbolen.[1])

Tetragonales System. Ableitung des Symbols $(P)^m$.

Diese Ableitung macht alle anderen verständlich; sie geschieht folgendermassen: Es sei ABC (Fig. 36) eine Fläche der primären Pyramide P, so dass $OA = OB = a_0$, $OC = c_0$, so ergänzt Mohs das Dreieck ABC zu einem Parallelogramm ACBD, verlängert OC um das m fache, so dass $OM = mc_0$ wird und verbindet M mit D; dann entstehen 2 Flächen AMD und BMD, denen Mohs das Zeichen $(P)^m$ gibt. Die Fläche MAD oder MAS schneidet in ihrer Erweiterung die B Axe in N. Setzen wir $ON = na_0$, so hat $(P)^m$ die Axen-Abschnitte $a_0 \,.\, na_0 \,.\, mc_0$ und es ist nun n durch m auszudrücken. Nun ist aber

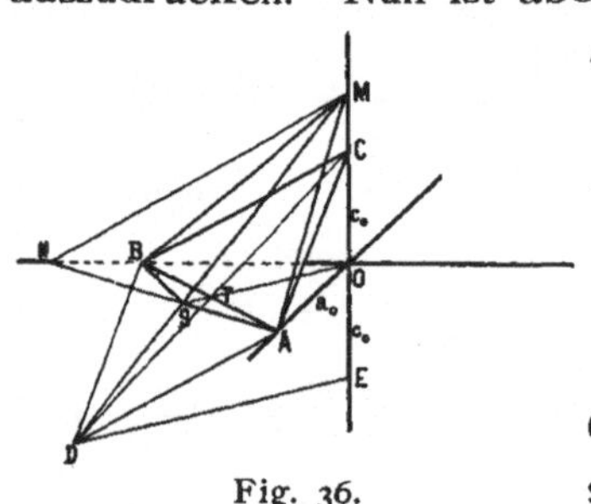

Fig. 36.

$$\triangle SOM \sim DEM \qquad OM = m \cdot c_0$$

$$\frac{SO}{OM} = \frac{DE}{EM} \qquad DE = 2 \cdot OT = 2 \cdot \frac{a_0}{2}\sqrt{2} = a_0\sqrt{2}$$

$$EM = mc_0 + c_0 = c_0(m+1)$$

$$ON = na_0$$

$$s = SO = \frac{m\, c_0 a_0 \sqrt{2}}{c_0(m+1)} = a_0\sqrt{2}\, \frac{m}{m+1}$$

Da diese Ableitungen sich alle auf dieselbe Grundform beziehen, wobei also a_0 constant ist, so ist s nur abhängig von m.

Specieller Fall: Für $m = 1 + \sqrt{2}$

$$\text{ist } s = a_0\sqrt{2}\, \frac{1+\sqrt{2}}{2+\sqrt{2}} = a_0.$$

In diesem Fall ist SOA ein gleichschenkliges Dreieck, der Querschnitt der ditetragonalen Pyramide ein reguläres Achteck. Dieser Fall kommt in der Natur nicht vor, da die Ableitungszahl $m = 1 + \sqrt{2}$ irrational ist. Ist $m > (1 + \sqrt{2})$, so tritt bei S, ist $m < (1 + \sqrt{2})$, so tritt bei A und B der spitzere Winkel auf. Mohs und nach ihm Haidinger nehmen stets $m > (1 + \sqrt{2})$.

Zeichnen wir das Dreieck NOQ in seiner eignen Ebene heraus (Fig. 37) so ist, wenn wir den Winkel OAS mit φ bezeichnen:

$$\angle OAS = \varphi \quad \angle OSA = 135 - \varphi \quad OS = s \quad OA = a_0$$

Dann ist in Dreieck SAO

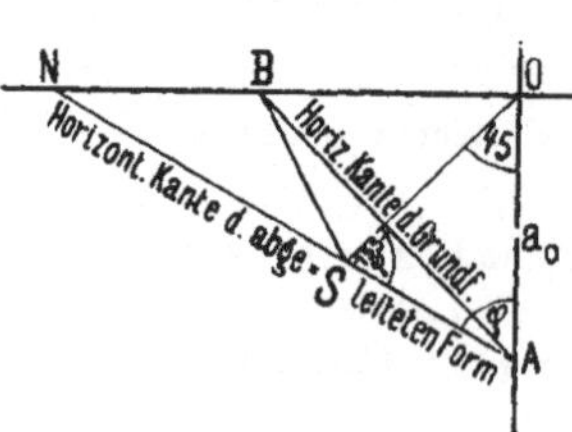

Fig. 37.

$$\frac{\sin\varphi}{\sin(135-\varphi)} = \frac{s}{a_0}$$

$$\sin\varphi = \frac{s}{a_0} \sin 135 \cos\varphi - \frac{s}{a_0} \cos 135 \sin\varphi$$

$$\sin 135 = \frac{1}{2}\sqrt{2}$$

$$\cos 135 = -\frac{1}{2}\sqrt{2}$$

$$\sin\varphi = \frac{s}{a_0\sqrt{2}} \cos\varphi + \frac{s}{a_0\sqrt{2}} \sin\varphi$$

---

[1]) Vgl. Mohs: Leichtfassl. Anfangsgr. d. Naturg. d. Min.-R. Wien 1832 p. 131 Fig. 108.
„ Min. 1836 I. 127 Fig. 123.
Haidinger: Handb. d. best. Min. 1845. 166.

Setzen wir zur Abkürzung: $\frac{s}{a_o\sqrt{2}} = r$, so ist:

$$\sin\varphi\,(1 - r) = r\cos\varphi$$

$$\left.\begin{aligned} \operatorname{tg}\varphi &= \frac{r}{1-r} \\ \text{Es ist aber auch}\quad \operatorname{tg}\varphi &= \frac{n\,a_o}{a_o} = n \end{aligned}\right\}\; n = \frac{r}{1-r}$$

$$\frac{1}{n} = \frac{1-r}{r} = \frac{1}{r} - 1 = \frac{a_o\sqrt{2}}{s} - 1$$

Nun war:

$$s = a_o\sqrt{2}\,\frac{m}{m+1} \quad \text{also:}\quad \frac{1}{n} = \frac{a_o\sqrt{2}}{a_o\sqrt{2}\,\frac{m}{m+1}} - 1 = \frac{m+1}{m} - 1 = \frac{1}{m}$$

Also: $m = n$

Somit ist das Axen-Verhältniss der abgeleiteten Form = ma : a : mc und es ist $(P)^m$ (Mohs) = mPm (Naumann) = (m1 1) (Miller) = m1 (Gdt.).

Hexagonales System. Ableitung der Pyramide aus dem Rhomboeder.

In die Pol-Kanten eines Rhomboeders sind je zwei Flächen so gelegt, dass sie, während die Kante bestehen bleibt, eine hexagonale Pyramide bilden. Dies ist nur auf die eine Art möglich, die Fig. 38 darstellt. Aus ihr ist unmittelbar ersichtlich, dass die zwei Pyramiden- und die zwei Rhomboederflächen, die an derselben Kante liegen, eine Zone bilden. Daraus ergiebt sich die Lage der Pyramidenflächen in der Projection (Fig. 39). Ziehen wir zwischen zwei Rhomboederpunkten R die Zonenlinie, so liegen die Projectionspunkte der Pyramidenflächen auf dem Schnitt P dieser Zonenlinie mit den beiden zwischen den Punkten R liegenden von OR um 30^0 abstehenden Axen.

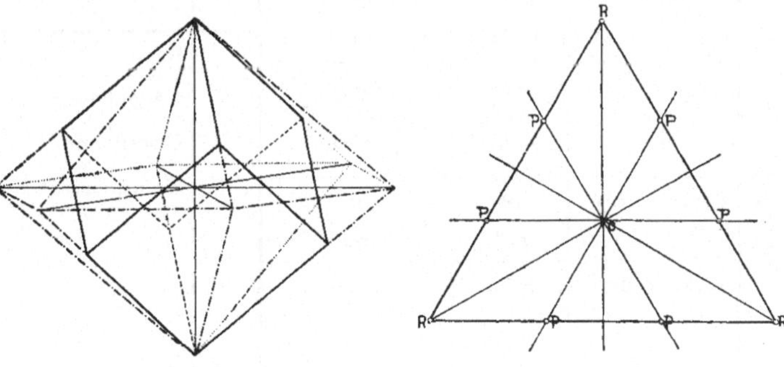

Fig. 38. Fig. 39.

Setzen wir R = 10, so ist P = $\frac{1}{3}$
" " R = 1, so ist P = 10

wie aus dem Projectionsbild unmittelbar zu ersehen ist. Allgemein:

ist das ursprüngl. (rhomboedr.) Symbol = pq, so ist das abgeleit. (pyramidale) = $\frac{p+2q}{3}\;\frac{p-q}{3}$

ist das abgeleitete (pyramidale) Symbol = pq, so ist das ursprüngl. (rhomboedr.) = (p + 2q) (p—q).

Es ist somit in Mohs' P- und R-Symbolen versteckt dasselbe enthalten, was sich in den unsrigen als G_1 und G_2 darstellt. Mohs' P-Symbol entspricht unserm G_1, Mohs' R-Symbol unserm G_2. In der That geben Mineralien von pyramidalem Habitus (holoedrische) einfache Symbolreihen in der Aufstellung G_1, solche von rhomboedrischem Habitus in der Aufstellung G_2. R entspricht der ternären Form (Pyramide) 1, P der binären Form (Doma) 10.

Haidinger-Symbole.

System.	Haidinger.		Gdt.
Regulär	Oktaeder	O	1
	Dodekaeder	D	10
	Hexaeder	H	0
	Fluoride	nF	n0
	Galenoide	nG	$\frac{2-2n}{2+n}1$
	Leucitoide	nL	n
	Adamantoide	mAn	m; $\frac{1-n}{1+n}m$
Tetragonal	Base	0	0
	Prismen	∞P	∞
		$\infty P'$	$\infty 0$
		∞Zn	$n\infty$
		$\infty Z'n$	$\frac{n+1}{n-1}\infty$
	Pyramiden	nP	n
		nP'	n0
	Zirkonoide	mZn	mn · m
		mZ'n	$\frac{m(n+1)}{2}\ \frac{m(n-1)}{2}$
		Zn	n1
		Z'n	$\frac{n+1}{2}\ \frac{n-1}{2}$
Rhombisch	Base	0	0
	Längsfläche	$\infty\breve{D}$	0∞
	Querfläche	$\infty\bar{D}$	$\infty 0$
	Prismen	$\infty\bar{O}n$	$n\infty$
		$\infty\breve{O}n$	∞n
	Längs-Doma	$m\breve{D}$	0m
	Quer-Doma	$m\bar{D}$	m0
	Orthotype	$m\bar{O}n$	$m\frac{m}{n}$
		$m\breve{O}n$	$\frac{m}{n}m$

System.	Haidinger.		Gdt.
Monoklin	Base	0	0
	Längsfläche	$\infty\overset{\smile}{\bar{D}}$	0∞
	Querfläche	$\infty\overset{\smile}{\breve{H}}$	$\infty 0$
	Prismen	$\infty\overset{\smile}{\breve{A}}n$	$n\infty$
		$\infty\overset{\smile}{\bar{A}}n$	∞n
	Längs-Domen	$m\overset{\smile}{\bar{D}}$	0m
	Quer-Hemidomen	$\pm\frac{m\overset{\smile}{\breve{H}}}{2}$	$\pm m0$
	Augitoide	$\pm\frac{m\overset{\smile}{\breve{A}}n}{2}$	$\pm m\frac{m}{n}$
		$\pm\frac{m\overset{\smile}{\bar{A}}n}{2}$	$\pm\frac{m}{n}m$
Triklin	Base	0	0
	Längsfläche	$\infty\overset{\smile}{\bar{D}}$	0∞
	Querfläche	$\infty\overset{\smile}{\breve{H}}$	$\infty 0$
	Hemiprismen	$r\frac{\infty\overset{\smile}{\bar{A}}n}{2}$	∞n
		$l\frac{\infty\overset{\smile}{\bar{A}}n}{2}$	$\infty\bar{n}$
		$r\frac{\infty\overset{\smile}{\breve{A}}n}{2}$	$n\infty$
		$l\frac{\infty\overset{\smile}{\breve{A}}n}{2}$	$n\overline{\infty}$
	Längs-Hemidomen	$r\frac{m\overset{\smile}{\bar{H}}}{2}$	0m
		$l\frac{m\overset{\smile}{\bar{H}}}{2}$	$0\bar{m}$
	Quer-Hemidomen	$+\frac{m\overset{\smile}{\breve{H}}}{2}$	m0
		$-\frac{m\overset{\smile}{\breve{H}}}{2}$	$\bar{m}0$
	Anorthoide	$\pm lr\frac{m\overset{\smile}{\bar{A}}n}{4}$	$\frac{m}{n}m$
		$\pm lr\frac{m\overset{\smile}{\breve{A}}n}{4}$	$m\frac{m}{n}$
	Vorzeichen:		$+r=pq$; $-r=\bar{p}q$; $+l=p\bar{q}$; $-l=\bar{p}\bar{q}$

Wo die Zeichen ⌣ ◡ übereinanderstehen, bezieht sich das untere Zeichen auf den normalen Fall, dass in dem Axenverhältniss a : b : c $a<b$, das obere auf den Ausnahmefall, dass $a>b$ ist.

Haidinger-Symbole.

System.	**Haidinger.**		**Gdt.** bei rhomboedrischen Krystallen	**Gdt.** bei holoedrischen Krystallen	**Naumann.**
Hexagonal	Base	oR	0	0	oR
	Prismen	∞Sn	$\frac{n+1}{n-1}\infty$	$\frac{3n-1}{2}\infty$	∞Rn
		∞R	$\infty 0$	∞	∞R
		∞Q	∞	$\infty 0$	∞P2
	Rhomboeder	mR	+m0	m	+mR
		mR'	−m0		−mR
	Skalenoeder	mSn	$+\frac{m(n+1)}{2} \cdot \frac{m(n-1)}{2}$	$\frac{m(3n-1)}{2} \cdot m$	+mRn
		mS'n	$-\frac{m(n+1)}{2} \cdot \frac{m(n-1)}{2}$		−mRn
	Quarzoide	Q	$\frac{1}{3}$	10	$\frac{2}{3}$P2
		mQ	$\frac{m}{3}$	m0	$\frac{2m}{3}$P2

Hausmann-Symbole.

Reguläres System.

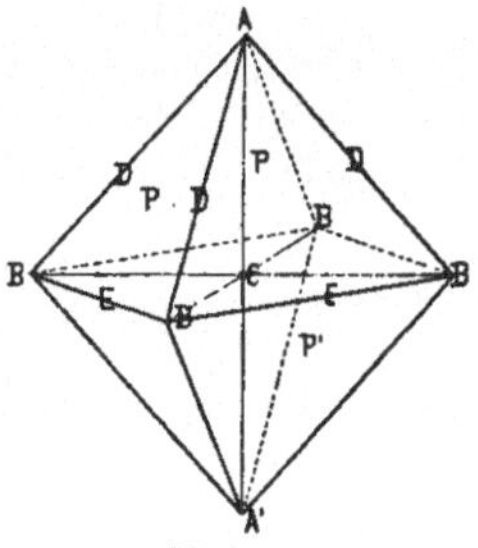

Fig. 40.

Hausmann.				**Gdt.**
O		Octaeder	8P	1
W		Würfel	2A · 4B	0
RD		Rhombendodekaeder	8D · 4E	10
Tr		Trapezoeder	8AE · 16BD	p
	Tr1		8AE2 · 16BD2	$\frac{1}{2}$
	Tr2		8AE3 · 16BD3	$\frac{1}{3}$
PO		Pyramidenoctaeder	8EA · 16DB	1q
	PO1		8EA$\frac{1}{2}$ · 16DB$\frac{1}{2}$	1$\frac{1}{2}$
	PO2		8EA$\frac{1}{3}$ · 16DB$\frac{1}{3}$	1$\frac{1}{3}$
PW		Pyramidenwürfel	8AB · 8BA · 8BB	p0
	PW1		8AB$\frac{3}{2}$ · 8BA$\frac{3}{2}$ · 8BB$\frac{3}{2}$	$\frac{2}{3}$0
	PW2		8AB2 · 8BA2 · 8BB2	$\frac{1}{2}$0
	PW3		8AB3 · 8BA3 · 8BB3	$\frac{1}{3}$0

Hausmann-Symbole.

Reguläres System (Fortsetzung).			**Hausmann.**	**Gdt.**
TP	TP1	Trigonalpolyeder	16(AE$\frac{3}{2}$ DB$\frac{1}{6}$) . 16(EA$\frac{2}{3}$ DB$\frac{1}{6}$) · 16(BB$\frac{3}{2}$ EA$\frac{1}{6}$)	$\frac{2}{3}$ $\frac{1}{3}$
	TP2		16(AE$\frac{5}{3}$ DB$\frac{1}{15}$) · 16(EA$\frac{3}{5}$ DB$\frac{1}{15}$) · 16(BB$\frac{5}{3}$ EA$\frac{1}{15}$)	$\frac{3}{5}$ $\frac{1}{5}$
	TP3		16(AE2 DB$\frac{1}{4}$) · 16(EA$\frac{1}{2}$ DB$\frac{1}{4}$) · 16(BB2 EA$\frac{1}{4}$)	$\frac{1}{2}$ $\frac{1}{4}$
T		Tetraeder		± 1
PT	PT1	Pyramidentetraeder	4AE2 · 8BD2	$\pm\frac{1}{2}$
	PT2		4AE3 · 8BD3	$\pm\frac{1}{3}$
TD	TD1	Tetragonaldodekaeder	4EA$\frac{1}{2}$ · 8DB$\frac{1}{2}$	$\pm 1\frac{1}{2}$
PD	PD1	Pentagonaldodekaeder	4AB$\frac{3}{2}$ · 4BA$\frac{3}{2}$ · 4BB$\frac{3}{2}$	$\pm\frac{2}{3}$ 0
	PD2		4AB2 · 4BA2 · 4BB2	$\pm\frac{1}{2}$ 0
	PD3		4AB3 · 4BA3 · 4BB3	$\pm\frac{1}{3}$ 0
	PD4		4AB4 · 4BA4 · 4BB4	$\pm\frac{1}{4}$ 0
IT		Ikositetraeder		
TIT	TIT1	Trigonal-Ikositetraeder	8(AE$\frac{3}{2}$ DB$\frac{1}{6}$) · 8(EA$\frac{2}{3}$ DB$\frac{1}{6}$) · 8(BB$\frac{3}{2}$ EA$\frac{1}{6}$)	$\pm\frac{2}{3}$ $\frac{1}{3}$
	TIT2		8(AE$\frac{5}{3}$ DB$\frac{1}{15}$) · 8(EA$\frac{3}{5}$ DB$\frac{1}{15}$) · 8(BB$\frac{5}{3}$ EA$\frac{1}{15}$)	$\pm\frac{3}{5}$ $\frac{1}{5}$
	TIT3		8(AE2 DB$\frac{1}{4}$) · 8(EA$\frac{1}{2}$ DB$\frac{1}{4}$) · 8(BB2 EA$\frac{1}{4}$)	$\pm\frac{1}{2}$ $\frac{1}{4}$
tIT	tIT1	Tetragonal-Ikositetraeder	8(AE$\frac{3}{2}$ DB$\frac{1}{6}$) · 8(EA$\frac{2}{3}$ DB$\frac{1}{6}$) · 8(BB$\frac{3}{2}$ EA$\frac{1}{6}$)	$\pm\frac{2}{3}$ $\frac{1}{3}$
	tIT2		8(AE$\frac{5}{3}$ DB$\frac{1}{15}$) · 8(EA$\frac{3}{5}$ DB$\frac{1}{15}$) · 8(BB$\frac{5}{3}$ EA$\frac{1}{15}$)	$\pm\frac{3}{5}$ $\frac{1}{5}$
	tIT3		8(AE2 DB$\frac{1}{4}$) · 8(EA$\frac{1}{2}$ DB$\frac{1}{4}$) · 8(BB2 EA$\frac{1}{4}$)	$\pm\frac{1}{2}$ $\frac{1}{4}$
PIT	PIT1	Pentagonal-Ikositetraeder	8(AE$\frac{3}{2}$ DB$\frac{1}{6}$) · 8(EA$\frac{2}{3}$ DB$\frac{1}{6}$) · 8(BB$\frac{3}{2}$ EA$\frac{1}{6}$)	$\pm\frac{2}{3}$ $\frac{1}{3}$
	PIT2		8(AE$\frac{5}{3}$ DB$\frac{1}{15}$) · 8(EA$\frac{3}{5}$ DB$\frac{1}{15}$) · 8(BB$\frac{5}{3}$ EA$\frac{1}{15}$)	$\pm\frac{3}{5}$ $\frac{1}{5}$
	PIT3		8(AE2 DB$\frac{1}{4}$) · 8(EA$\frac{1}{2}$ DB$\frac{1}{4}$) · 8(BB2 EA$\frac{1}{4}$)	$\pm\frac{1}{2}$ $\frac{1}{4}$
TPD	TPD1	Tetraedrische Pentagonal-Dodekaeder	4(AE$\frac{3}{2}$ DB$\frac{1}{6}$) · 4(EA$\frac{2}{3}$ DB$\frac{1}{6}$) · 4(BB$\frac{3}{2}$ EA$\frac{1}{6}$)	$\pm\frac{2}{3}$ $\frac{1}{3}$
	TPD2		4(AE$\frac{5}{3}$ DB$\frac{1}{15}$) · 4(EA$\frac{3}{5}$ DB$\frac{1}{15}$) · 4(BB$\frac{5}{3}$ EA$\frac{1}{15}$)	$\pm\frac{3}{5}$ $\frac{1}{5}$
	TPD3		4(AE2 DB$\frac{1}{4}$) · 4(EA$\frac{1}{2}$ DB$\frac{1}{4}$) · 4(BB2 EA$\frac{1}{4}$)	$\pm\frac{1}{2}$ $\frac{1}{4}$

Hausmann-Symbole.

Rhombisches System.
(Trimetrisch.)

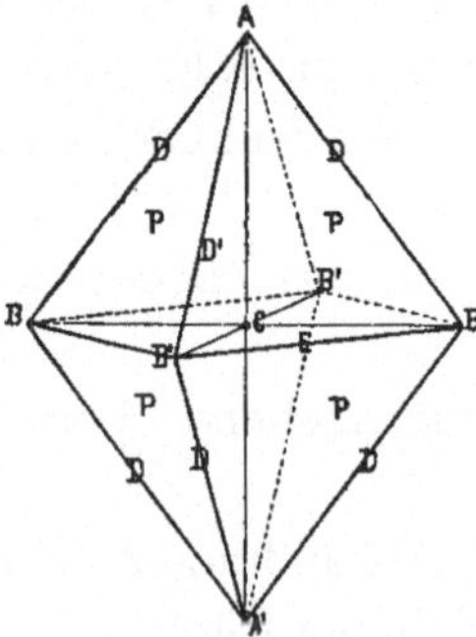

Fig. 41.

Hexagonales System.
(Monotrimetrisch.)

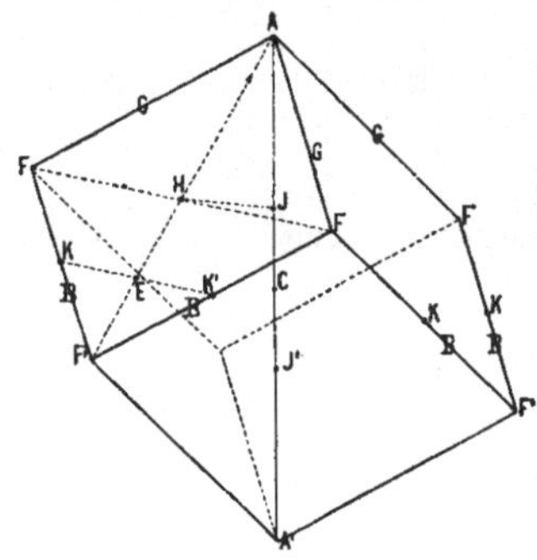

Fig. 42.

Rhombisches System. (Tetragonales, Monoklines und Triklines System, s. unten.)

Hausmann.	Gdt.
P	I
A	0
B	0∞
B'	$\infty 0$
D	01
D'	10
G	$\frac{1}{2}0$
E	∞
B'Bn	$n\infty$
BB'n	∞n
ABn, BAn	$0\frac{1}{n}$
AB'n, B'An	$\frac{1}{n}0$
AEn, EAn	$\frac{1}{n}$
BD'n, D'Bn	In
B'Dn, DB'n	nI
(BB m · EAn), (BB'm · AEn)	$\frac{1}{mn}\ \frac{1}{n}$
(B Bm · EAn)	$\frac{m}{n}\ \frac{1}{n}$
(EAm · D'Bn)	$\frac{1}{m}\ \frac{n}{m}$
(BD'm · AEn)	$\frac{1}{n}\ \frac{m}{n}$
(EAm · DB'n), (AEm · DB'n)	$\frac{n}{m}\ \frac{1}{m}$

Hexagonales System.

Hausmann.	G_1
P	10
A	0
B	∞
E	$\infty 0$
G	$-\frac{1}{2}0$
D	$\frac{1}{2}$
BBn	$\frac{n+1}{n-1}\infty$
AHn, HAn	$+\frac{1}{n}0$
FAn, AFn	$-\frac{1}{2n}0$
ABn, BAn	$\frac{1}{2n}$
AEn, EAn	$\frac{1}{n}0$
BDn	$\frac{n-1}{2}1$
KGn	$+\frac{1+n}{2n}\ \frac{1-n}{2n}$
G · KGn	$-\frac{1+n}{4n}\ \frac{1-n}{4n}$
AHm · KGn	$+\frac{1+n}{2mn}\ \frac{1-n}{2mn}$
FAm · GKn	$-\frac{1+n}{4mn}\ \frac{1-n}{4mn}$

Allgemein ist, wenn nach der Umrechnung sich $p < q$ ergiebt, p und q zu vertauschen und das Vorzeichen zu ändern.

Hausmann-Symbole.

Tetragonales System. (Monodimetrisch.)

Es gelten hier dieselben Transformations-Symbole wie im rhombischen System, nur fallen die Zeichen mit und ohne Index zusammen.

Monoklines System. (Klinorhombisch, Orthorhomboidisch.)

Dasselbe zerfällt bei Hausmann in 2 Systeme: das klinorhombische und das orthorhomboidische System. Ersteres wieder in zwei Abtheilungen:

A. Klinorhombisches System. Symmetrieebene aufrecht gestellt.

a. Mit makrodiagonaler Abweichung. Symmetrieebene rechts — links. (Beisp. Orthoklas.)

b. Mit mikrodiagonaler Abweichung. Symmetrieebene vorn — hinten. (Beisp. Gyps.)

B. Orthorhomboidisches System. Symmetrieebene horizontal gelegt. (Beisp. Epidot.)

Der Unterschied in den Symbolen für die drei Aufstellungen tritt am deutlichsten in den beistehenden von Hausmann entlehnten Figuren hervor.

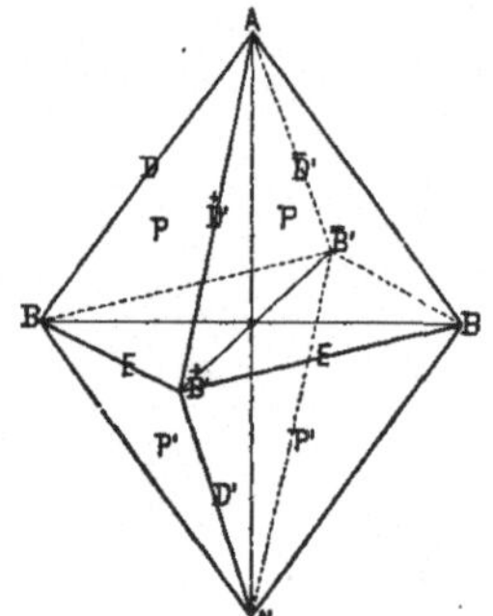

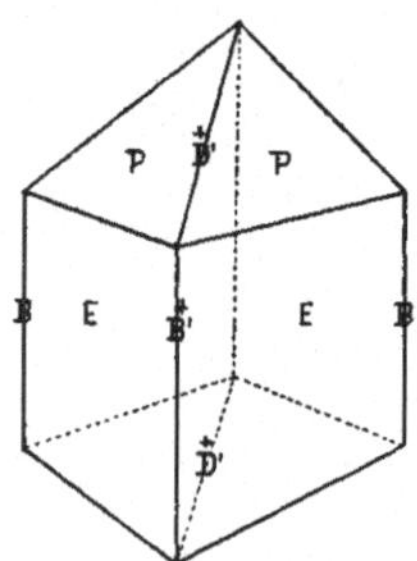

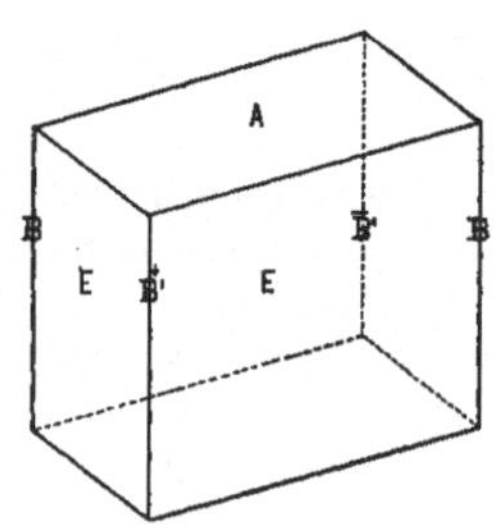

Klinorhombisches System mit mikrodiagonaler Abweichung.
(Symmetrieebene vorn — hinten.)

Fig. 43. Klinorhombisches Octaeder.

Fig. 44. Prisma und Hemipyramiden.

Fig. 45. Hendyoeder oder Dyhenoeder.

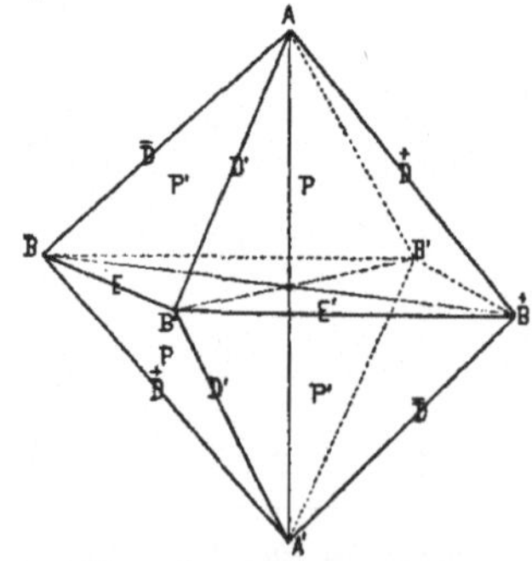

Klinorhombisches System mit makrodiagonaler Abweichung. (Symmetrieebene links — rechts.)
Fig. 46. Klinorhombisches Oktaeder.

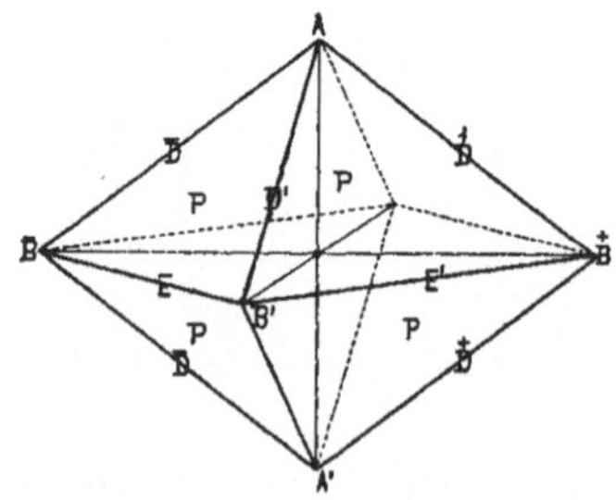

Orthorhomboidisches System. (Symmetrieebene horizontal.)
Fig. 47. Rhomboidal Octaeder.

Nur für Hausmanns klinorhombisches System mit mikrodiagonaler Abweichung stimmt die Aufstellung mit der jetzt üblichen überein. Für die beiden andern Fälle ist eine Umstellung durch Vertauschen zweier Axen nothwendig. Am einfachsten gelingt die Umwandlung in unsere Zeichen, wenn man zunächst auf diese Umstellung keine Rücksicht nimmt, sondern für alle drei Arten die rhombischen Umwandlungs-Symbole anwendet, der nöthigen Drehung aber nachträglich im Transformations-Symbol Ausdruck giebt. So ist dies im Index auch durchgeführt worden und sind in solchen Fällen die Transformations-Symbole in diesem Sinne zu verstehen. Die Axenverhältnisse des Index sind jedoch überall so angegeben, dass sich a auf die geneigte Axe bezieht. Hätte diese Inconsequenz vermieden werden sollen, so hätte man den Neigungswinkel nicht mit β, sondern mit α resp. γ bezeichnen müssen, wodurch noch leichter Gelegenheit zu Missverständnissen geboten gewesen und die Analogie mit den Elementangaben der andern Autoren gestört gewesen wäre. Bei etwaiger Umrechnung des Axenverhältnisses auf Grund des Transformations-Symbols ist auf diesen Umstand Rücksicht zu nehmen.

Noch ist zu bemerken, dass Hausmanns $\pm$ auch in unserm Zeichen $\pm$ giebt, doch bedeutet

in der normalen Aufstellung, sowie bei horizontaler Symmetrieebene — $pq = \bar{p}q$
in der Querstellung — $pq = p\bar{q}$

Triklines System (klinorhomboidisch).

Auch hier sind die rhombischen Transformations-Symbole anzuwenden mit Berücksichtigung der Vorzeichen. Diese lassen sich leicht feststellen durch Vergleichen mit beistehenden Figuren.

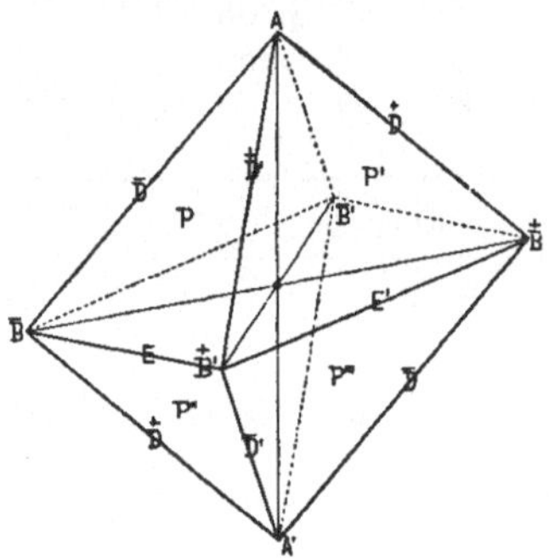

Fig. 48.
Klinorhomboidisches Oktaeder.

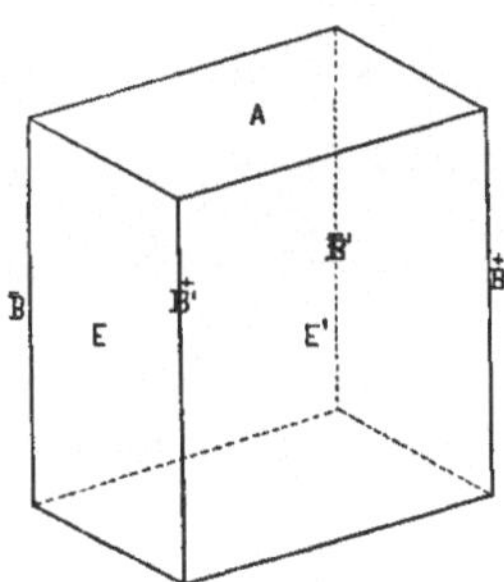

Fig. 49.
Henoeder.

Schrauf-Symbole.

Hexagonales System. Bezeichnen wir die drei Zahlen des Schrauf-schen Symbols mit hkl, so ist zur Bildung des Symbols der rhomboedrischen Gesammtform G_1, bei welchem $\pm$ Formen unterschieden werden.

$$\mathbf{hkl\ (Schrauf)} = \pm \frac{k}{l} \cdot \frac{h-k}{2l}\ (G_1)$$

Dabei ist Folgendes zu berücksichtigen:

1. Es erhalten von vorn herein die direkt aus der Anwendung des Umwandlungs-Symbols abgeleiteten Werthe pq das Vorzeichen $+$, wenn für p und q gleiches, $-$ wenn für p und q ungleiches Vorzeichen sich ergiebt. Also: $+p\,q \qquad -p\bar{q}$
$+\bar{p}\,\bar{q} \qquad -\bar{p}q$
2. Fällt p absolut $< q$ aus, so sind p und q zu vertauschen und zugleich das Vorzeichen zu ändern. Also:
$$\pm \overset{<}{pq} = \mp \overset{>}{pq}$$
3. Fällt p negativ aus, so ist das Zeichen über p und q, und zugleich das Vorzeichen des Symbols zu ändern. Also:
$$+\bar{p}q = -p\bar{q} \qquad -\bar{p}\bar{q} = +pq$$
4. Fällt q negativ aus, so ist für $\pm p\bar{q}$ zu setzen $\mp (p-q)\ q$.

Nöthigen Falls sind alle diese Modificationen am Symbol der Reihe nach vorzunehmen.

Beispiele:

Schrauf-Symbole.	pq direkt abgeleitet. (1)	$p > q$ gemacht. (2)	p positiv gemacht. (3)	Für $p\bar{q}$ gesetzt $\mp (p-q)\ q$ (4)	$p > q$ gemacht. (2)
421	$+21$	$+21$	$+21$	$+21$	$+21$
131	$-3\bar{1}$	$-3\bar{1}$	$-3\bar{1}$	$+21$	$+21$
$\bar{1}31$	$-3\bar{2}$	$-3\bar{2}$	$-3\bar{2}$	$+12$	-21
$\bar{4}21$	$-2\bar{3}$	$+\bar{3}2$	$-3\bar{2}$	$+12$	-21
$\bar{5}11$	$-1\bar{3}$	$+\bar{3}1$	$-3\bar{1}$	$+21$	$+21$
$\bar{5}\bar{1}1$	$+\bar{1}\bar{2}$	$-\bar{2}\bar{1}$	$+21$	$+21$	$+21$

Am besten operirt man mit Schrauf'schen Symbolen, indem man sie in das Projectionsbild einträgt und aus diesem nach Bedarf unsere Symbole abliest. Projections-Ebene ist die Basis, in welcher zwei auf einander senkrechte Axen Π und X liegen. Die Π Axe läuft vom O Punkt aus nach vorn, die X Axe quer. Der Projectionspunkt der Fläche hkl (Schrauf) findet sich, indem man π Einheiten π_0 in der Π Richtung, daran χ Einheiten χ_0 in der X Richtung aufträgt. π und χ berechnen sich aus dem Symbol hkl zu:

$$\pi = \frac{k}{l}; \quad \chi = \frac{h}{l}$$

Umrechnung der Elemente.

Die folgenden Tabellen geben für die Schriften von Miller, Mohs, Haidinger, Hausmann, Des Cloizeaux und Lévy die Formeln an, nach denen sich für das hexagonale, tetragonale, rhombische und monokline System die Elemente aus den Angaben dieser Autoren berechnen lassen. Das trikline System wurde weggelassen, weil einerseits in Bezug auf dies System die Angaben bei demselben Autor nicht immer gleichmässig sind und weil andererseits durch specielle Formeln kaum ein Vortheil erreicht würde, gegenüber dem später zur Berechnung der Elemente aus Messungen anzugebenden Weg. Haben die Angaben noch nicht die dort geforderte Gestalt, so müssen die jeweilig nothwendigen Operationen vorausgehen, die entweder in einer vorläufigen Aenderung der Aufstellung, oder in der Berechnung fehlender Theile nach den allgemeinen Methoden der Krystallberechnung bestehen.

Unter der Ueberschrift „Angabe" sind in den folgenden Tabellen die zur Berechnung nöthigen Grundwerthe eingetragen, wie sie sich in den Schriften des betreffenden Autors finden; die folgenden Columnen geben die Formeln für die zu berechnenden Werthe $p_o q_o$ a c und $\mu = 180 - \beta$. Dass die Formeln zur Berechnung von a und c, nicht von a_o und b_o gegeben wurden, hat darin seinen Grund, dass die vorliegende Rechnung meist zum Zweck einer Identification ausgeführt wird, dafür aber zum Vergleich in der Regel die Angabe von a und c vorliegt. Will man a_o und b_o haben, so ist allgemein

$$a_o = \frac{a}{c} \qquad b_o = \frac{b}{c}$$

In den meisten Fällen ist die Berechnung äusserst einfach. Für die wenigen Fälle, wo sie etwas complicirter ist, wurde zur bequemeren Auswerthung ein Schema und Beispiel beigefügt.

Solche Rechnungen nach festem Schema im geschlossenen Rahmen verwendet Brezina in seiner Methodik der Krystallberechnung. Sie bieten wesentliche Vortheile, die sich besonders bei den complicirteren Operationen der Krystallberechnung geltend machen, jedoch schon hier, wo solche Schemas in diesem Werk zum ersten Mal auftreten, erörtert werden mögen.

1. Zeitersparniss. Es entfällt die Disposition über die Anlage der Rechnung; keine Zahl muss öfter angeschrieben werden als unbedingt nöthig ist. Alle Angaben über die Bedeutung der Zahlen fallen weg, da diese gemäss dem Schema aus der Stelle hervorgeht, die die Zahl einnimmt; ebenso entfallen alle Zeichen $\pm$, $=$ u. s. w.
2. Sicherheit. Fehler in der Disposition sind ausgeschlossen. Um auch Fehler in der Ausrechnung unmöglich zu machen, soll ein gutes Schema stets die Controle der Rechnung in sich schliessen. Eine solche Controle wurde allgemein dem Schema eingefügt, nur bei ganz einfachen Umrechnungen hie und da weggelassen.

3. Uebersichtlichkeit. Diese ist besonders wichtig zum Zweck der Auffindung eventueller Rechenfehler. Ausserdem stellen sich die Resultate sogleich geordnet an einer bestimmten Stelle ein, so dass man sie bei späterer Benutzung sogleich findet. Beim Vergleich der Resultate einer ganzen Reihe gleichartiger Ausrechnungen findet sich das Entsprechende an genau entsprechender Stelle.

4. Raumersparniss. Durch die feste Umgrenzung der Rechnung und die Weglassung jedes überflüssigen Zeichens nimmt dieselbe einen sehr geringen Raum ein. Dadurch ist man im Stand, bei grossen zusammengehörigen Reihen von Einzelrechnungen, diese alle auf engem Raum zu vereinigen und das Ganze bequem zu übersehen.

Rechnung nach dem Schema. Zum Zweck der Rechnung umgrenzt man sich den Raum für dieselbe am besten auf quadrirtem Papier genau so, wie er für das Schema begrenzt ist. Die an jede Stelle zu setzenden Eintragungen gehen aus dem Schema unmittelbar hervor. In der Art der diesbezüglichen Angaben bin ich von Brezina abgegangen. Während er jedem Schema eine Legende beifügt, die den Gang der Rechnung anzeigt, steht hier die Vorschrift für die auszuführende Operation bereits an der Stelle, wo das Resultat der Operation einzutragen ist. Das Schema zerfällt in eine Anzahl Columnen, die numerirt sind und in stets nur wenige Zeilen, deren Nummer, von oben nach unten gezählt, man ohne besondere Eintragung übersieht. Jede Stelle im Schema ist durch zwei Zahlen bezeichnet, von denen die erste sich auf die Columne, die zweite auf die Zeile bezieht. Also: 32 = Columne 3 Zeile 2. Die Operationen bestehen ausser dem Aufsuchen der Logarithmen von Zahlenwerthen und trigonometrischen Functionen und dem Rückwärtsaufschlagen des Numerus nur aus Additionen und Subtractionen, hie und da einer Verdoppelung oder Halbirung. Die Lesung ist nun, wie kaum hervorgehoben zu werden braucht, beispielsweise folgende:

$\frac{32}{2}$ bedeutet, es soll an der Stelle wo dies steht, die Hälfte der Zahl in 32,
22+23 " " " " " " " " " " Summe der Zahlen in 22 und 23
eingetragen werden.

Die Reihenfolge der Operationen geht im Allgemeinen von links nach rechts und von oben nach unten, doch nach Bedarf auch umgekehrt. Sie ergiebt sich im speciellen Fall stets aus der Möglichkeit eine Operation nach der anderen auszuführen.

Die Controle besteht entweder darin, dass derselbe Werth auf zwei verschiedenen Wegen gewonnen wird, wobei alle zu controlirenden Werthe zur Gewinnung des Resultates Verwendung finden müssen, oder es werden die Ausgangswerthe aus den resultirenden Werthen rückwärts wieder abgeleitet. Beide Wege sind gleich sicher, der letztere ist in der Regel umständlicher, dagegen immer möglich. Besonders bei grösseren Rechnungen stellen sich partielle Controlen während des Laufes der Rechnung ein; solche sind stets mitzunehmen. Sie führen häufig zur Auffindung und Beseitigung eines Fehlers, der sich sonst bis zum Ende der Rechnung fortschleppen würde.

Die angewandten Logarithmen sind fünfstellige und wurde, im Fall die bei der Rechnung auftretende sechste Mantisse sich der 5 mehr nähert als der 0 resp. 10, für diese der Werth 0·5 in der Rechnung geführt und durch einen Punkt markirt. Auch in diesem nicht unwichtigen Detail bin ich dem Vorgang Brezina's gefolgt. Dagegen wurde der Punkt, den man zur Trennung der Charakteristik von den Mantissen zu setzen pflegt, als selbstverständlich weggelassen.

Also: 999876· = 9·998765

Ein Minuszeichen über der Charakteristik deutet an, dass der Logarithmus einer negativen Zahl angehört. Dies kommt bei den trigonometrischen Functionen der Winkel über 90° in Betracht.

Miller (Min. 1852).

System.	Angabe.	p_0	q_0	a	c	$\mu = 180 - \beta$
Tetragonal.	101 : 001 = 10 : 0 = m	tg m	tg m	1	tg m	90°
Hexagonal.	100 : 111 = 10 : 0 = m	tg m	tg m	1	$c_{10} = \sqrt{\frac{3}{4}}\,\text{tg m}$	90°
				1	$c_1 = \frac{3}{2}\,\text{tg m}$	
Rhombisch.	011 : 010 = 10 : ∞0 = m 101 : 001 = 01 : 0 = n 110 : 100 = ∞ : 0∞ = o	ctg m	tg n	ctg o	tg n	90°
Monoklin.	101 : 100 = 10 : ∞0 = m 111 : 010 = 1 : 0∞ = n 101 : 001 = 10 : 0 = o	$\frac{\sin o}{\sin m}$	$\text{ctg n}\,\frac{\sin(m+o)}{\sin m}$	$\frac{\text{ctg n}}{\sin o}$	$\frac{\text{ctg n}}{\sin m}$	m + o

Mohs-Haidinger-Hausmann.

System.	Angabe.	p_0	q_0	a	c	$\mu = 180 - \beta$
Tetragonal.	a Aeusserer Winkel der Horizontalkanten (der zweite für P gegebene Winkel) = C°.	$\frac{a}{\sqrt{2}}$ $= \frac{1}{\sqrt{2}}\,\text{tg}\,\frac{C}{2}$	$= p_0$	1	$\frac{a}{\sqrt{2}}$ $= \frac{1}{\sqrt{2}}\,\text{tg}\,\frac{C}{2}$	90°
Hexagonal.	a	$\frac{2}{3}\,a$	$= p_0$	1	$c_{10} = \frac{a}{\sqrt{3}}$ $= \sqrt{\frac{3}{4}}\,\text{tg}\,\frac{C}{2}$	90°
	Aeusserer Winkel der Horizontalkanten (der zweite für P gegebene Winkel) = C°.	$= \text{tg}\,\frac{C}{2}$			$c_1 = a$ $= \frac{3}{2}\,\text{tg}\,\frac{C}{2}$	
	Polkantenwinkel des Rhomboeders R = 2r.	Vgl. Des Cloizeaux.				
Rhombisch.	a : b : c	$\frac{a}{c}$	$\frac{a}{b}$	$\frac{c}{b}$	$\frac{a}{b}$	90°
Monoklin.	a : b : c : d ; d = 1	$\frac{1}{b \cos \mu}$	$\frac{a}{c}$	$\frac{b}{c}$	$\frac{1}{c \cos \mu}$	tg μ = a

Des Cloizeaux. (Man. 1862, 1874.)

System.	Angabe.	p_o	q_o	a	c	$\mu = 180 - \beta$
Tetragonal.	b : h	$\frac{h\sqrt{2}}{b}$	$\frac{h\sqrt{2}}{b}$	1	$\frac{h\sqrt{2}}{b}$	90°
Hexagonal. Holoedrisch.	b : h	$\frac{h}{b}\sqrt{\frac{4}{3}}$	$\frac{h}{b}\sqrt{\frac{4}{3}}$	1	$c_{10} = \frac{h}{b}$ $c_1 = \frac{h\sqrt{3}}{b}$	90°
Hexagonal. Rhomboedr. Hemiedrisch.	Rhomboèdre de 2r° (Polkantenwinkel).	$2 \operatorname{tg} \delta$ $\sin \delta = \operatorname{ctg} r \operatorname{tg} 30°$	$= p_o$	1	$c_{10} = \operatorname{tg} \delta \operatorname{ctg} 30°$ $\sin \delta = \operatorname{ctg} r \operatorname{tg} 30°$ $c_{10} = \frac{\cos r \cos 30}{\sqrt{\sin(r+30)\sin(r-30)}}$	90°
		$\frac{\cos r}{\sqrt{\sin(r+30)\sin(r-30)}}$ (Controle)		1	$c_1 = 3 \operatorname{tg} \delta$ $\sin \delta = \operatorname{ctg} r \operatorname{tg} 30$ $c_1 = \frac{3}{2} \frac{\cos r}{\sqrt{\sin(r+30)\sin(r-30)}}$	
Rhombisch.	d : D : h	$\frac{h}{d}$	$\frac{h}{D}$	$\frac{d}{D}$	$\frac{h}{D}$	90°
Monoklin.	d : D : h Angle plan de la base . . . . = 2m Angle plan des faces latérales = n Prisme rhomboidal oblique de = 2ρ°	$\frac{h}{d}$	$\frac{h}{D} \sin \mu$ $= \frac{h}{D} \operatorname{tg} m \operatorname{ctg} \rho$	$\frac{d}{D}$	$\frac{h}{D}$	$\cos \mu = \frac{\cos n}{\cos m}$ $\sin \mu = \operatorname{tg} m \operatorname{ctg} \rho$ (Controle)

Bemerkungen zur Umrechnung der Elemente.

Zu **Miller's** Angaben:

Monoklines System.

1. Fällt m + o > 90° aus, so ist die Aufstellung nicht die normale, es ist vielmehr eine Drehung um 180° um die Verticalaxe vorzunehmen, zugleich mit den Symbolen die Transformation: pq (Miller) = — pq (Aut.).
2. Zur raschen Auffindung des Werthes $c_{10} = \sqrt{\frac{3}{4}}$ tg m kann die Tabelle I Seite 72 bis 74 verwendet werden.

Zu **Des Cloizeaux** Angaben:

Hexagonales System.

Zur Auffindung von c_{10} und p_o aus dem Rhomboeder-Winkel dient Tabelle II Seite 74—77. Zur Berechnung derselben Werthe ist das folgende Schema anzuwenden, das die Controle einschliesst:

Schema.

1	2	3	4
776144	lg tg δ	21—11 = lg c	lg sin (r + 30)
lg ctg r	lg cos r	$\frac{41+42}{2}$	lg sin (r — 30)
11 + 12 = lg sin δ	030103 + 21 = lg p_o	22—32 = lg p_o	p_o

Beispiel: Dioptas: r = 47°57'·5.

1	2	3	4
976144	978516	002371 lg c	999033·
995507	982586	973967	948900·
971651	008619 lg p_o	008619 lg p_o	1 · 2194 p_o

Weitere Controle 31—32 = 993752.

Monoklines System.

Zur Auswerthung der Formeln für μ diene das folgende in sich controlirte Schema:

Schema.

1	2	3	4
n	lg cos n	21—22 = lg cos μ	μ
m	lg cos m	lg tg m	
ρ	lg ctg ρ	32 + 23 = lg sin μ	μ

Fig. 50.

Beispiel. Amphibol (Des Cloizeaux, Manuel 77).

1	2	3	4
97°07 · 9	909395	941207·	75° 02 μ
61° 16 · 1·	968187·	026106	
62° 05 · 5	972399·	998505	75° 03 μ

Zwischen den Werthen μ entstehen manchmal Differenzen dadurch, dass die gegebenen Werthe mnρ nicht unter sich genau abgeglichen sind.

Zu den Angaben von **Mohs Haidinger Hausmann.**

1. Die Winkel-Angaben bei Mohs und Hausmann sind folgendermassen zu verstehen:

   Bei einer achtflächigen Pyramide sind drei Winkel gegeben; davon bezieht sich der erste auf die vordere, der zweite auf die seitliche Polkante, der dritte auf die Mittelkante.

   Bei vierflächigen Formen ist der gegebene Winkel der zwischen zwei zusammengehörigen Flächen.

   Bei zweiflächigen Formen ist der Winkel gegeben zwischen einer der betreffenden Flächen und der Basis (o) oder der Querfläche (∞o).

2. Triklines System. Es bedeutet:

$\breve{c} : \bar{b} : \overset{\perp}{a}$ (Mohs-Haidinger) $= a : b : c$ (Aut.)

Abweichung der Axe in der Ebene der grösseren Diagonale $= 90 - \gamma$

" " " " " " kleineren " $= 90 - \alpha$

Schiefe der Diagonale $= \beta$

3. Hexagonales System.

Die Berechnung der Elemente aus dem Rhomboeder-Winkel (2 r) erfolgt durch Aufsuchen in der Tabelle II Seite 74—77 oder durch Rechnung wie für Des Cloizeaux angegeben.

4. Rhombisches, monoklines System.

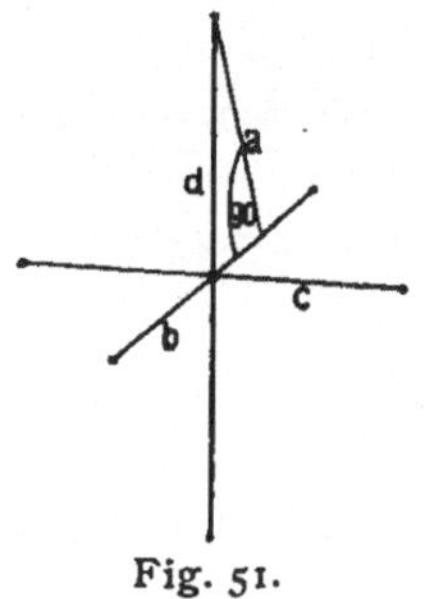

Fig. 51.

Die Berechnung aus den Winkeln der Grundpyramide (Hausmann) ist auf die für Berechnung der Elemente aus Messungen weiter unten anzugebende Weise vorzunehmen. Auch für die Angaben Mohs-Zippe-Haidinger empfiehlt es sich neben der Berechnung aus den Zahlenverhältnissen noch die Rechnung aus den Winkeln zur Controle auszuführen, da in den Angaben manchmal Fehler vorkommen, die sich so auffinden lassen.

5. Monoklines System.

Die Bedeutung der Verhältnisszahlen a:b:c:d geht aus beistehender Fig. 51 hervor. Die Ausrechnung der Zahlenwerthe für $a\ c\ a_o\ b_o\ p_o\ q_o\ \mu$ aus den Mohs'schen Angaben wollen wir nach dem folgenden Schema vornehmen. Es ist darin statt der Mohs'schen Buchstaben a b c (d), worunter $d = 1$, um Verwechselung zu vermeiden A B C gesetzt.

1	2	3	4	5	6	7	8
A	lg A $=$ lg tg μ	lg cos μ	μ	lg sin μ	51+53 $= 32$	53—52 $= 33$	
B	lg B	21—23 $=$ lg q_o	31+22 $=$ lg a_o	0—42 $=$ lg p_o	q_o	a_o	p_o
C	lg C	22—23 $=$ lg a	31+23 $=$ lg b_o	0—43 $=$ lg c	a	b_o	c

Beispiel: Rittingerit. (Zippe, Wien. Sitzb. 1852. 9. 346).

1	2	3	4	5	6	7	8
36·576	156319	843665	88°26·0 μ	999984 lg sin μ	970651 $= 32$	970448 $= 33$	
36·405	156116	970651 lg q_o	999781 lg a_o	000219 lg p_o	0·5087 q_o	0·9950 a_o	1·0050 p_o
71·891	185668	970448 lg a	029333 lg b_o	970667 lg c	0.5064 a	1·9649 b_o	0·5089 c

Lévy.

Tetragonales System. Gegeben für das primäre Prisma m das Verhältniss: Seite zur Höhe $= 1:h$, so berechnet sich $c = p_o = q_o = \frac{h\sqrt{2}}{1}$

Rhombisches System. Gegeben für das primäre Prisma m der äussere Prismenwinkel $= 2m$ und das Verhältniss der Prismenseite l zur Höhe h.

Formeln.

$a = \text{ctg } m$	$p_o = \frac{h}{l \cos m}$	$c = q_o = \frac{h}{l \sin m}$

Schema.

1	2	3	4	5
m	lg sin m	lg cos m	lg ctg m = lg a	a
l	lg l	21+22	23—32 lgc=lg q_o	$c = q_o$
h	lg h	31+22	23—33 lg p_o	p_o

Controle: $41 + 43 = 42$.

Beispiel: Antimonglanz. Lévy, Descr. 1838. 3. 311.

1	2	3	4	5
45°22·5	985231	984662·	999431·	0·9870 a
20	130103	115334	030906	2·037 $c = q_o$
29	146240	114765·	031474·	2·064 p_o

Monoklines System. Gegeben für das primäre Prisma m der Prismenwinkel $= 2\rho$, der Winkel der Basis zu einer vorderen Prismenfläche $= o : \infty = \sigma$. Das Längen-Verhältniss der Basis-Kante $o : \infty$ zur Prismenkante $\infty : \infty = l : h$.

Formeln.

$\cos\mu = \frac{\cos\sigma}{\sin\rho}$	$a = \text{ctg } m$	$p_o = \frac{h}{l \sin m}$	$\frac{p_o}{q_o} = \text{tg } \rho$ (Controle)
$\cos m = \frac{\cos\rho}{\sin\sigma}$	$c = \frac{h}{l \sin m}$	$q_o = c \sin\mu$	

Schema.

1	2	3	4	5	6
σ	lg sin σ	lg cos σ	31—22 = lg μ	lg sin μ	μ
ρ	lg sin ρ	lg cos ρ	lg tg ρ =53—52	51+54 = lg q_o	q_o
h	lg h	32—21 =lg cos m	24+33	23—43 = lg p_o	p_o
l	lg l	lg sin m	24+34	23—44 = lg c	c
		lg ctg m = lg a	Controle in 42		a

Hexagonales System. Holoedrisch. Gegeben für das primäre Prisma m das Verhältniss der Seite zur Höhe $= l : h$, so berechnet sich:

$c_{10} = \frac{h}{l}$	$p_o = \frac{h}{l}\sqrt{\frac{4}{3}}$

Hexagonales System. Rhomboedrisch hemiedrisch. Gegeben der Rhomboeder-Winkel. Hier gilt das Seite 69 über die gleiche Berechnung aus Des Cloizeaux's Angaben Gesagte.

Tabelle I.

Hexagonales System.

Bestimmung des verticalen Parameters $c_{po} = c$ für Pyramiden (Rhomboeder) der Hauptreihe po aus deren Neigung δ zur Basis.

$$c = \sqrt{\tfrac{3}{4}}\ \mathrm{tg}\ \delta.$$

δ	c	δ	c	δ	c	δ	c	δ	c	δ	c
0°	0	25° 0'	0·4038	30° 0'	0·5000	35° 0'	0·6064	40° 0'	0·7267	45° 0'	0·8660
			31		33		38		43		51
1	0·0151	10	0·4069	10	0·5033	10	0·6102	10	0·7310	10	0·8711
	151		31		34		37		43		51
2	0·0302	20	0·4100	20	0·5067	20	0·6139	20	0·7353	20	0·8762
	152		31		34		38		43		51
3	0·0454	30	0·4131	30	0·5101	30	0·6177	30	0·7396	30	0·8813
	152		31		34		38		44		51
4	0·0606	40	0·4162	40	0·5135	40	0·6215	40	0·7440	40	0·8864
	152		31		35		39		44		52
5	0·0758	50	0·4193	50	0·5170	50	0·6254	50	0·7484	50	9·8916
	152		31		34		38		44		52
6	0·0910	26 0	0·4224	31 0	0·5204	36 0	0·6292	41 0	0·7528	46 0	0·8968
	153		31		34		38		44		52
7	0·1063	10	0·4255	10	0·5238	10	0·6330	10	0·7572	10	0·9020
	154		31		35		39		45		53
8	0·1217	20	0·4286	20	0·5273	20	0·6369	20	0·7617	20	0·9073
	154		32		34		39		45		53
9	0·1371	30	0·4318	30	0·5307	30	0·6408	30	0·7662	30	0·9126
	156		31		35		39		45		53
10	0·1527	40	0·4349	40	0·5342	40	0·6447	40	0·7707	40	0·9179
	156		32		35		39		45		54
11	0·1683	50	0·4381	50	0·5377	50	0·6486	50	0·7752	50	0·9233
	157		32		35		40		46		54
12	0·1840	27 0	0·4413	32 0	0·5412	37 0	0·6526	42 0	0·7798	47 0	0·9287
	159		32		35		39		45		54
13	0·1999	10	0·4445	10	0·5447	10	0·6565	10	0·7843	10	0·9341
	160		32		35		40		46		55
14	0·2159	20	0·4477	20	0·5482	20	0·6605	20	0·7889	20	0·9396
	161		31		35		40		46		55
15	0·2320	30	0·4508	30	0·5517	30	0·6645	30	0·7935	30	0·9451
	163		32		36		40		47		55
16	0·2483	40	0·4540	40	0·5553	40	0·6685	40	0·7982	40	0·9506
	165		32		35		40		47		56
17	0·2648	50	0·4572	50	0·5588	50	0·6725	50	0·8029	50	0·9562
	166		33		36		41		47		56
18	0·2814	28 0	0·4605	33 0	0·5624	38 0	0·6766	43 0	0·8076	48 0	0·9618
	168		32		36		41		47		56
19	0·2982	10	0·4637	10	0·5660	10	0·6807	10	0·8123	10	0·9674
	170		32		36		41		47		57
20	0·3152	20	0·4669	20	0·5696	20	0·6848	20	0·8170	20	0·9731
	172		33		36		41		48		57
21	0·3324	30	0·4702	30	0·5732	30	0·6889	30	0·8218	30	0·9788
	175		33		36		41		48		58
22	0·3499	40	0·4735	40	0·5768	40	0·6930	40	0·8266	40	0·9846
	177		33		36		41		48		58
23	0·3676	50	0·4768	50	0·5804	50	0·6971	50	0·8314	50	0·9904
	180		32		37		42		49		58
24 0	0·3856	29 0	0·4800	34 0	0·5841	39 0	0·7013	44 0	0·8363	49 0	0·9962
	30		33		37		42		49		59
10	0·3886	10	0·4833	10	0·5878	10	0·7055	10	0·8412	10	1·0021
	30		34		37		42		49		59
20	0·3916	20	0·4867	20	0·5915	20	0·7097	20	0·8461	20	1·0080
	31		33		37		42		49		60
30	0·3947	30	0·4900	30	0·5952	30	0·7139	30	0·8510	30	1·0140
	30		33		37		42		50		60
40	0·3977	40	0·4933	40	0·5989	40	0·7181	40	0·8560	40	1·0200
	31		33		37		43		50		60
50	0·4008	50	0·4966	50	0·6026	50	0·7224	50	0·8610	50	1·0260
	30		34		38		43		50		61

Tabelle I. (Fortsetzung.)

δ	c	δ	c	δ	c	δ	c	δ	c	δ	c
50° 0'	1·0321	**56° 0'**	1·2839	**62° 0'**	1·6288	**68° 0'**	2·1434	**74° 0'**	3·0201	**80° 0'**	4·9114
	61		81		115		182		335		850
10	1·0382	**10**	1·2920	**10**	1·6403	**10**	2·1616	**10**	3·0536	**10**	4·9964
	62		82		116		183		342		878
20	1·0444	**20**	1·3002	**20**	1·6519	**20**	2·1799	**20**	3·0878	**20**	5·0842
	62		82		117		186		350		909
30	1·0506	**30**	1·3084	**30**	1·6636	**30**	2·1985	**30**	3·1228	**30**	5·1751
	62		83		118		189		356		941
40	1·0568	**40**	1·3167	**40**	1·6755	**40**	2·2174	**40**	3·1584	**40**	5·2692
	63		84		120		192		364		976
50	1·0631	**50**	1·3251	**50**	1·6875	**50**	2·2366	**50**	3·1948	**50**	5·3668
	63		84		122		194		372		101-
51 0	1·0694	**57 0**	1·3335	**63 0**	1·6997	**69 0**	2·2560	**75 0**	3·2320	**81 0**	5·468-
	64		86		123		198		381		105-
10	1·0758	**10**	1·3421	**10**	1·7120	**10**	2·2758	**10**	3·2701	**10**	5·573-
	64		86		124		201		388		109-
20	1·0822	**20**	1·3507	**20**	1·7244	**20**	2·2959	**20**	3·3089	**20**	5·682-
	65		87		126		204		397		113-
30	1·0887	**30**	1·3594	**30**	1·7370	**30**	2·3163	**30**	3·3486	**30**	5·795-
	65		87		127		207		407		117-
40	1·0952	**40**	1·3681	**40**	1·7497	**40**	2·3370	**40**	3·3893	**40**	5·912-
	66		89		129		210		416		123-
50	1·1018	**50**	1·3770	**50**	1·7626	**50**	2·3580	**50**	3·4309	**50**	6·035-
	66		89		130		213		425		127-
52 0	1·1084	**58 0**	1·3859	**64 0**	1·7756	**70 0**	2·3793	**76 0**	3·4734	**82 0**	6·162-
	67		91		132		218		436		133-
10	1·1151	**10**	1·3950	**10**	1·7888	**10**	2·4011	**10**	3·5170	**10**	6·295-
	68		90		134		221		446		138-
20	1·1219	**20**	1·4040	**20**	1·8022	**20**	2·4232	**20**	3·5616	**20**	6·433-
	67		91		135		223		456		146-
30	1·1286	**30**	1·4132	**30**	1·8157	**30**	2·4455	**30**	3·6072	**30**	6·578-
	68		93		136		228		468		151-
40	1·1354	**40**	1·4225	**40**	1·8293	**40**	2·4683	**40**	3·6540	**40**	6·729-
	69		94		139		232		480		158-
50	1·1423	**50**	1·4319	**50**	1·8432	**50**	2·4915	**50**	3·7020	**50**	6·887-
	70		94		140		236		492		164-
53 0	1·1493	**59 0**	1·4413	**65 0**	1·8572	**71 0**	2·5151	**77 0**	3·7512	**83 0**	7·053-
	70		95		142		240		503		174-
10	1·1563	**10**	1·4508	**10**	1·8714	**10**	2·5391	**10**	3·8015	**10**	7·227-
	70		97		144		244		518		182-
20	1·1633	**20**	1·4605	**20**	1·8858	**20**	2·5635	**20**	3·8533	**20**	7·409-
	71		97		145		248		531		192-
30	1·1704	**30**	1·4702	**30**	1·9003	**30**	2·5883	**30**	3·9064	**30**	7·601-
	71		99		147		250		545		202-
40	1·1775	**40**	1·4801	**40**	1·9150	**40**	2·6135	**40**	3·9609	**40**	7·803-
	72		99		150		257		559		212-
50	1·1847	**50**	1·4900	**50**	1·9300	**50**	2·6392	**50**	4·0168	**50**	8·015-
	73		100		151		261		576		225-
54 0	1·1920	**60 0**	1·5000	**66 0**	1·9451	**72 0**	2·6653	**78 0**	4·0744	**84 0**	8·240-
	73		101		153		267		590		237-
10	1·1993	**10**	1·5101	**10**	1·9604	**10**	2·6920	**10**	4·1334	**10**	8·477-
	74		103		156		270		607		251-
20	1·2067	**20**	1·5204	**20**	1·9760	**20**	2·7190	**20**	4·1941	**20**	8·728-
	74		103		158		276		626		266-
30	1·2141	**30**	1·5307	**30**	1·9918	**30**	2·7466	**30**	4·2567	**30**	8·994
	75		104		159		281		643		283-
40	1·2216	**40**	1·5411	**40**	2·0077	**40**	2·7747	**40**	4·3210	**40**	9·277-
	76		106		162		287		661		301-
50	1·2292	**50**	1·5517	**50**	2·0239	**50**	2·8034	**50**	4·3871	**50**	9·578-
	76		107		163		292		682		32--
55 0	1·2368	**61 0**	1·5624	**67 0**	2·0402	**73 0**	2·8326	**79 0**	4·4553	**85 0**	9·90--
	77		107		167		298		702		34--
10	1·2445	**10**	1·5731	**10**	2·0569	**10**	2·8624	**10**	4·5255	**10**	10·24--
	77		109		168		303		725		37--
20	1·2522	**20**	1·5840	**20**	2·0737	**20**	2·8927	**20**	4·5980	**20**	10·61--
	79		110		171		310		746		39--
30	1·2601	**30**	1·5950	**30**	2·0908	**30**	2·9237	**30**	4·6726	**30**	11·00--
	79		111		173		315		771		43--
40	1·2680	**40**	1·6061	**40**	2·1081	**40**	2·9552	**40**	4·7497	**40**	11·43--
	79		113		175		322		795		46--
50	1·2759	**50**	1·6174	**50**	2·1256	**50**	2·9874	**50**	4·8292	**50**	11·89--
	80		114		178		327		822		49--

Tabelle I. (Fortsetzung.)

δ	c	δ	c	δ	c	δ	c
86° 0'	12·38 54	**87° 0'**	16·52 98	**88° 0'**	24·80 2 26	**89° 0'**	49·6 9 9
10	12·92 59	**10**	17·50 1 09	**10**	27·06 2 70	**10**	59·5 14 9
20	13·51 65	**20**	18·59 1 23	**20**	29·76 3 31	**20**	74·4 24 8
30	14·16 71	**30**	19·82 1 43	**30**	33·1 4 1	**30**	99·2 50
40	14·87 78	**40**	21·25 1 64	**40**	37·2 5 3	**40**	149 149
50	15·65 87	**50**	22·89 1 91	**50**	42·5 7 1	**50**	298

Tabelle II.

Hexagonales System.

Bestimmung der Elemente c_{10} und p_o aus dem äusseren Rhomboeder-Winkel 2 r.

$$p_o = \sqrt{\tfrac{4}{3}}\, c_{10}.$$

2 r	c_{10}	p_o	2 r	c_{10}	p_o	2 r	c_{10}	p_o
60° 0'	∞	∞	**62° 0'**	6·009 126	6·939 145	**67° 0'**	3·090 60	3·568 69
5	30·0 8 9	34·6 10 2	**5**	5·883 117	6·794 136	**15**	3·030 57	3·499 66
10	21·1 3 9	24·3 4 4	**10**	5·766 111	6·658 129	**30**	2·973 54	3·433 63
15	17·23 2 32	19·89 2 67	**15**	5·655 107	6·529 123	**45**	2·919 52	3·370 59
20	14·91 1 58	17·22 1 83	**20**	5·548 99	6·406 114	**68 0**	2·867 49	3·311 57
25	13·33 1 17	15·39 1 35	**25**	5·449 96	6·292 111	**15**	2·818 47	3·254 55
30	12·16 92	14·04 1 06	[1]) **30**	5·353 259	6·181 299	**30**	2·771 46	3·199 50
35	11·24 72	12·97 82	**45**	5·094 225	5·882 259	**45**	2·725 43	3·149 52
40	10·52 61	12·15 70	**63 0**	4·869 200	5·623 232	**69 0**	2·682 42	3·097 48
45	9·91 52	11·44 60	**15**	4·669 179	5·391 206	**15**	2·640 40	3·049 47
50	9·39 44	10·84 51	**30**	4·490 161	5·185 186	**30**	2·600 39	3·002 45
55	8·95 39	10·33 44	**45**	4·329 145	4·999 168	**45**	2·561 37	2·957 43
61 0	8·56 34	9·88 39	**64 0**	4·184 134	4·831 153	**70 0**	2·524 36	2·914 41
5	8·22 30	9·49 35	**15**	4·050 121	4·678 141	**15**	2·488 34	2·873 40
10	7·92 28	9·14 31	**30**	3·929 113	4·537 130	**30**	2·454 34	2·833 38
15	7·64 24	8·82 28	**45**	3·816 103	4·407 120	**45**	2·420 33	2·795 38
20	7·40 23	8·54 26	**65 0**	3·713 96	4·287 112	**71 0**	2·387 31	2·757 37
25	7·17 205	8·28 23	**15**	3·617 90	4·175 103	**15**	2·356 31	2·720 35
30	6·965 192	8·042 221	**30**	3·527 85	4·072 97	**30**	2·325 29	2·685 34
35	6·773 175	7·821 202	**45**	3·442 79	3·975 92	**45**	2·296 29	2·651 33
40	6·598 163	7·619 188	**66 0**	3·363 75	3·883 87	**72 0**	2·267 28	2·618 32
45	6·435 152	7·431 176	**15**	3·288 70	3·796 80	**15**	2·239 27	2·586 31
50	6·283 141	7·255 163	**30**	3·218 66	3·716 76	**30**	2·212 26	2·555 30
55	6·142 133	7·092 153	**45**	3·152 62	3·640 72	**45**	2·186 25	2·525 30

[1]) Von hier an schreiten die Winkel von 15' zu 15' fort.

Tabelle II. (Fortsetzung.)

2r		c_{10}	p_o	2r		c_{10}	p_o	2r		c_{10}	p_o
73°	0'	2·161–	2·495–	82°	0'	1·5388	1·7768	91°	0'	1·1934	1·3780
		25–	29–			120	139			77	88
	15	2·136–	2·466–		15	1·5268	1·7629		15	1·1857	1·3692
		24–	27–			119	137			76	88
	30	2·112–	2·438–		30	1·5149	1·7492		30	1·1781	1·3604
		24–	27–			116	135			74	86
	45	2·088–	2·411–		45	1·5033	1·7357		45	1·1707	1·3518
		23–	27–			116	133			74	85
74	0	20·65–	2·384–	83	0	1·4917	1·7224	92	0	1·1633	1·3433
		22–	26–			113	131			73	85
	15	2·043–	2·358–		15	1·4804	1·7093		15	1·1560	1·3348
		22–	25–			112	129			73	84
	30	2·021–	2·333–		30	1·4692	1·6964		30	1·1487	1·3264
		22–	24–			110	127			72	83
	45	1·999–	2·309–		45	1·4582	1·6837		45	1·1415	1·3181
		21–	24–			109	125			71	82
75	0	1·978–	2·285–	84	0	1·4473	1·6712	93	0	1·1344	1·3099
		20–	24–			107	124			70	81
	15	1·958–	2·261–		15	1·4366	1·6588		15	1·1274	1·3018
		20–	23–			106	122			70	81
	30	1·938–	2·238–		30	1·4260	1·6466		30	1·1204	1·2937
		19–	22–			104	120			69	80
	45	1·919–	2·216–		45	1·4156	1·6346		45	1·1135	1·2857
		19–	[illegible]			103	119			69	79
76	0	1·900–	2.194–	85	0	1·4053	1·6227	94	0	1·1066	1·2778
		19–	22–			102	117			68	78
	15	1·881–	2·172–		15	1·3951	1·6110		15	1·0998	1·2700
		18–	21–			100	116			67	78
	30	1·863–	2·151–		30	1·3851	1·5994		30	1·0931	1·2622
		18–	21–			99	114			67	77
	45	1·845–	2·130–		45	1·3752	1·5880		45	1·0864	1·2545
		17–	20–			97	112			66	76
77	0	1·828–	2·110–	86	0	1·3655	1·5768	95	0	1·0798	1·2469
		17–	20–			96	111			65	76
	15	1·811–	2·090–		15	1·3559	1·5657		15	1·0733	1·2393
		17–	19–			95	110			65	75
	30	1·794–	2·071–		30	1·3464	1·5547		30	1·0668	1·2318
		17–	19–			94	108			64	74
	45	1·777–	2·052–		45	1·3370	1·5439		45	1·0604	1·2244
		16–	18–			92	107			64	73
78	0	1·761–	2·034–	87	0	1·3278	1·5332	96	0	1·0540	1·2171
		16–	19–			91	105			63	73
	15	1·745–	2.015–		15	1·3187	1·5227		15	1·0477	1·2098
		15–	18–			91	105			63	72
	30	1·730–	1·997–		30	1·3096	1·5122		30	1·0414	1·2026
		15–	17–			89	103			62	72
	45	1·715–	1·980–		45	1·3007	1·5019		45	1·0352	1·1954
		15–	18–			89	102			61	71
79	0	1·700–	1·962–	88	0	1·2918	1·4917	97	0	1·0291	1·1883
		15–	16–			87	101			61	70
	15	1·685–	1·946–		15	1·2831	1·4816		15	1·0230	1·1813
		14–	17–			87	100			61	69
	30	1·671–	1·929–		30	1·2744	1·4716		30	1·0169	1·1744
		15–	16–			85	98			60	70
	45	1·656–	1·913–		45	1·2659	1·4618		45	1·0109	1·1674
		14–	17–			84	97			59	69
80	0	1·642–	1·896–	89	0	1·2575	1·4521	98	0	1·0050	1·1605
		14–	15–			83	96			59	68
	15	1·628–	1·881–		15	1·2492	1·4425		15	0·9991	1·1537
		13–	16–			83	96			59	67
	30	1·615–	1·865–		30	1·2409	1·4329		30	0·9932	1·1470
		13–	15–			81	94			58	67
	45	1·602–	1·850–		45	1·2328	1·4235		45	0·9874	1·1403
		13–	15–			81	93			57	67
81	0	1·589–	1·835–	90	0	1·2247	1·4142	99	0	0·9817	1·1336
		14–	15–			80	92			57	66
	15	1·575–	1·820–		15	1·2167	1·4050		15	0·9760	1·1270
		12–	15–			79	91			57	65
	30	1·563–	1·805–		30	1·2088	1·3959		30	0·9703	1·1205
		12–	14–			77	90			56	65
	45	1·551–	1·791–		45	1·2011	1·3869		45	0·9647	1·1140
		12–	14–			77	89			55	65

Tabelle II. (Fortsetzung.)

2 r	c_{10}	p_o	2 r	c_{10}	p_o	2 r	c_{10}	p_o
100° 0'	0·9592	1·1075	**109° 0'**	0·7827	0·9038	**118° 0'**	0·6406	0·7397
	56	63		43	50		36	41
15	0·9536	1·1012	**15**	0·7784	0·8988	**15**	0·6370	0·7356
	55	63		43	49		35	41
30	0·9481	1·0949	**30**	0·7741	0·8939	**30**	0·6335	0·7315
	54	63		43	50		36	41
45	0·9427	1·0886	**45**	0·7698	0·8889	**45**	0·6299	0·7274
	54	63		42	49		35	41
101 0	0·9373	1·0823	**110 0**	0·7656	0·8840	**119 0**	0·6264	0·7233
	54	62		43	49		35	41
15	0·9319	1·0761	**15**	0·7613	0·8791	**15**	0·6229	0·7192
	53	62		42	48		35	40
30	0·9266	1·0699	**30**	0·7571	0·8743	**30**	0·6194	0·7152
	53	61		42	48		35	41
45	0·9213	1·0638	**45**	0·7529	0·8695	**45**	0·6159	0·7111
	52	60		42	49		35	40
102 0	0·9161	1·0578	**111 0**	0·7487	0·8646	**120 0**	0·6124	0·7071
	52	60		41	48		35	40
15	0·9109	1·0518	**15**	0·7446	0·8598	**15**	0·6089	0·7031
	52	60		41	47		34	40
30	0·9057	1·0458	**30**	0·7405	0·8551	**30**	0·6055	0·6991
	51	59		41	48		35	40
45	0·9006	1·0399	**45**	0·7364	0·8503	**45**	0·6020	0·6951
	51	59		41	47		34	39
103 0	0·8955	1·0340	**112 0**	0·7323	0·8456	**121 0**	0·5986	0·6912
	51	59		41	47		34	39
15	0·8904	1·0281	**15**	0·7282	0·8409	**15**	0·5952	0·6873
	50	58		40	46		34	39
30	0·8854	1·0223	**30**	0·7242	0·8363	**30**	0·5918	0·6834
	50	58		41	47		34	39
45	0·8804	1·0165	**45**	0·7201	0·8316	**45**	0·5884	0·6795
	50	57		39	46		33	39
104 0	0·8754	1·0108	**113 0**	0·7162	0·8270	**122 0**	0·5851	0·6756
	49	57		40	46		34	39
15	0·8705	1·0051	**15**	0·7122	0·8224	**15**	0·5817	0·6717
	49	56		39	45		33	38
30	0·8656	0·9995	**30**	0·7083	0·8179	**30**	0·5784	0·6679
	49	56		39	45		33	39
45	0·8607	0·9939	**45**	0·7044	0·8134	**45**	0·5751	0·6640
	48	56		39	45		33	38
105 0	0·8559	0·9883	**114 0**	0·7005	0·8089	**123 0**	0·5718	0·6602
	48	55		39	45		33	38
15	0·8511	0·9828	**15**	0·6966	0·8044	**15**	0·5685	0·6564
	48	55		38	44		33	38
30	0·8463	0·9773	**30**	0·6928	0·8000	**30**	0·5652	0·6526
	47	55		39	45		33	38
45	0·8416	0·9718	**45**	0·6889	0·7955	**45**	0·5619	0·6488
	47	54		38	44		32	37
106 0	0·8369	0·9664	**115 0**	0·6851	0·7911	**124 0**	0·5587	0·6451
	47	54		38	44		33	38
15	0·8322	0·9610	**15**	0·6813	0·7867	**15**	0·5554	0·6413
	46	54		38	44		32	37
30	0·8276	0·9556	**30**	0·6775	0·7823	**30**	0·5522	0·6376
	46	53		38	44		32	37
45	0·8230	0·9503	**45**	0·6737	0·7779	**45**	0·5490	0·6339
	46	53		37	43		32	37
107 0	0·8184	0·9450	**116 0**	0·6700	0·7736	**125 0**	0·5458	0·6302
	46	53		37	43		32	37
15	0·8138	0·9397	**15**	0·6663	0·7693	**15**	0·5426	0·6265
	46	52		37	43		32	36
30	0·8092	0·9345	**30**	0·6626	0·7650	**30**	0·5394	0·6229
	46	52		37	43		32	37
45	0·8046	0·9293	**45**	0·6589	0·7607	**45**	0·5362	0·6192
	44	51		37	42		31	36
108 0	0·8002	0·9242	**117 0**	0·6552	0·7565	**126 0**	0·5331	0·6156
	44	52		37	42		32	36
15	0·7958	0·9190	**15**	0·6515	0·7523	**15**	0·5299	0·6120
	44	51		36	42		31	36
30	0·7914	0·9139	**30**	0·6479	0·7481	**30**	0·5268	0·6084
	44	51		37	42		31	36
45	0·7870	0·9088	**45**	0·6442	0·7439	**45**	0·5237	0·6048
	43	50		36	42		31	36

Tabelle II. (Fortsetzung.)

2r		c_{10}	Δ	p_0	Δ
127°	0'	0·5206	31	0·6012	36
	15	0·5175	31	0·5976	36
	30	0·5144	31	0·5940	36
	45	0·5113	30	0·5904	35
128	0	0·5083	31	0·5869	35
	15	0·5052	30	0·5834	35
	30	0·5022	30	0·5799	35
	45	0·4992	30	0·5764	35
129	0	0·4962	30	0·5729	35
	15	0·4932	30	0·5694	34
	30	0·4902	30	0·5660	35
	45	0·4872	30	0·5625	34
130	0	0·4842	30	0·5591	35
	15	0·4812	29	0·5556	34
	30	0·4783	30	0·5522	34
	45	0·4753	29	0·5488	34
131	0	0·4724	30	0·5454	34
	15	0·4694	29	0·5420	33
	30	0·4665	29	0·5387	34
	45	0·4636	29	0·5353	33
132	0	0·4607	29	0·5320	34
	15	0·4578	29	0·5286	33
	30	0·4549	29	0·5253	33
	45	0·4520	28	0·5220	33
133	0	0·4492	29	0·5187	33
	15	0·4463	28	0·5154	33
	30	0·4435	29	0·5121	33
	45	0·4406	28	0·5088	32
134	0	0·4378	28	0·5056	33
	15	0·4350	28	0·5023	32
	30	0·4322	28	0·4991	33
	45	0·4294	28	0·4958	32
135	0	0·4266	28	0·4926	32
	15	0·4238	28	0·4894	32
	30	0·4210	28	0·4862	32
	45	0·4182	27	0·4830	32

2r		c_{10}	Δ	p_0	Δ
136°	0'	0·4155	28	0·4798	32
	15	0·4127	27	0·4766	32
	30	0·4100	28	0·4734	32
	45	0·4072	27	0·4702	31
137	0	0·4045	27	0·4671	32
	15	0·4018	27	0·4639	31
	30	0·3991	27	0·4608	31
	45	0·3964	27	0·4577	31
138	0	0·3937	27	0·4546	31
	15	0·3910	27	0·4515	31
	30	0·3883	27	0·4484	31
	45	0·3856	27	0·4453	31
139	0	0·3829	27	0·4422	31
	15	0·3802	26	0·4391	31
	30	0·3776	27	0·4360	31
	45	0·3749	26	0·4329	30
140	0	0·3723	27	0·4299	31
	15	0·3696	26	0·4268	30
	30	0·3670	26	0·4238	31
	45	0·3644	26	0·4207	30
141	0	0·3618	26	0·4177	30
	15	0·3592	26	0·4147	30
	30	0·3566	26	0·4117	30
	45	0·3540	26	0·4087	30
142	0	0·3514	26	0·4057	30
	15	0·3488	26	0·4027	30
	30	0·3462	26	0·3997	30
	45	0·3436	26	0·3967	29
143	0	0·3410	26	0·3938	29
	15	0·3384	25	0·3909	30
	30	0·3359	26	0·3879	30
	45	0·3333	25	0·3849	29
144	0	0·3308	26	0·3820	30
	15	0·3282	25	0·3790	29
	30	0·3257	25	0·3761	29
	45	0·3232	25	0·3732	29

2r		c_{10}	Δ	p_0	Δ
145°	0'	0·3207	26	0·3703	29
	15	0·3181	25	0·3674	29
	30	0·3156	25	0·3645	29
	45	0·3131	25	0·3616	29
146		0·3106	99	0·3587	115
147		0·3007	99	0·3472	115
148		0·2908	98	0·3357	113
149		0·2810	98	0.3244	112
150		0·2712	97	0·3132	112
151		0·2615	96	0·3020	111
152		0·2519	95	0·2909	110
153		0·2424	95	0·2799	110
154		0·2329	94	0·2689	108
155		0·2235	93	0·2581	108
156		0·2142	93	0.2473	107
157		0·2049	93	0·2366	107
158		0·1956	92	0·2259	106
159		0·1864	91	0·2153	106
160		0.1773	91	0·2047	105
161		0·1682	91	0.1942	105
162		0·1591	91	0·1837	105
163		0·1500	90	0·1732	104
164		0·1410	90	0·1628	103
165		0·1320	89	0·1525	103
166		0·1231	89	0·1422	103
167		0·1142	89	0·1319	103
168		0·1053	89	0·1216	102
169		0·0964	88	0·1114	102
170		0·0876	88	0·1012	102
171		0·0788	88	0·0910	102
172		0·0700	88	0·0808	102
173		0·0612	88	0·0706	101
174		0·0524	88	0·0605	101
175		0·0436	87	0.0504	101
176		0·0349	87	0.0403	101
177		0·0261	87	0·0302	101
178		0·0174	87	0·0201	101
179		0·0087	87	0·0100	100
180		0		0	

Berechnung der polaren aus den linearen Elementen.

Allgemeiner Fall. (Triklines System.) Die Bedeutung der Buchstaben abc $a_0 b_0 c_0$ $\alpha\beta\gamma$ $x'_0 y'_0 k$ $d'\delta'$ sowie $p_0 q_0 r_0$ $\lambda\mu\nu$ $x_0 y_0 h$ $d\delta$ wurde bereits oben S. 15 und S. 18 auseinander gesetzt und es lautet die Aufgabe:

Gegeben $a\,(b=1)\,c,\ \alpha\beta\gamma$.

Gesucht $p_0 q_0 \quad \lambda\mu\nu$. Daneben: $d\delta h\ x_0 y_0$.

$abc,\ \alpha\beta\gamma$ sind die üblichen Elementar-Angaben.

Im Laufe der Rechnung ergiebt sich zur Ergänzung dieser noch $a_0 b_0$.

Zum Zweck der Projection und der Analogie in der Berechnung bei polarer und linearer Projection müssen wir, wie oben dargelegt wurde, nicht b, sondern $c = 1$ setzen, dann erhalten wir $a_0 b_0$ $(c_0 = 1)$. Die Buchstaben a b c sind für uns in dem derzeit üblichen Sinne der Elementangabe um so weniger festzuhalten, als diese Buchstaben analog pq für die rationalen Indices in den Symbolen der Flächen (a b) und der Kanten (Zonen-Axen) [a b] Verwendung gefunden haben. Trotzdem wurden sie hier, wo keine Verwechselung möglich ist, zum Zweck der Rechnung beibehalten, aus dem praktischen Grunde, weil zur Zeit stets diese Elemente angegeben werden und in der Regel die Aufgabe erwächst, aus ihnen das Uebrige abzuleiten, wir also hierdurch den directen Anschluss an das jetzt Uebliche gewinnen; $a_0 b_0$ aber treten unter den berechneten Werthen auf. Dadurch möge die, so zu sagen lokale, Inconsequenz gerechtfertigt erscheinen, dass wir nicht a_0 und b_0, sondern a und b und zwar in dem für Elementangaben derzeit üblichen Sinn als für die Berechnung gegeben eingeführt haben. Der Unterschied, ob wir von a (b) c oder $a_0 b_0 (c_0)$ ausgehen, d. h. ob wir b_0 oder $c_0 = 1$ setzen, ist gering. Er trifft weniger die Formeln als die Schemas. Wenn letztere Art der Angabe im Verein mit $p_0 q_0$ die bisherige verdrängen sollte, so kann später die erforderliche Modification vorgenommen werden. Sie besteht darin, dass wir setzen:

$$a_0 = \frac{a}{c};\quad b_0 = \frac{b}{c}.$$

Ableitung der Formeln. Aus dem allgemeinen Satz

$$p_0 : q_0 : r_0 = \frac{\sin\alpha}{a_0} : \frac{\sin\beta}{b_0} : \frac{\sin\gamma}{c_0}$$

folgt:

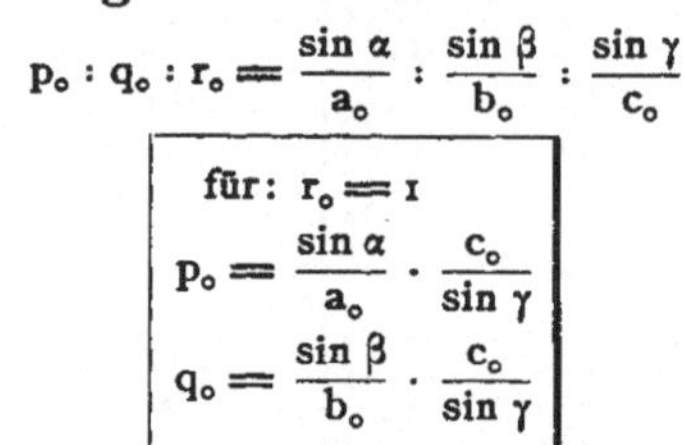

für: $r_0 = 1$

$$p_0 = \frac{\sin\alpha}{a_0}\cdot\frac{c_0}{\sin\gamma}$$

$$q_0 = \frac{\sin\beta}{b_0}\cdot\frac{c_0}{\sin\gamma}$$

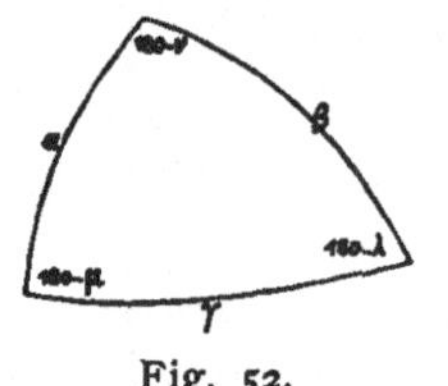

Fig. 52.

In dem körperlichen Eck der Grundform Fig. 52 ist ferner, wenn wir setzen

$$\sigma = \frac{\alpha+\beta+\gamma}{2}$$

$$\sin\frac{\nu}{2} = \sqrt{\frac{\sin\sigma\,\sin(\sigma-\gamma)}{\sin\alpha\,\sin\beta}}$$

$$\cos\frac{\nu}{2} = \sqrt{\frac{\sin(\sigma-\alpha)\,\sin(\sigma-\beta)}{\sin\alpha\,\sin\beta}} \quad \text{(Controle)}$$

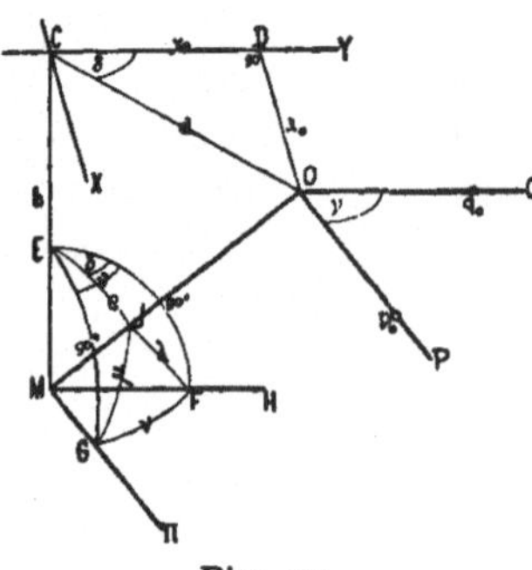

Fig. 53.

Anm. Die Endresultate, die direct zur Berechnung verwendet wurden, sind hier und im Folgenden mit einem Viereck ☐ umzogen worden.

Ferner ist nach dem Sinus-Satz:

$$\frac{\sin\alpha}{\sin\lambda} = \frac{\sin\beta}{\sin\mu} = \frac{\sin\gamma}{\sin\nu}$$

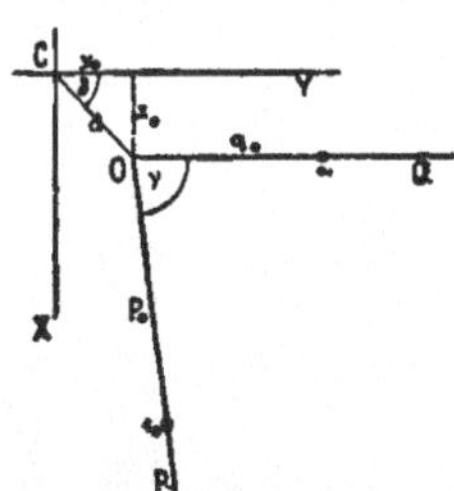

Fig. 54.

woraus folgt:

$$\boxed{\begin{array}{l} \sin\lambda = \sin\alpha \dfrac{\sin\nu}{\sin\gamma} \\ \sin\mu = \sin\beta \dfrac{\sin\nu}{\sin\gamma} \end{array}}$$

Fig. 53 und 54 geben die in der Polar-Projection auftretenden Elemente, erstere Figur in perspectivischer Ansicht, letztere in der Projectionsebene. In der perspectivischen Darstellung (Fig. 53) ist M der Mittelpunkt des Krystalls, C der Scheitelpunkt, O der Projectionspunkt der Basis o = (001); MO = $r_0 = 1$, MC = h = der Scheitelhöhe = dem Radius des Grundkreises. In der Projections-Ebene liegen CDO XY PQ. Wir legen mit dieser parallel eine Ebene durch M und ziehen darin MΠ ∥ OP; MH ∥ OQ und legen ferner in das von CM, HM und ΠM gebildete körperliche Eck das sphärische Dreieck EFG, das in J von dem Strahl MO durchstochen wird.

Es sei nun in Fig. 53 EJ = e, JEF = δ | Ausserdem ist: EF = 90°, FJ = λ, EG = 90°, JG = μ, GF = ν = GEF.

In den sphärischen Dreiecken JEF und JEG ist:

$$\left.\begin{array}{l} \sin e = \dfrac{\cos\lambda}{\cos\delta} \\ \sin e = \dfrac{\cos\mu}{\cos(\nu-\delta)} \end{array}\right\} \quad \frac{\cos\mu}{\cos\lambda} = \frac{\cos(\nu-\delta)}{\cos\delta} = \frac{\cos\nu\,\cos\delta + \sin\nu\,\sin\delta}{\cos\delta} = \cos\nu + \sin\nu\,\mathrm{tg}\,\delta$$

Daraus folgt:

$$\boxed{\mathrm{tg}\,\delta = \frac{\cos\mu}{\cos\lambda\,\sin\nu} - \mathrm{ctg}\,\nu}$$

Ferner ist:

$$d = r_0 \sin e = r_0 \frac{\cos\lambda}{\cos\delta}$$

$$h = \sqrt{r_0^2 - d^2}$$

Für $r_0 = 1$:

$$\boxed{\begin{array}{l} d = \dfrac{\cos\lambda}{\cos\delta} = \sin e \\ h = \sqrt{1 - d^2} = \cos e \end{array}}$$

Endlich ist:

$$y_0 = d\cos\delta = r_0 \frac{\cos\lambda}{\cos\delta} \cdot \cos\delta$$

$$x_0 = y_0\,\mathrm{tg}\,\delta$$

Für $r_0 = 1$:

$$\boxed{\begin{array}{l} y_0 = \cos\lambda \\ x_0 = \cos\lambda\,\mathrm{tg}\,\delta \end{array}}$$

Zur gleichzeitigen Berechnung aller Werthe $p_0\,q_0\,\lambda\,\mu\,\nu$ zugleich mit $a_0\,b_0$ wurde das folgende in sich controlirte Schema aufgestellt und ein zweites für die Werthe $x_0\,y_0\,h\,d\,\delta$, die als Hilfselemente der Polar-Projection bezeichnet wurden.[1])

[1]) Da diese Umrechnungen für den Index für die ganze Reihe der Mineralien geführt werden mussten, wurden die Formulare dazu, die Schema und zugehöriges Rastrum für die Ausrechnung enthielten, für jedes Krystallsystem in einer grösseren Zahl von Exemplaren autographisch hergestellt.

Berechnung der polaren aus den linearen Elementen.

Schema.

Triklines System. Polar-Elemente.

	1	2	3	4	5	6	7	8	9
1	α	a	lg sin α	lg a	31 — 33	lg a_o = 41 — 43	lg p_o = 51 — 61	a_o = num 61	p_o = num 71
2	β	b = 1	lg sin β	lg b = 0	32 — 33	lg b_o = 42 — 43	lg q_o = 52 — 62	b_o = num 62	q_o = num 72
3	γ	c	lg sin γ	lg c					
4	σ	lg sin σ							
5	$\sigma - \alpha$	lg sin ($\sigma - \alpha$)	24 + 25	32 + 33	35 — 45	lg sin $\frac{\lambda}{2} = \frac{55}{2}$	λ		
6	$\sigma - \beta$	lg sin ($\sigma - \beta$)	24 + 26	31 + 33	36 — 46	lg sin $\frac{\mu}{2} = \frac{56}{2}$	μ		
7	$\sigma - \gamma$	lg sin ($\sigma - \gamma$)	24 + 27	31 + 32	37 — 47	lg sin $\frac{\nu}{2} = \frac{57}{2}$	ν		

Controle.

1·	2·	3·	4·	5·
lg sin λ	lg p_o	1·1· — 2·1·	lg a = 3·1· — 3·2·	a
lg sin μ	lg q_o	1·2· — 2·2·		
lg sin ν	lg r_o = 0	1·3· — 2·3·	lg c = 3·3· — 3·2·	c

$$\sigma = \frac{\alpha + \beta + \gamma}{2}; \; 15 + 16 + 17 = 14.$$

Beispiel: Axinit.

	1	2	3	4	5	6	7	8	9
1	91°49	0·7996	999978	990287	000401	989278	011123	0·7812 a_o	1·2919 p_o
2	102°38	1	998936	0	999359	998991	000368	0·9770 b_o	1·0085 q_o
3	82°01	1·0235	999577	001009					
4	138°14	982354							
5	46°25	985996	968350	998513	969837	984918	89° 55·2 λ		
6	35°36	976501	958855	999555	959300	979650	77° 30 μ		
7	56°13	991968	974322	998914	975408	987704	97° 46·5 ν		

Controle.

1·	2·	3·	4·	5·
0	011123	988877	990287	0·7996
998958	000368	998590		
999599	0	001009	999599	1·0235

Berechnung der polaren aus den linearen Elementen.

Triklines System. Hilfs-Elemente der Polar-Projection.

Schema.

1	2	3	4	5	6	7
lg sin ν	lg ctg ν	ctg ν		lg cos δ	lg d = 52 — 51 = lg sin e	d = num 61
lg cos λ	13 — 23	num 22	δ	lg cos λ = 12	y_o = num 52	lg cos e
lg cos μ	11 + 12	tg δ = 32 — 31	lg tg δ = lg 33	52 + 43 = lg x_o	x_o = num 53	h = num 72

Bei 31 + 32 ist wohl auf das Vorzeichen ± zu achten.

Controle.

1	2	3	4	5	6	7	8
lg tg δ	tg d	lg cos λ			1 + d	lg (1 + d)	$\frac{71+72}{2}$ = lg h
lg ctg ν	ctg ν	lg sin ν	μ		1 — d	lg (1 — d)	h
	21 + 22	lg 23	31 + 32 + 33 = lg cos μ	d	d + y_o	lg (d + y_o)	$\frac{73+74}{2}$ = lg x_o
				y_o	d — y_o	lg (d — y_o)	x_o

Beispiel: Axinit.

1	2	3	4	5	6	7
999599	$\bar{9}13525$	—0·1365		782352	933918	0·2184 d
716270	217665	150·19··	89°37·1 δ	716270	0·0015 y_o	998939
933534	715869	150·33··	2.17704	933974	0·2186 x_o	0·9759 h

Controle.

1	2	3	4	5	6	7	8
2·17647	150·13··	716270			12184	008579	998939
$\bar{9}13526$	—0·1365	999599	77°31		07816	989298	0·9759
	150·0··	2·17609	933478	0·2184	02199	934223	933915
				0·0015	02169	933626	0·2184

Auszug.

p_o = 1·2919	λ = 89°55·2	x_o = 0·2186	d = 0·2184
q_o = 1·0085	μ = 77°30·0	y_o = 0·0015	δ = 89°37·1
r_o = 1	ν = 97°46·5	h = 0·9759	

Specialfälle: Andere Krystallsysteme.

Die Specialfälle ergeben sich direkt aus den allgemeinen Formeln des triklinen Systems durch Einsetzung der für die übrigen Systeme geltenden Werthe von $a b c \alpha \beta \gamma$. Im hexagonalen System sind die Bemerkungen zu berücksichtigen, die für Ableitung der Elemente dieses bei Besprechung der Projection (S. 33—35) gemacht wurden. Folgende kleine Tabelle stellt die einfachen Resultate zusammen und es bedeutet dabei im hexagonalen System c_{10} resp. c_1 den Werth c bezogen auf das Symbol 10 resp. 1 derselben Aufstellung, auf die sich p_0 bezieht. Stets ist r_0 und $c_0 = 1$.

System.	p_0	q_0	a_0	b_0	λ	μ	ν	$e = x_0 = -x'_0$	$y_0 = y'_0$	$h = k$	$d = -d'$	δ
Monoklin . .	$\frac{c}{a}$	$c \sin \beta$	$\frac{a}{c}$	$\frac{1}{c}$	90	180—β	90	$\cos \beta$	0	$\sin \beta$	$\cos \beta$	90
Hexagonal .	$\frac{2}{3} c_1$	$\frac{2}{3} c_1$	$\frac{\sqrt{3}}{c_1}$	$\frac{\sqrt{3}}{c_1}$	90	90	60	0	0	1	0	—
	$\sqrt{\frac{4}{3}} c_{10}$	$\sqrt{\frac{4}{3}} c_{10}$	$\frac{1}{c_{10}}$	$\frac{1}{c_{10}}$	90	90	60	0	0	1	0	—
Rhombisch .	$\frac{c}{a}$	c	$\frac{a}{c}$	$\frac{1}{c}$	90	90	90	0	0	1	0	—
Tetragonal .	c	c	$\frac{1}{c}$	$\frac{1}{c}$	90	90	90	0	0	1	0	—
Regulär . . .	1	1	1	1	90	90	90	0	0	1	0	—

Die Schemas für diese Ausrechnungen sind aus den folgenden Beispielen direkt ersichtlich:

Monoklines System. Beispiel: Amphibol.

$a = 0{\cdot}5318$	$\lg a = 972575$	$\lg a_0 = 025799$ $\lg a - \lg c$	$\lg p_0 = 974201$ $0 - \lg a_0$	$a_0 = 1{\cdot}8113$	$p_0 = 0{\cdot}5521$
$c = 0{\cdot}2936$	$\lg c = 946776$	$\lg b_0 = 053224$ $0 - \lg c$	$\lg q_0 = 945277$ $\lg c + \lg h$	$b_0 = 3{\cdot}406$	$q_0 = 0{\cdot}2836$
$\left.\begin{matrix}\mu = \\ 180-\beta\end{matrix}\right\} 75^{\circ}02$	$\left.\begin{matrix}\lg h = \\ \lg \sin \mu\end{matrix}\right\} 998501$	$\left.\begin{matrix}\lg e = \\ \lg \cos \mu\end{matrix}\right\} 941205$	$\lg \frac{p_0}{q_0} = 028924$	$h = 09661$	$e = 0{\cdot}2583$

Hexagonales System. Beispiel: Arsen.

$c_1 = 1{\cdot}4025$	$\lg c_1 = 014690$	$\lg a_0 = 009166$ $023856 - \lg c_1$	$\lg p_0 = 997081$ $982391 + \lg c_1$	$a_0 = 1{\cdot}2349$	$p_0 = 0{\cdot}9350$

Rhombisches System. Beispiel: Adamin.

$a = 0{\cdot}6848$	$\lg a = 983556$	$\lg a_0 = 983734$ $\lg a - \lg c$	$\lg p_0 = 016266$ $0 - \lg a_0$	$a_0 = 0{\cdot}6876$	$p_0 = 1{\cdot}4543$
$c = 0{\cdot}9959$	$\lg c = 999822$	$\lg b_0 = 000178$ $0 - \lg c$	$\lg q_0 = 999822$ $0 - \lg b_0$	$b_0 = 1{\cdot}0041$	$q_0 = 0{\cdot}9959$

Tetragonales System. Beispiel: Anatas.

$\left.\begin{matrix}c \\ p_0\end{matrix}\right\} = 1{\cdot}7771$	$\lg c = 024971$	$\lg q_0 = 975028$ $0 - \lg c$	$a_0 = 0{\cdot}5627$

Berechnung der linearen aus den polaren Elementen.

Allgemeiner Fall. Triklines System.

Zwischen den Linear- und Polar-Elementen besteht vollkommene Analogie; es lassen sich als Unterlage der Rechnung mit veränderten Buchstaben dieselben Figuren (hier Figg. 55—57), zur Berechnung die analogen Formeln verwenden. Die Aufgabe lautet hier:

Gegeben: $p_0\, q_0\, (r_0 = 1)\; \lambda \mu \nu$.
Gesucht: $a_0\, b_0\, (c_0 = 1),\; \alpha \beta \gamma,\; a(b = 1)c,\; x_0'\, y_0'\, k,\; d'\, \delta'$.

Die Ableitung ist dieselbe, wie oben (Seite 70—71) und wir können direct die fertigen Formeln anschreiben:

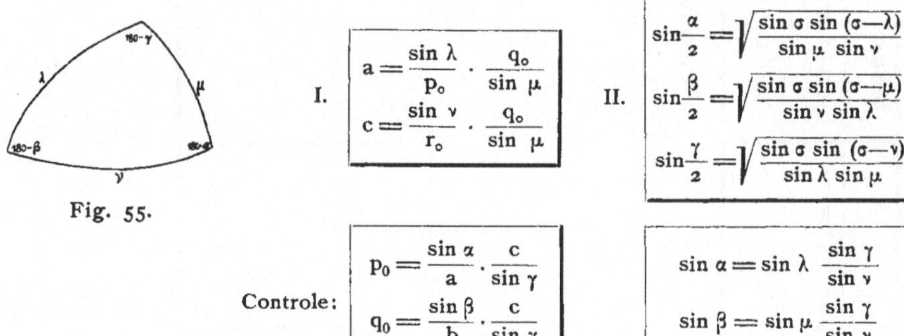

Fig. 55.

I.
$$a = \frac{\sin \lambda}{p_0} \cdot \frac{q_0}{\sin \mu} \qquad c = \frac{\sin \nu}{r_0} \cdot \frac{q_0}{\sin \mu}$$

II.
$$\sin\frac{\alpha}{2} = \sqrt{\frac{\sin \sigma \sin(\sigma - \lambda)}{\sin \mu \sin \nu}} \qquad \sin\frac{\beta}{2} = \sqrt{\frac{\sin \sigma \sin(\sigma - \mu)}{\sin \nu \sin \lambda}} \qquad \sin\frac{\gamma}{2} = \sqrt{\frac{\sin \sigma \sin(\sigma - \nu)}{\sin \lambda \sin \mu}}$$

Controle:
$$p_0 = \frac{\sin \alpha}{a} \cdot \frac{c}{\sin \gamma} \qquad q_0 = \frac{\sin \beta}{b} \cdot \frac{c}{\sin \gamma}$$

$$\sin \alpha = \sin \lambda \frac{\sin \gamma}{\sin \nu} \qquad \sin \beta = \sin \mu \frac{\sin \gamma}{\sin \nu}$$

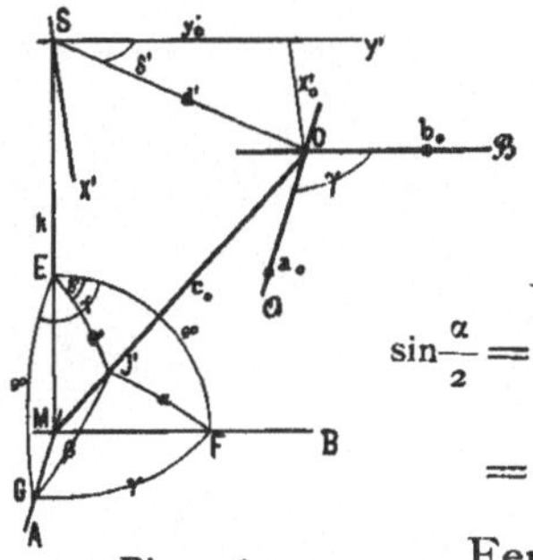

I. ergiebt sich aus der Fundamentalgleichung:

$$p_0 : q_0 : r_0 = \frac{\sin \lambda}{a_0} : \frac{\sin \mu}{b_0} : \frac{\sin \nu}{c_0} \text{ für } b_0 = 1.$$

II. aus dem sphärischen Dreieck Fig. 55; darin ist:

$$\sin\frac{\alpha}{2} = \sqrt{\frac{-\cos\frac{180-\lambda+180-\mu+180-\nu}{2}\cos\left[\frac{180-\lambda+180-\mu+180-\nu}{2} - \lambda\right]}{\sin(180-\mu)\sin(180-\nu)}}$$

$$= \sqrt{\frac{\sin \sigma \sin(\sigma - \lambda)}{\sin \mu \sin \nu}}$$

Fig. 56.

Ferner ist für die Hilfs-Elemente der Linear-Projection:

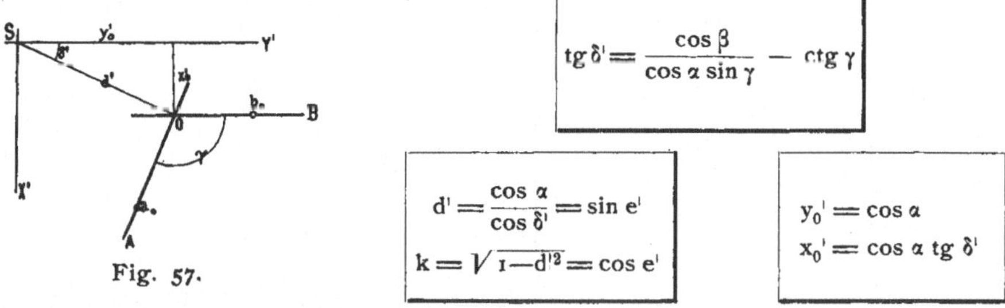

Fig. 57.

$$\operatorname{tg} \delta' = \frac{\cos \beta}{\cos \alpha \sin \gamma} - \operatorname{ctg} \gamma$$

$$d' = \frac{\cos \alpha}{\cos \delta'} = \sin e' \qquad k = \sqrt{1 - d'^2} = \cos e'$$

$$y_0' = \cos \alpha \qquad x_0' = \cos \alpha \operatorname{tg} \delta'$$

Die folgenden Seiten geben Schema und Beispiel zur Auswerthung dieser Formeln. Die Angaben für die Specialfälle (die anderen Krystallsysteme) sind in der kleinen Tabelle Seite 82 mitenthalten.

Berechnung der linearen aus den polaren Elementen.

Triklines System. Linear-Elemente.

Schema.

	1	2	3	4	5	6	7 [Contr.]	8	9
1	λ	p_0	lg sin λ	lg p_0	31 — 41	lg a_0 = 51 — 53	lg a = 61 — 62 = 51 — 52	a_0	a
2	μ	q_0	lg sin μ	lg q_0	32 — 42	lg b_0 = 52 — 53	lg b = 0	b_0	b = 1
3	ν	r_0 = 1	lg sin ν	lg r_0 = 0	33 — 43	lg c_0 = 0	lg c = 63 — 62 = 53 — 52	c_0 = 1	c
4	σ	lg σ							
5	σ — λ	lg (σ — λ)	24 + 25	32 + 33	35 — 45	lg sin $\frac{\alpha}{2} = \frac{55}{2}$	α		
6	σ — μ	lg (σ — μ)	24 + 26	31 + 33	36 — 46	lg sin $\frac{\beta}{2} = \frac{56}{2}$	β		
7	σ — ν	lg (σ — ν)	24 + 27	31 + 32	37 — 47	lg sin $\frac{\gamma}{2} = \frac{57}{2}$	γ		

Controle.

1·	2·	3·	4·	5·
lg sin α	lg a	1·1· — 2·1·	3·1· — 3·3· = lg p_0	p_0
lg sin β	lg b = 0	1·2· — 2·2·	32 — 33 = lg q_0	q_0
lg sin γ	lg c	1·3· — 2·3·		

Controle: 31 — 1·1 = 32 — 12 = 33 — 1.3

$$\sigma = \frac{\lambda + \mu + \nu}{2}; \quad 15 + 16 + 17 = 14.$$

Beispiel: Sassolin.

	1	2	3	4	5	6	7	8	9
1	75°42·	0·8882	998633	994851	003782	003783	976081	1·0910	0·5765
2	87°26·1	0·5279·	999956	972255	027701	027702	0	1·8924	1
3	89°37·9	1	999999	0	999999	0	972298	1	0·5284
4	126°23·0	990583							
5	50°41·0	988855	979438	999955	979483	989741·	104°18·0		
6	38°56·9	979838·	970421·	998632	971789	985894·	92°33·0		
7	36°45·1	977696	968279	998589	969690	984845	89°43·8		

1·	2·	3·	4·	5·
998633	976080	022553	994849	0·8882
999957	0	999957	072253	0·5279
0	972296	027704		

Berechnung der linearen aus den polaren Elementen.

Triklines System. Hilfs-Elemente der Linear-Projection.

Schema.

1	2	3	4	5	6	7
lg sin γ	lg ctg γ	ctg γ		lg cos δ'	lg d' = 52 − 51 = lg sin e'	d' = num 61
lg cos α	13 − 23	num 22	δ'	lg cos α = 12	y'$_o$ = num 52	lg cos e'
lg cos β	11 + 12	tg δ' = 32 − 31	lg tg δ' = lg 33	lg x'$_o$ = 52 + 43	x'$_o$ = num 53	k = num 72

Bei 31 + 32 ist wohl auf das Vorzeichen ± zu achten.

Controle.

1	2	3	4	5	6	7	8
lg tg δ'	tg δ'	lg cos α			1 + d'	lg (1 + d')	$\frac{71+72}{2}$ = lg k
lg ctg γ	ctg γ	lg sin γ	β		1 − d'	lg (1 − d')	k
	21 + 22	lg 23	lg cos β = 31 + 32 + 33	d'	d' + y'$_o$	lg (d' + y'$_o$)	$\frac{73+74}{2}$ = lg x'$_o$
				y'$_o$	d' − y'$_o$	lg (d' − y'$_o$)	x'$_o$

Beispiel: Sassolin.

1	2	3	4	5	6	7
0	766785	0·0046·		999342	$\bar{9}$39928	− 0·2508
$\bar{9}$39270	925557	0·1801	9°57·1	$\bar{9}$39270	− 0·2470	998590
$\bar{8}$64827	$\bar{9}$39270	0·1754	924415	$\bar{8}$63685	− 0·0433·	0·9680

Controle.

1	2	3	4	5	6	7	8
924417	0·1754·	$\bar{9}$39270			1·2508	009719	998590
766785	0·0046·	0	− 87°27		0·7492	987460	0·9680
	0·1801	925551	864821	0·2508	0·4978	969705	863842
				0·2470	0·0038	757978	0·0435

Auszug.

a = 0.5765	a_o = 1·0910	α = 104°18	x'$_o$ = − 0·0434	d' = − 0·2508
b = 1	b_o = 1·8924	β = 92°33	y'$_o$ = − 0·2470	δ' = 9°57·1
c = 0·5184	c_o = 1	γ = 89°44	k = 0·9680	

Dadurch, dass k = h und d = — d' ist, vereinfacht sich die Berechnung von x'_0 y'_0 δ', nachdem d und α gegeben, ebenso die von x y δ, nachdem d und λ gegeben ist.

Es ist: $\cos\delta' = \frac{\cos\alpha}{d}$; $x'_0 = \cos\alpha \operatorname{tg}\delta'$; $y'_0 = \cos\alpha$

$\cos\delta = \frac{\cos\lambda}{d}$; $x_0 = \cos\lambda \operatorname{tg}\delta$; $y_0 = \cos\lambda$

Daraus ergiebt sich das Schema für die Linear-Projection:

Schema.

1	2	3
lg d'	lg cos α = lg y'_0	y'_0 num 21
lg cos δ' 21—11	lg tg δ'	δ'
	21+22 lg x'_0	num 23 x'_0

Controle.

4	5	6	7
d'	d'+y'_0	lg 51	$\frac{61+62}{2}$
y'_0	d'—y'_0	lg 52	x'_0 = num 71

Beispiel: Axinit.

1	2	3
933918	850108	—0·0317
916190	083344	81°39·1
	933452	—0·2160

4	5	6	7
—0·2184	—0·2501	939811	933462
—0·0317	—0·1867	927114	—0·2161

Für die Polar-Projection lautet das Schema ganz analog:

Schema.

1	2	3
lg d	lg cos λ = lg y_0	num 21 y_0
21—11 lg cos δ	lg tg δ	δ
	21+22 = lg x	num 23 x_0

Controle.

4	5	6	7
d	d+y_0	lg 51	$\frac{61+62}{2}$
y_0	d—y_0	lg 52	num 71 = x_0

Trotz der grösseren Einfachheit ist diese Art der Berechnung nicht vorzuziehen, vielmehr die direkte Berechnung von x'_0 y'_0 δ' d' k aus den linearen Elementen, sowie von x_0 y_0 δ d h aus den polaren Elementen (nach Schema S. 81 resp. 85) vorzunehmen. Der Grund ist der, dass bei der direkten Berechnung schon durch die Art der Abrundung Ungenauigkeiten hereingetragen werden, die besonders stark sind, wenn sich die Winkel in der Nähe von 0 und 90^0 bewegen, dass ferner die entstandene Ungenauigkeit sich aus der ersten in die zweite Rechnung überträgt und dort unter Umständen störend auftritt. Umgekehrt geben die auf beiden Wegen berechneten gleichen Werthe h = k sowie d = — d' eine willkommene Controle. Gegenüber diesen Vortheilen kommt die etwas complicirtere Rechnung nicht in Betracht.

Transformation.

Unter Transformation verstehen wir diejenigen Umänderungen, welche durch veränderte Aufstellung des Krystalls an den Symbolen nöthig werden.

Bei der Transformation stehen sich jedesmal zwei Symbole gegenüber, die der gleichen Form zukommen, aber bei verschiedener Aufstellung (A) und (B) des Krystalls und es erwächst die Aufgabe, das eine in das andere überzuführen. Dies kann auf zweierlei Weise geschehen:

1. Durch eine direkte Rechnungsvorschrift, die angiebt, welche Operation auszuführen sei, um aus dem Symbol (A) das Symbol (B) zu erhalten. Eine solche nennen wir Transformations-Symbol.
2. Durch Gleichungen, die angeben, welche Gleichheitsbeziehungen zwischen den Grössen pq der Aufstellungen (A) und (B) bestehen. Solche nennen wir Transformations-Gleichungen.

Transformations-Gleichungen sind gegenseitig für die durch sie verknüpften Theile, Transformations-Symbole nur einseitig, d. h. man kann mit demselben Transformations-Symbol nur (A) in (B) umwandeln, nicht zugleich umgekehrt (B) in (A). Um letzteres zu können, brauchen wir ein weiteres Symbol, das mit dem ersteren in der Beziehung der Gegenseitigkeit steht. Wir wollen es das reciproke Transformations-Symbol oder kurz Gegensymbol nennen. Im Anschluss an die Aenderung der Aufstellung und an die Transformation der Symbole ist eine entsprechende Veränderung der Elemente durchzuführen, um alle Angaben wieder in Einklang zu bringen.

Das **Transformations-Symbol** giebt also an, welche Rechnungen mit den Werthen pq einer Aufstellung vorgenommen werden sollen, um die entsprechenden Werthe einer anderen irgendwie definirten Aufstellung zu finden. Die Aufstellung, auf die sich das Symbol bezieht, charakterisiren wir dadurch, dass wir neben pq in Klammern eine nähere Bestimmung setzen, z. B.: pq (Rath) ist pq in der von vom Rath gewählten Aufstellung, oder allgemein pq (A) im Gegensatz zu pq (B), wobei A und B im speciellen Fall im Text ihre Erläuterung finden.

Wir schreiben das Transformations-Symbol in Gestalt einer Gleichung, obwohl es keine solche ist, sondern eine Rechnungsvorschrift. Um Verwechselung mit wirklichen Gleichungen zu vermeiden, kann man $\doteq$ statt $=$ setzen. Also allgemein:

$$pq\ (A) \doteq f\ (pq) \cdot F\ (pq)\ (B).$$

Ist z. B. beim Chondrodit:

$$pq\ (\text{Des Cloizeaux}) \doteq \frac{2p}{5}\frac{4q}{5}\ (\text{Rath})$$

so heisst das: um für ein beliebiges Symbol der Des Cloizeaux'schen Aufstellung das entsprechende in der Aufstellung von Rath zu finden, müssen wir bilden $\frac{2p}{5}$ und $\frac{4q}{5}$. Beide nebeneinandergestellt geben das neue Symbol. Also im speciellen Fall:

$$\frac{\bar{5}}{6}\frac{5}{12}\ (\text{Des Cloizeaux}) \doteq \frac{\bar{1}}{3}\frac{1}{3}\ (\text{Rath}).$$

Statt $\doteq$ könnte man auch unbedenklich $=$ schreiben, da eine Verwechselung mit den sogleich zu betrachtenden Transformations-Gleichungen nach dem ganzen Aussehen des Symbols nicht vorkommen kann, denn es erscheint als eines und in ihm treten p und q geschlossen auf; Gleichungen müssen dagegen stets zwei zusammengehörige für p und für q dasein.

Transformations-Gleichungen, wie solche z. B. von Schrauf (Wien. Sitzb. 1870 62 (2) 716) angegeben werden, sind wirkliche Gleichungen. Wir erhalten sie aus den Transformations-Symbolen, indem wir diese in ihre zwei Theile p und q zerlegen und die Bezeichnung der Aufstellung vertauschen. Es sei z. B. gegeben das Transformations-Symbol:

$$pq\ (\text{Des Cloizeaux}) \doteq \frac{2p}{5}\frac{4q}{5}\ (\text{Rath})$$

so sagt dieses dasselbe aus, wie:

$$p' = \frac{2p}{5}\ ;\ q' = \frac{4q}{5}$$

wobei p' q' sich auf die Aufstellung Rath's, pq auf die Des Cloizeaux's beziehen.

In der That besteht, nachdem die Identität von $\frac{\bar{5}}{6}\frac{5}{12}$ (Des Cloizeaux) mit $\frac{\bar{1}}{3}\frac{1}{3}$ (Rath) nachgewiesen ist, die Beziehung: $\frac{\bar{1}}{3} = \frac{2}{5} \times \frac{\bar{5}}{6}\ ;\ \frac{1}{3} = \frac{4}{5} \times \frac{5}{12}$.

Die Gleichungen sind in der Form wie in der Anwendung zur Transformation der Symbole weitaus schwerfälliger, doch braucht man sie öfters, um die im Transformations-Symbol niedergelegten Beziehungen mathematisch zu verwerthen.

Reciprokes Transformations Symbol = Gegensymbol. Das Transformations-Symbol giebt den Weg an, um aus dem Zeichen der Aufstellung (A) das der Aufstellung (B) zu finden. Will ich daraus umgekehrt, nachdem das Transformations-Symbol von (A) in (B) bekannt ist, das Symbol finden, um aus pq (B) pq (A) abzuleiten, so geschieht dies folgendermassen: Ich setze in (B) d. h. auf der rechten Seite des gegebenen Transformations-Symbols x y statt p q, trenne das Symbol in seine zwei Theile und löse diese, als Gleichungen betrachtet, nach x und y auf, stelle p q (B) auf die linke, die für x und y berechneten, als Funktionen von p und q erscheinenden Werthe als p q (A) neben einander auf die rechte Seite.

Nehmen wir wieder obiges Beispiel:

$$pq \text{ (Des Cloizeaux) } \div \frac{2p}{5}\frac{4q}{5} \text{ (Rath), so ist dies aufzulösen in:}$$

$$p = \frac{2x}{5} \quad ; \quad q = \frac{4y}{5}$$

Daraus berechnet sich:

$$x = \frac{5p}{2} \quad ; \quad y = \frac{5q}{4} \text{ und das gesuchte reciproke Symbol lautet:}$$

$$pq \text{ (Rath) } \div \frac{5}{2}p \; \frac{5}{4}q \text{ (Des Cloizeaux)}$$

Ableitung des Transformations-Symbols. Veränderung der Elemente.

Diese Ableitung kann aus zwei Quellen geschöpft werden:

1. aus bekannten Aenderungen in der Aufstellung, oder
2. aus zwei Reihen ganz oder theilweise unter sich identificirter Symbole.

Gehen wir von den Aenderungen in der Aufstellung aus, so lässt sich jede Transformation zurückführen auf folgende drei Operationen:

a. Vertauschung der Axen unter sich

b. Vergrösserung der Axeneinheiten $p_0 q_0$ resp. $a_0 b_0$ oder a(b)c.

c. Verlegung der Basis.

Eine weitere, scheinbar selbstständige, Operation ist eine Drehung der Horizontal-Axen in ihrer gemeinsamen Ebene. Diese führt sich jedoch zurück auf eine Verlegung der Basis nach Vertauschung der Axen. Trotzdem werden wir einen Specialfall dieser Veränderung besonders betrachten, nämlich den Fall der Vertauschung der Horizontalaxen PQ mit den Zwischen-Axen, oder, was dasselbe ist, der Axenzonen mit den Haupt-Radialzonen.

Ad I. Ableitung des Transformations-Symbols und der Veränderung der Elemente aus gegebener Aenderung der Aufstellung.

a. **Vertauschung der Axen.** Schreiben wir das Symbol dreizahlig, also p q 1 statt p q, so ändern mit Vertauschung zweier Axen, seien diese lineare oder polare, die entsprechenden zwei Zahlen ihre Stelle. Ist z. B. zu vertauschen Axe A mit C, also die erste mit der dritten, so wird das Symbol $pq = pq1$ zu $1qp = \frac{1}{p}\frac{q}{p}$. Oder ist zu vertauschen die P-Axe mit der Q-Axe, also die erste mit der zweiten, so wird das Symbol $pq = pq1$ zu $qp1 = qp$. Im triklinen System, sowie bei Transformation der Symbole von Einzelflächen, muss dabei Rücksicht auf das Vorzeichen genommen werden. Bei der Ableitung aus identificirten Symbolen findet dies von selbst Berücksichtigung, im Fall der Ableitung aus einer vorgesetzten Vertauschung der Axen bedarf die Einführung richtiger Vorzeichen einer besonderen Ueberlegung. In gleicher Weise wie p q 1 verändern die Elemente p_0 q_0 1 ihre Stellungen, ebenso a b c $a_0 b_0 c_0$ $\alpha\beta\gamma$ $\lambda\mu\nu$.

b. **Vergrösserung der Axen-Einheiten.** Wir wollen darunter speciell die Vergrösserung von p_0 q_0 verstehen und ferner ξ η die Vergrösserungs-Coefficienten nennen in dem Sinne, dass, wenn wir die Einheiten der neuen Aufstellung mit p'_0 q'_0 bezeichnen,

$$p_0' = \xi\, p_0 \quad ; \quad p_0 = \frac{1}{\xi}\, p_0'$$

$$q'_0 = \eta\, q_0 \quad ; \quad q_0 = \frac{1}{\eta}\, q'_0$$

ξ und η können > 1 oder < 1 sein, d. h. wir verwenden das Wort „Vergrösserung" zugleich für Verkleinerung statt des schwerfälligen Wortes Grössenveränderung, das vielleicht correcter wäre. Bei einer Vergrösserung der Einheiten verändert sich nichts als der relative Massstab in den Axenrichtungen.

Schreiben wir das Symbol mit Berücksichtigung der Einheiten, so ist:

$$pp_0 \cdot q\, q_0 = \frac{1}{\xi}\, p\, p_0' \cdot \frac{1}{\eta}\, q\, q_0$$

Bezeichnen wir die erste Aufstellung mit (A) die zweite mit (B), so bringt danach die Einführung der vergrösserten Einheiten p'_0 q'_0 an Stelle von p_0 q_0 die folgende Transformation mit sich:

$$p\, q\, (A) \doteqdot \frac{1}{\xi}\, p \cdot \frac{1}{\eta}\, q\, (B)$$

Die linearen Elemente a_0 b_0 c_0 dagegen wachsen proportional mit p q r, umgekehrt proportional mit p_0 q_0 r_0 und a b c. Wird demnach p verdoppelt, so verdoppelt sich auch a_0 und halbirt sich a und p_0.

c. **Verlegung der Basis.** Eine Verlegung der Basis (o) ist nur möglich im triklinen und monoklinen System. Wir betrachten den allgemeinen Fall des triklinen Systems, nennen wieder die erste Aufstellung (A), die zweite (B) und bezeichnen Alles, was sich auf die zweite Aufstellung bezieht mit dem Index ('), diesen setzen wir ausnahmsweise bei $'x_0$ $'y_0$ $'\delta$ auf die linke Seite zum Unterschied von x'_0 y'_0 der Linear-Projection. Da diese ersteren nur lokale Rechnungswerthe sind und eine Verwechselung nicht möglich ist, möge dies gestattet sein.

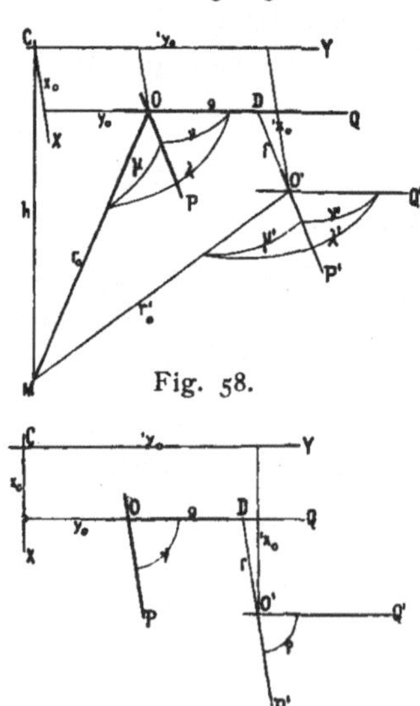

Fig. 58.

Fig. 59.

Wir nehmen den Fall an, dass im Projectionsbild alles Andere unverändert geblieben, nur der Mittelpunkt O nach O' verlegt sei. Es sei das alte Zeichen für O' = f g, also dessen Coordinaten $f p_0$ und $g q_0$. Seine neuen rechtwinkligen Coordinaten vom Scheitelpunkt C aus gezählt seien $= 'x_0\, 'y_0$.

Als neue Einheit tritt jetzt auf $MO' = r'_0 = 1$ statt $MO = r_0$ (Fig. 58) und es ist:

$$r'_0 = \sqrt{'x_0^2 + 'y_0^2 + h^2}$$

Indem nun $p_0\, q_0$ in neuem Maass gemessen werden, werden sie zu $p'_0\, q'_0$, mit den Vergrösserungen:

$$\xi = \eta = \frac{1}{r'_0} = \frac{1}{\sqrt{'x_0^2 + 'y_0^2 + h^2}}$$

und es berechnet sich:

$$p'_0 = \frac{p_0}{r'_0} = \frac{p_0}{\sqrt{'x_0^2 + 'y_0^2 + h^2}}\ ;\ q'_0 = \frac{q_0}{r'_0} = \frac{q_0}{\sqrt{'x_0^2 + 'y_0^2 + h^2}}$$

Es ist dann ferner:

$$'x_0 = (x_0 + f \sin \nu)\, \frac{1}{r'_0}$$

$$'y_0 = (y_0 + g + f \cos \nu)\, \frac{1}{r'_0}$$

Ausserdem ist, wie bei der Berechnung der polaren Hilfselemente (S. 71) abgeleitet wurde:

$$\cos \lambda' = 'y_0$$
$$\cos \mu' = 'y_0 \cos \nu + 'x_0 \sin \nu$$
$$\nu' = \nu$$

$\cos \mu'$ leitet sich folgendermassen ab:

$$\cos \mu' = \frac{\cos \lambda' \cos (\nu - '\delta)}{\cos '\delta} = \frac{\cos \lambda' (\cos \nu \cos '\delta + \sin \nu \sin '\delta)}{\cos '\delta}$$

$$= \cos \lambda' (\cos \nu + \sin \nu \operatorname{tg} '\delta) = 'y_0 \left(\cos \nu + \sin \nu \frac{'x_0}{'y_0}\right)$$

$$= 'y_0 \cos \nu + 'x_0 \sin \nu.$$

Das **Transformations-Symbol** lautet in diesem Fall der Verlegung der Basis:

$$pq\,(A) = (p - f)\,(q - g)\,(B)$$

Hierzu kann noch treten eine Vergrösserung $\xi'\, \eta'$ in dem Ausmaass der Einheiten $p_0\, q_0$, so dass:

$$p_0' = \frac{\xi' p_0}{\sqrt{'x_0^2 + 'y_0^2 + h^2}} \qquad q'_0 = \frac{\eta' q_0}{\sqrt{'x_0^2 + 'y_0^2 + h^2}}$$

wird. Die Gesammtvergrösserungen von p_0 und q_0, die nun $= \xi\, \eta$ gesetzt werden mögen, berechnen sich dann zu:

$$\xi = \frac{p'_0}{p_0} = \frac{\xi'}{\sqrt{'x_0^2 + 'y^2 + h^2}}\ ;\ \eta = \frac{q'_0}{q_0} = \frac{\eta'}{\sqrt{'x_0^2 + 'y_0^2 + h^2}}$$

Ad 2. Ableitung des Transformations-Symbols aus der Identification von Symbolen beider Aufstellungen (A) und (B).

Nachdem man eine Anzahl Symbole identificirt und nebeneinander gestellt hat, ergiebt sich in der Regel die Transformation schon beim vergleichenden Anblick beider Reihen einfach als Vertauschung der Axen oder Vergrösserung. Eine Verlegung der Basis ist im triklinen und monoklinen System allerdings ebenfalls häufig. Sieht man die Transformation nicht unmittelbar, so empfiehlt es sich, folgendermassen zu verfahren. Man transformirt die eine Reihe (A) in eine andere (C) in der Weise, dass in den beiden Aufstellungen (B) und (C) dieselben Flächen als 0∞ und $\infty 0$ erscheinen. Dies gelingt in der Regel sehr einfach, manchmal ist jedoch dazu ein etwas complicirteres Verfahren nöthig, das an einem Beispiel ausgeführt werden soll, das zeigen möge, in welcher Weise man vorgeht und zugleich darthue, dass die verlangte Aenderung stets ausführbar ist; d. h., dass man stets zwei beliebige Symbole in 0∞ und $\infty 0$ verwandeln kann.

Es sei beispielsweise die Aufgabe, eine Reihe so zu transformiren, dass 12 zu 0∞, 34 zu $\infty 0$ werde. Man kann dies erreichen, indem man der Reihe nach mit den Symbolen 12 und 34 die in der obersten Zeile der folgenden kleinen Tabelle angegebenen Operationen ausführt; in dieser obersten Zeile entwickelt sich so allmählich das endliche Transformations-Symbol:

Die genannten Operationen sind mit beiden Symbolen, 12 und 34, zugleich vorzunehmen und bestehen aus Vertauschungen (unter Heranziehung des dritten nicht angeschriebenen Theils des Symbols, $r = 1$), ferner in Multiplicationen mit rationalen Zahlen, entsprechend der Vergrösserung der Einheiten und endlich aus Additionen, entsprechend der Verlegung der Basis. Die beiden letzteren Operationen sind im triklinen System unbeschränkt, im monoklinen beschränkt auf die p, im hexagonalen und tetragonalen System nur in dem speciellen Fall der Vertauschung der Axen mit den Zwischenaxen anwendbar. Die Veränderungen sind der Reihe nach so zu wählen, dass die beiden Symbole sich zugleich ihrem Ziele nähern, was bei einiger Uebung leicht gelingt. Das folgende Beispiel möge und kann nur dem triklinen System angehören.

p q (A)	(p—1) (q—2)	$\frac{p-1}{q-2}\ \frac{1}{q-2}$ [1] $= x\,y$ gesetzt.	$(x-1)\,(y-\frac{1}{2})$	$\frac{1}{x-1}\ \frac{y-\frac{1}{2}}{x-1}$ [2] (C)
12	0	0∞	0∞	0∞
34	2	$1\frac{1}{2}$	0	$\infty 0$

Das Transformations-Symbol ergiebt sich durch Beseitigung der Abkürzung x y, indem deren Werthe in die letzte Rechnungsvorschrift eingesetzt werden.

$$p\,q\,(A) = \frac{1}{x-1}\ \frac{y-\frac{1}{2}}{x-1} = \frac{1}{\frac{p-1}{q-2}-1}\cdot\frac{\frac{1}{q-2}-\frac{1}{2}}{\frac{p-1}{q-2}-1} = \frac{q-2}{p-q+1}\cdot\frac{-q}{2(p-q+1)}\ (C)$$

Nachdem dies gefunden, wendet man das Transformations-Symbol auf noch andere Flächen von (A) an und bringt sie zur Aufstellung (C). In (C) und (B) sind nun 0∞ und $\infty 0$ zur Deckung gebracht. Man übersieht jetzt in der Regel die noch nöthige Transformation. Eine Drehung ist nicht mehr möglich; es kann nur noch Verlegung der Basis und Vergrösserung anzu-

---

[1] Anm: Vertauschung der 2. und 3. Axe.

[2] „ Vertauschung der 1. und 3. Axe.

wenden sein. Ist die Transformation noch nicht zu übersehen, so kann man nun allgemein nach den sogleich aufzustellenden Ableitungs-Formeln vorgehen.

Ableitungs-Formeln für das Transformations-Symbol.

Nehmen wir an, dass die beiden aufrechten Pinakoide o ∞ und ∞ o sich decken und seien ausserdem zwei Flächen identificirt, nämlich:

$$p_1 q_1 (A) = x_1 y_1 (B)$$
$$p_2 q_2 (A) = x_2 y_2 (B)$$

so ist unsere Aufgabe, den allgemeinen Werth x y (B) für eine beliebige Fläche p q (A) zu finden. Es beziehen sich in der Projection (Fig. 60) p q auf die Axen P Q, x y auf P' Q'. Die Einheiten sind $p_0 q_0$ für (A), $p'_0 q'_0$ für (B).

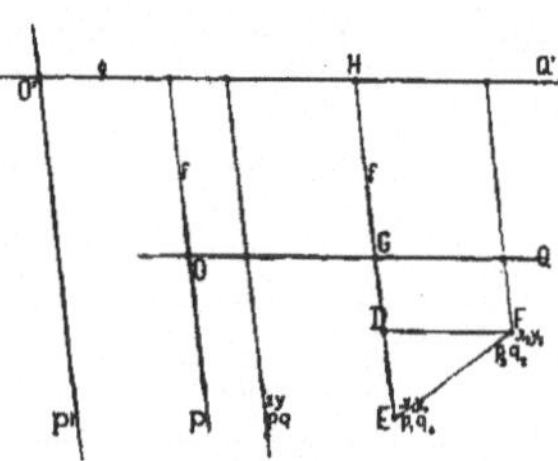

Fig. 60.

Zunächst können wir die Vergrösserungen $\xi\ \eta$ ableiten, denen, wie oben S. 90 ausgeführt, die Definition zu Grunde liegt:

$$p'_o = \xi\, p_o \qquad q'_o = \eta\, q_o$$

oder:

$$\xi = \frac{p'_o}{p_o} \qquad \eta = \frac{q'_o}{q_o}$$

Nun ist in Fig. 60:

$$DE = (p_1 - p_2)\, p_o = (x_1 - x_2)\, p'_o \qquad DF = (q_2 - q_1)\, q_o = (y_2 - y_1)\, q'_o$$

Daraus folgt:

$$\boxed{\xi = \frac{p'_o}{p_o} = \frac{p_1 - p_2}{x_1 - x_2} \qquad \eta = \frac{q'_o}{q_o} = \frac{q_1 - q_2}{y_1 - y_2}}$$

$$p_o = \frac{x_1 - x_2}{p_1 - p_2}\, p'_o \qquad q_o = \frac{y_1 - y_2}{q_1 - q_2}\, q'_o$$

Nun ist x auszudrücken durch $p\ p_1\ p_2\ x_1\ x_2$, entsprechend y durch $q\ q_1\ q_2\ y_1\ y_2$. Es ist, wenn wir die Verschiebung des Coordinaten-Anfangs in der P-Richtung mit f, die in der Q-Richtung mit g bezeichnen (Fig. 60):

$$x p'_o = p p_o + f$$

Hierin ist:

$$p p_o = p \cdot p'_o \frac{x_1 - x_2}{p_1 - p_2}$$

Es ist aber auch:

$$GH = f = EH - EG = x_1 p'_o - p_1 p_o = p'_o \left[x_1 - p_1 \frac{x_1 - x_2}{p_1 - p_2} \right] = p'_o \frac{p_1 x_2 - p_2 x_1}{p_1 - p_2}$$

Also

$$x p'_o = p p_o + f = \left[p \frac{x_1 - x_2}{p_1 - p_2} + \frac{p_1 x_2 - p_2 x_1}{p_1 - p_2} \right] p'_o$$

oder

$$\boxed{x = \frac{p (x_1 - x_2) + p_1 x_2 - p_2 x_1}{p_1 - p_2}}$$

Analog ist:

$$\boxed{y = \frac{q (y_1 - y_2) + q_1 y_2 - q_2 y_1}{q_1 - q_2}}$$

Setzen wir in diese Gleichungen im speciellen Fall die Werthe für $p_1\ p_2\ x_1\ x_2\ q_1\ q_2\ y_1\ y_2$ ein, so bekommen wir x und y ausgedrückt durch p und q, und setzen wir links pq (A), rechts nebeneinander die berechneten Werthe von xy, so haben wir das Transformations-Symbol.

Schema und Beispiel. Die Auswerthung der Formeln für x und y erfolgt bequem nach dem folgenden Schema. In diesem setzen wir zur Abkürzung:

$$p_1 - p_2 = a \qquad q_1 - q_2 = \alpha$$
$$x_1 - x_2 = b \qquad y_1 - y_2 = \beta$$
$$p_1 x_2 - p_2 x_1 = c \qquad q_1 y_2 - q_2 y_1 = \gamma$$

Da hier leicht Verwechselungen vorkommen, stellt man sich wohl am besten die Werthe $p_1\, q_1\, p_2\, q_2\, x_1\, x_2\, y_1\, y_2$ in folgender Weise zusammen: (Die Rechnung gilt, wie wir wiederholen, unter der Voraussetzung, dass 0∞ und ∞0 in beiden Aufstellungen sich decken).

(A)		(B)	
Buchst.	$p_1\, q_1$	Buchst.	$x_1\, y_1$
"	$p_2\, q_2$	"	$x_2\, y_2$

Beispiel: Axinit.

Des Cloizeaux		Dana	
δ	$\bar{1}\ \ 3$	q	$\bar{1}\ \ 5$
x	$\frac{\bar{3}}{4}\ \ \frac{5}{4}$	o	$\frac{\bar{1}}{2}\ \ \frac{3}{2}$

Dann berechnen sich $x\,\xi\ y\,\eta$ folgendermassen:

p_1 p_2 $p_1 - p_2 = a$	$p_1 x_2 - p_2 x_1 = c$	x_1 x_2 $x_1 - x_2 = b$	$x = \frac{p\,b + c}{a}$ $\xi = \frac{a}{b}$
q_1 q_2 $q_1 - q_2 = \alpha$	$q_1 y_2 - q_2 y_1 = \gamma$	y_1 y_2 $y_1 - y_2 = \beta$	$y = \frac{q\,\beta + \gamma}{\alpha}$ $\eta = \frac{\alpha}{\beta}$

Das Transformations-Symbol:
pq (A) = xy (B).

Beispiel: Axinit.

$\bar{1}$ $\frac{\bar{3}}{4}$ $\frac{\bar{1}}{4}$	$\frac{1}{2} - \frac{3}{4} = \frac{\bar{1}}{4}$	$\bar{1}$ $\frac{\bar{1}}{2}$ $\frac{\bar{1}}{2}$	$x = \frac{p\frac{\bar{1}}{2} + \frac{\bar{1}}{4}}{\frac{\bar{1}}{4}}$ $= 2p + 1$ $\xi = \frac{\bar{1}}{4} : \frac{\bar{1}}{2} = \frac{1}{2}$
3 $\frac{5}{4}$ $\frac{7}{4}$	$\frac{9}{2} - \frac{25}{4} = \frac{\bar{7}}{4}$	5 $\frac{3}{2}$ $\frac{7}{2}$	$y = \frac{q\frac{7}{2} + \frac{\bar{7}}{4}}{\frac{7}{4}}$ $= 2q - 1$ $\xi = \frac{7}{4} : \frac{7}{2} = \frac{1}{2}$

Daraus das Transformations-Symbol:
pq (Des Cloizeaux) = (2p + 1) (2q − 1) (Dana).

Beispiel. Wir wollen ein Beispiel durchführen für den Fall, dass sich 0∞ und ∞0 von vorn herein in beiden Aufstellungen nicht decken. Rammelsberg giebt (d. Geol. Ges. 1869. **21.** 812) für den Euklas zwei Aufstellungen, eine nach Kokscharow und eine eigene. Wir suchen das Symbol zur Transformation der Zeichen Rammelsberg's in die von Kokscharow. Zu dem Ende wollen wir zunächst beide Symbolreihen, sowie sie identificirt sind, nebeneinander stellen. 0∞ fällt, wie dies im monoklinen System nicht anders möglich ist, bereits in beiden Aufstellungen zusammen.

Wir haben nun zunächst die Aufstellung Rammelsberg's so zu transformiren in eine Aufstellung (B), dass M ebenfalls das Symbol ∞0 erhält, T aber 0∞ bleibt. Das gelingt leicht. Wir bilden zunächst durch Verlegung der Basis (p−1) q, dadurch wird M = 0 und vertauschen die P-

Euklas.

Buch-staben.	Kok.	Ram.	(p-1) q	(B) $\frac{1}{p-1}\ \frac{q}{p-1}$
o	-12	∞		
f	-13	$\infty\frac{3}{2}$		
d	-1	2∞		
u	$+12$	01		
i	$+14$	02		
r	$+1$	$0\frac{1}{2}$		
v	$+1\frac{2}{3}$	$0\frac{1}{3}$		
M	$\infty 0$	$+10$	0	$\infty 0$
t	0	-10		
g	$-\frac{1}{2}0$	-30		
P	-10	$\infty 0$		
N	∞	$+1$		
β	$\infty\frac{3}{2}$	$+1\frac{3}{2}$		
s	$\infty 2$	$+12$		
L	$\infty 3$	$+13$		
δ	$\frac{3}{2}\infty$	$+1\frac{2}{3}$		
e	-23	$+3$	23	$\frac{1}{2}\frac{3}{2}$
n	01	-1		
o	02	-12		
q	03	-13		
R	04	-14		
H	06	-16		
a	$-\frac{1}{2}$	-31	$\bar{4}1$	$\frac{\bar{1}}{4}\frac{1}{4}$
b	$-\frac{1}{2}2$	-34		
c	$-\frac{1}{2}\frac{5}{2}$	-35		
x	$-\frac{1}{2}4$	-38		
T	0∞	0∞	0∞	0∞

und R-Axe, wodurch wir die Transformation erhalten:

$$1)\quad pq\ (\text{Rammelsberg}) \doteq \frac{1}{p-1}\ \frac{q}{p-1}\ (B)$$

Nun wählen wir zwei Formen aus, z. B. e und a, es müssen ternäre Formen (Pyramiden) sein, und verwandeln deren Symbole in (B). Diese als $p_1\,q_1\ p_2\,q_2$ und die entsprechenden von Kokscharow als $x_1\,y_1\ x_2\,y_2$ ordnen wir, wie oben angegeben, nämlich:

	(B)		Kokscharow
e	$\frac{1}{2}\ \frac{3}{2}$	e	$2\ 3$
a	$\frac{\bar{1}}{4}\ \frac{1}{4}$	a	$\frac{\bar{1}}{2}\ \frac{1}{2}$

und gehen mit ihnen in das aufgestellte Schema ein:

$\frac{1}{2}$ $\frac{\bar{1}}{4}$	$\frac{\bar{1}}{4}-\frac{1}{2}$ $=\frac{\bar{3}}{4}$	2 $\frac{\bar{1}}{2}$	$x=\frac{p\frac{\bar{3}}{2}+\frac{\bar{3}}{4}}{\frac{3}{4}}$ $=-(2p+1)$
$\frac{3}{4}$		$\frac{\bar{3}}{2}$	
$\frac{3}{2}$ $\frac{1}{4}$	$\frac{3}{4}-\frac{3}{4}$ $=0$	3 $\frac{1}{2}$	$y=\frac{q\frac{5}{2}+0}{\frac{5}{4}}$ $=2q$
$\frac{5}{4}$		$\frac{5}{2}$	

Danach gilt die Transformation:

$$2)\quad pq\ (B) = -(2p+1)\,2q\ (\text{Kokscharow})$$

Die Verwandlung der Symbole (Rammelsberg) in (B) ist uns bekannt. Es ist:

$$1)\quad pq\ (\text{Rammelsberg}) \doteq \frac{1}{p-1}\ \frac{q}{p-1}\ (B)$$

Die Werthe $\frac{1}{p-1}$ und $\frac{q}{p-1}$ müssen wir nun statt pq einsetzen in die rechte Seite des zweiten Symbols aus der Ueberlegung, dass dies ein Specialfall für Formel 2 ist, indem für das allgemeine pq nun $\frac{1}{p-1}\ \frac{q}{p-1}$ eintritt.

Somit ist:

$$pq\ (\text{Rammelsberg}) \doteq \frac{1}{p-1}\ \frac{q}{p-1}\ (B) \doteq -\left(2\,\frac{1}{p-1}+1\right)\cdot 2\,\frac{q}{p-1}\ (\text{Kokscharow})$$

oder:

$$pq\ (\text{Rammelsberg}) \doteq -\frac{p+1}{p-1}\ \frac{2q}{p-1}\ (\text{Kokscharow})$$

Zur Controle verwandeln wir nun am besten alle Symbole Rammelsbergs in die Kokscharows und prüfen so zugleich das Transformations-Symbol und die Identification.

Specialfall. Monoklines System. Verlegung der Basis.

Die Verlegung der Basis spielt eine hervorragende Rolle bei den Transformationen des monoklinen Systems. Sie tritt z. B. jedesmal da auf, wo der Versuch gemacht wurde, nahezu rechtwinklige Axen statt anderer zu Grunde zu legen. Wegen dieser Wichtigkeit und der grossen Vereinfachung gegen den allgemeinen Fall des triklinen Systems möge hier die Durchführung der Rechnung im Einzelnen gegeben werden.

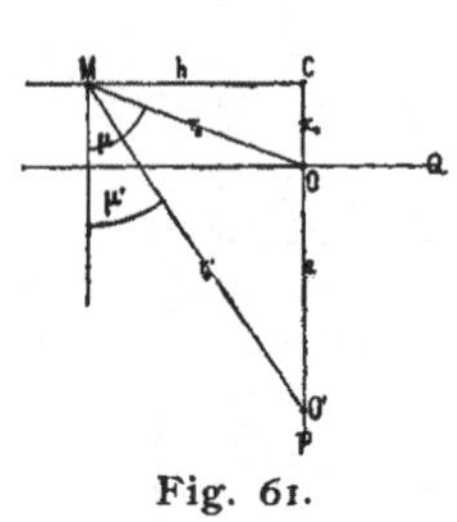

Fig. 61.

Im monoklinen System kann die Basis nur in der Axen-Zone OP (0 : ∞0) liegen, also auch nur in ihr verschoben werden. Sie sei von O nach dem Punkt O' verlegt worden (Fig. 61), dessen altes Zeichen n0 war, so ist:

$$OO' = a = n p_0$$

und es gilt das Transformations-Symbol

$$pq_0 \, (A) \div (p-n) \, q \, (B)$$

Tritt, was als Complication allein möglich ist, hierzu eine weitere Vergrösserung und haben wir z. B. das Transformations-Symbol:

$$pq \, (A) \div (m\,p - n) \, sq \, (B)$$

so führen wir diesen Fall auf den vorhergehenden zurück, indem wir zuerst die der Vergrösserung entsprechende Umrechnung der Elemente ausführen, nämlich so, dass

$$pq \, (A) \div m\,p \cdot sq \, (C)$$

wird, wobei die neuen Elemente lauten:

$$p_0 \, (C) = \frac{p_0 \, (A)}{m} \; ; \; q_0 \, (C) = \frac{q_0 \, (A)}{s}$$

Aus (C) findet man dann (B) nach der Transformation:

$$pq \, (C) = \left(p - \frac{n}{m}\right) q \, (B) = (p-n') \, q \, (B)$$

wobei also nur noch die Basis zu verlegen ist. Das Transformations-Symbol (C) in (B) hat die oben geforderte Gestalt.

Veränderung der Elemente auf Grund des Transformations-Symbols.

Aufgabe 1.

Gegeben: $p_0 \, q_0 \, \mu$ und das Transformations-Symbol: $pq \, (A) = (p-n) \, q \, (B)$.
Gesucht: $p'_0 \, q'_0 \, \mu'$.

Denken wir uns in Fig. 61, die im Uebrigen das Projectionsbild giebt, die sonst nach abwärts durch CO und den Krystallmittelpunkt M gehende Ebene CMO' heraufgeklappt in die Projections-Ebene, so ergiebt sich unmittelbar:

$$\operatorname{ctg} \mu' = \frac{a + x_0}{h} \qquad a = n\,p_0 \qquad x_0 = \cos \mu \qquad h = \sin \mu$$

Nun verändert sich r_o in r'_o. Wir legen aber das r'_o als neue Masseinheit zu Grunde, d. h. wir setzen $r'_o = 1$. Somit wird, da:

$$p_o = p'_o r'_o \; ; \; q_o = q'_o r'_o$$

$$r'_o = \frac{h}{\sin \mu'} = \frac{\sin \mu}{\sin \mu'}$$

$$\boxed{\begin{aligned} \operatorname{ctg} \mu' &= \frac{n p_o + \cos \mu}{\sin \mu} \\ p'_o &= p_o \frac{\sin \mu'}{\sin \mu} \\ q'_o &= q_o \frac{\sin \mu'}{\sin \mu} \end{aligned}}$$

(Hierzu Schema 1 S. 98.)

Aufgabe 2.

Gegeben: a (b = 1) c ; $\beta = 180 - \mu$ und das Transformations-Symbol: pq (A) = (p—n) q (B).

Gesucht: a' (b' = 1) c'; $\beta' = 180 - \mu$.

Es ist (vgl. S. 82): $p_o = \frac{c}{a}$ Ebenso: $p'_o = \frac{c'}{a'}$

$q_o = c \sin \beta = c \sin \mu$ $q'_o = c' \sin \mu'$

(Wir rechnen bequemer mit dem spitzen Winkel μ, als mit dem stumpfen β). Diese Werthe eingesetzt in die obigen Gleichungen für ctg μ' p'_o q'_o giebt:

$$\frac{c'}{a'} = \frac{c}{a} \frac{\sin \mu'}{\sin \mu}$$

$$c' \sin \mu' = c \sin \mu \frac{\sin \mu'}{\sin \mu}$$

$$\boxed{\begin{aligned} \operatorname{ctg} \mu' &= \frac{n \frac{c}{a} + \cos \mu}{\sin \mu} \\ a' &= a \frac{\sin \mu}{\sin \mu'} \\ c' &= c \end{aligned}}$$

(Hierzu Schema 2 S. 99.)

Die Controlrechnung besteht in der Berechnung der Elemente für die umgekehrte Transformation:

$$pq \text{ (B)} = (p + n) \; q \text{ (A)}$$

Dafür gilt das gleiche Schema.

Vorzeichen von n. Die Formel

$$\operatorname{ctg} \mu' = \frac{n p_o + \cos \mu}{\sin \mu} = \frac{n p_o}{\sin \mu} + \operatorname{ctg} \mu$$

gilt für den Fall pq (A) ∸ (p − n) q (B). In Formel und Schema tritt daher n mit dem Vorzeichen + auf, wenn es im Transformations-Symbol — hat. Seinen Grund hat dies darin, dass das Transformations-Symbol eben keine Gleichung ist, sondern eine Rechnungsvorschrift. Dass es in der That so sein muss, zeigt die folgende Betrachtung. Für pq (A) ∸ (p—n) q (B) ist + no (A) = o (B). Soll aber + no (A) zur neuen Basis werden, so rückt der Projections-Mittelpunkt nach vorn. Somit wird $\mu' < \mu$. Nun ist in obiger Formel sin μ stets +, da $\mu < 180^0$, p_0 ist eine absolute Grösse ohne Vorzeichen. Damit $\mu' < \mu$ also ctg μ' > ctg μ werde, muss daher n > o oder = + sein.

Der Fall

$$pq \text{ (A)} \dot{=} (p + q) \; q \text{ (B)}$$

reducirt sich auf den vorhergehenden, den wir als den allgemeinen betrachten wollen, indem $p + n = p - \bar{n}$ gesetzt wird. Es tritt also in Formeln, Schema und Beispiel $\bar{n}$ statt n auf. In diesem Fall ist bei der Ausrechnung wohl auf das Vorzeichen zu achten. Es ist dann $\frac{nc}{a}$ negativ (24 in Schema 2) und es kann vorkommen, dass $\frac{nc}{a}$ + cos μ (22 in Schema 2) und somit ctg μ' negativ ausfällt. Dann wird $\mu > 90^0$; die neue Basis O' fällt nach rückwärts ab. Da dies unserer allgemeinen Aufstellungsweise entgegen ist, so drehen wir die Aufstellung um 180^0 um die Verticalaxe, wodurch für das berechnete μ' dessen Supplement eintritt. Dabei ändert p q sein Zeichen in — p q. Wir haben also nicht die ursprünglich ins Auge gefasste Transformation:

$$pq\ (A) \doteqdot (p+n)\ q\ (B)$$

vorgenommen, da sie in Widerspruch ist mit dem Gebrauch, im monoklinen System die Basis stets nach vorn abfallen zu lassen, sondern die Transformation:

$$pq\ (A) \doteqdot -(p+n)\ q\ (B)$$

Bei der Controlrechnung hat diese Drehung den Einfluss, dass das n, welches sonst + wäre, nun wieder als — auftritt.

Schema und Beispiel:

Schema 1. Gegeben: $p_o\ q_o\ \mu$.
$pq\ (A) \doteqdot (p-n)\ q\ (B)$
Gesucht: $p'_o\ q'_o\ \mu'$

1	2	3	4	5	6
$n p_o$	23—22 = lg ctg μ'	μ'	lg p_o	41+42 = lg p'_o	p'_o
cos μ	lg sin μ	lg sin μ'	32—22	53—32 = 43—22 = lg c'	52—51 = lg a'
11+12	lg 13		lg q_o	42+43 = lg q'_o	q'_o

Controle in 52.

Beispiel: (Diopsid) Gegeben: $p_o = 0{\cdot}5614$ $q_o = 0{\cdot}5942$ $\mu = 89^\circ\ 38'$ (Groth Tab.)
pq (Groth) ⫨ (p — ½) q (Miller, Dana); n = ½.
Gesucht: die Elemente nach Miller und Dana.

1	2	3	4	5	6
0·2807	945802	73059 μ'	974929	973211	0·5396· p'_o
0·0064	999999	998281	998282	977395 977394 = lg c'	001184 = lg a'
0·2871	945803		977393	975675	0·5711· q'_o

Controle: $p'_o = 0{\cdot}5397$ $q'_o = 0{\cdot}5711$ $\mu' = 73^\circ\ 59'$ (Miller, Dana).
pq (Miller, Dana) ⫨ (p + ½) q (Groth); n = — ½.

1	2	3	4	5	6
—0·2698	780252	89° 38 μ	973215	974929	0·5615 p_o
0·2759	998281	999999	001718	977394 977394 = lg c	002465 = lg a
0·0061	778533		975675	977393	0·5941 q_o

Schema 2. Gegeben: a (b=1) c; $\mu = 180-\beta$.
pq (A) ∸ (p—n) q (B).
Gesucht: a' (b'=1; c'=c) $\mu' = 180-\beta'$.

1	2	3	4
nc			a
lg nc	23 + 24	lg 22	13 + 33 — 43 = lg a'
lg a	cos μ	lg sin μ	lg sin μ'
12 — 13	num 14	32—33 = lg ctg μ'	μ'

1. Beispiel:
Diopsid a : b : c = 1·0585 : 1 : 0·5942; μ = 89° 38'
pq (Groth) ∸ (p—½) q (Gdt); n = ½

1	2	3	4
0·2971			1·1012 a'
947290	0·2871	945803	004187
002469	0·0064	999999	998281
944821	0·2807	945804	73° 59 μ'

Controle:
a' : b' : c' = 1·1012 : 1 : 0·5942; μ' = 73° 59'
pq (Gdt) ∸ (p + ½) q (Groth); n = —½

1	2	3	4
—0·2971			1·0585 a
947290	0·0061·	778888	002469
004187	0·2759·	998281	999999
943103	—0·2698	780607	89° 38 μ

2. Beispiel:
Linarit a : b : c = 1·7186 : 1 : 0·8272; μ = 77° 27'
pq (Dana) ∸ —(p + 1) q (Gdt); n = —1

1	2	3	4
—0·8272			1·7378 a'
991761	—0·2640	942160	024001
023518	0·2173	998950	998467
968243	—0·4813	943210	180-71° 52 μ'

Controle:
a' : b' : c' = 1·7378 : 1 : 0·8278; μ' = 74° 52'
pq (Gdt) ∸ —(p + 1) q (Dana); n = —1

1	2	3	4
—0·8272			1·7186 a
991761	—0·2149·	933224	023518
024001	0·2610	998467	998950
967760	—0·4760	934757	180-77° 27 μ

Vertauschung der Axen-Zone mit der Haupt-Radialzone. Dieser Fall kann nur im triklinen, tetragonalen und hexagonalen System vorkommen. Es könnte diese Transformation auch nach dem allgemeinen Verfahren, Vertauschung der Axen und Verlegung der Basis, behandelt werden; doch wäre das umständlich und ausserdem ist der Specialfall in den genannten Systemen so häufig, dass er eine besondere Behandlung verdient.

Triklines System. PQ (Fig. 62) seien die alten Axen. An deren Stelle sollen P'Q' zu Axen werden. $p_0 q_0$ seien die alten Einheiten, $p'_0 q'_0$ die neuen. Es sei ferner:

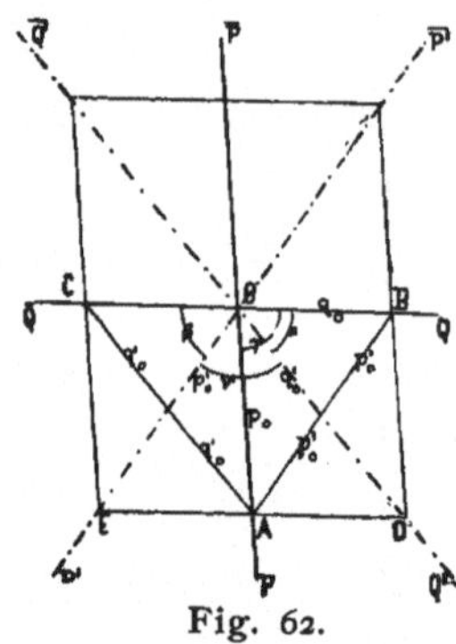
Fig. 62.

Altes Zeichen des Flächenpunktes D = 1, neues Zeichen = 01

" " " " A = 10, " " = $\frac{1}{2}$

Transformations-Symbol: $pq \text{ (alt)} = \frac{p-q}{2} \cdot \frac{p+q}{2} \text{ (neu)}$

Bei dieser Transformation bleibt O in seiner Lage und es bleiben unverändert die Werthe h, d und r_0. Alles Andere ändert sich. Bezeichnen wir Alles in der neuen Aufstellung mit dem Index ('), so ist (Fig. 62):

In ΔABO: $p'^2_o = p_o^2 + q_o^2 - 2 p_o q_o \cos\nu$ | Controle: $p'_o = (p_o + q_o) \cos\varphi$ wobei $\sin\varphi = \frac{2 \cos\frac{\nu}{2} \sqrt{p_o q_o}}{p_o + q_o}$

In ΔACO: $q'^2_o = p_o^2 + q_o^2 + 2 p_o q_o \cos\nu$ | $q'_o = (p_o + q_o) \cos\psi$ wobei $\sin\psi = \frac{2 \sin\frac{\nu}{2} \sqrt{p_o q_o}}{p_o + q_o}$

Ausserdem ist in Fig. 63, dem Projectionsbild mit eingetragenem Scheitelpunkt und mit dem alten und neuen δ (δ'), nach der Definition S. 15:

$$\delta' = \delta - \alpha \; ; \quad \frac{2q}{\sin\nu'} = \frac{p'_o}{\sin\alpha} = \frac{q'_o}{\sin\beta} \quad (\Delta EOD \text{ Fig. } 62)$$

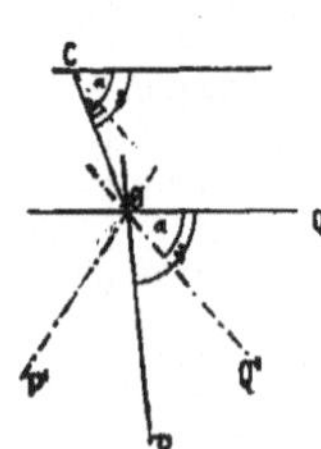
Fig. 63.

$$\sin\alpha = \frac{p_o}{q'_o} \sin\nu \; (\Delta DOA)$$

$$\sin\nu' = \frac{2 q_o}{p'_o} \sin\alpha = \frac{2 p_o q_o}{p'_o q'_o} \sin\nu$$

Controle: $\sin\beta = \frac{p_o}{p'_o} \sin\nu \; (\Delta EOA)$; $\nu' = 180 - \alpha - \beta$

Ausserdem ist:

$$h' = h \qquad \cos\lambda' = d \cos\delta'$$

$$d' = d \qquad \delta' = \delta - \alpha$$

$$\cos\mu' = d \cos(\nu' - \delta') = d \cos(\nu' - \delta + \alpha).$$

Anm. Tritt statt des obigen Transformations-Symbols auf: pq (alt) = (p−q) (p+q) (neu), so liegt der Unterschied nur in einer Vergrösserung.

Tetragonales System (Special-Fall). In diesem System ist:

$$\nu = 90^\circ \qquad d = 0 \qquad p_o = q_o$$

daher: $p'^2_o = 2 p_o^2 \; ; \; p'_o = q'_o = p_o \sqrt{2}$

$$\sin\alpha = \frac{p_o}{p_o \sqrt{2}} = \tfrac{1}{2}\sqrt{2} \; ; \quad \alpha = 45^\circ$$

$$\cos\lambda' = \cos\mu' = 0 \quad ; \quad \lambda' = \mu' = 90^\circ$$

$$\sin\nu' = \frac{2 \cdot p_o q_o}{p_o \sqrt{2}\, q_o \sqrt{2}} = 1 ; \; \nu' = 90^\circ$$

Hexagonales System. Hierfür sind die triklinen Formeln nicht direkt anwendbar, da wenn Q' den Winkel PQ = 60° halbirt, P' nicht dessen Supplement (120°) halbirt, sondern den anliegenden Winkel von 60°.

Hier ist:	oder auch:
Transf.-Symb.: pq (alt) = (p + 2q) (p-q) (neu)	Transf.-Symb.: $pq \text{ (alt)} = \frac{p+2q}{3} \cdot \frac{p-q}{3} \text{ (neu)}$
$p'_o = q'_o = \frac{p_o}{\sqrt{3}}$	$p'_o = q'_o = p_o \sqrt{3}$

Alles Andere bleibt dasselbe.

Gedächtnissregel: Im tetragonalen und hexagonalen System tritt bei Vertauschung der Axen mit den Zwischenaxen für c Multiplication oder Division mit $\sqrt{2}$ resp. $\sqrt{3}$ ein. Werden dabei die Symbole grösser, so wird c kleiner (Division) und umgekehrt.

Einiges aus der Krystallberechnung.

Es wurden hier nur die allereinfachsten, gewöhnlichsten Fälle zusammengestellt, aus denen man den directen Uebergang findet von berechneten oder beobachteten Dreieckswinkeln zu den Elementen. Dazu wurde eine neue Zonenformel gefügt, einige wichtige Aufgaben aus den verschiedenen Systemen und endlich die Formeln und Schemata zur Ausrechnung schiefwinkliger Dreiecke. Diese Angaben haben einmal den Zweck, direct zur Verwendung zu kommen, indem sie die Berechnungsart für die häufigsten Fälle, auf die sich viele andere reduciren lassen, geben; andererseits sollen sie zeigen, wie durch die neuen Elemente und Symbole die Formeln und Ausrechnungen wesentlich vereinfacht werden. Diese Vereinfachung beruht zunächst in der Ersetzung der Elementarwinkel $\alpha \beta \gamma$ durch $\lambda \mu \nu$ bei der Rechnung mit polaren Symbolen und polarer Projection. Es werden zur Zeit auch vielfach die Werthe $\lambda \mu \nu$ angegeben unter den Zeichen A B C, jedoch nur nebenbei. Sie können aber die $\alpha \beta \gamma$ vollständig ersetzen und, wenn nur eine Angabe gemacht werden soll, verdrängen, so dass man die Winkelelemente $\alpha \beta \gamma$ in Verbindung mit den Längenelementen a b c resp. $a_0 b_0$ nur dann braucht, wenn man mit linearer Projection und ebenen Winkeln operirt. Die zweite Quelle der Vereinfachung ist die Einführung von zwei Indices p q resp. von zwei Längen-Elementen $p_0 q_0$ statt der drei h k l mit zugehörigen, zu diesen reciprok gestellten Elementen a (b) c. Der Einwand, dass die Symbole und daraus die Formeln nicht nach drei Richtungen symmetrisch sind, mag begründet sein für allgemeine theoretische Untersuchungen, bei denen die Einseitigkeit und Willkürlichkeit einer bevorzugten Aufstellung entfallen muss. Hier handelt es sich um Fragen der Auffassung und practischen Berechnung, wobei gerade die durch Symbol und Projection fixirte Einseitigkeit der Aufstellung die Anschauung des Ganzen ermöglicht, da wir nicht im Stande sind für eine Reihe von Formen den drei Raumrichtungen zugleich unsere Aufmerksamkeit zu widmen. Wir haben in der Projection eine Abstraction, die unsere Leistungsfähigkeit erhöht. Soll die Projection Grundlage der Rechnung sein, was zweifellos sich allgemein einführen wird, so müssen auch die Elemente der Rechnung die Elemente der Projection sein, und zwar für Linear-Projection lineare Elemente, für Polar-Projection polare Elemente. Der Einwand aus der Symmetrie schwächt sich ausserdem dadurch ab, dass, wenn wir Aufgaben aus dem Raum haben, nicht aus der Projection, wir statt der zweiziffrigen Symbole p q und der Elemente $p_0 q_0$ sofort die dreiziffrigen p q 1 und $p_0 q_0$ 1 nehmen können und wieder nach Bedarf auf die zweiziffrigen zurückgehen, indem wir den dritten Werth r resp. $r_0 = 1$ setzen. So sind wir im Stande die Vortheile beider zugleich auszunützen.

Berechnung der Elemente aus Messungen.
Triklines System.

Aufgabe. Gegeben: $0:0\infty=\lambda$ | $0:01=\varphi$ **Gesucht:** $p_o\,q_o\,(r_o=1)$
$0:\infty 0=\mu$ | $0:10=\psi$ $a_o\,b_o\,(c_o=1)$
$0\infty:\infty 0=\nu$ | $0\infty:\infty=\chi$ $a\;c\;(b=1)$

Statt die Aufgabe in dieser Weise zu stellen, könnte man ihr scheinbar eine grössere Allgemeinheit geben, indem man als gegeben setzte 0: on statt 0:01 ; 0: mo statt 0:10 ; 0∞: k∞ statt 0∞: ∞. Dies ist aber nicht wirklich eine wesentliche Verallgemeinerung. Vielmehr ist diese Aufgabe in obiger enthalten. Wir haben nur das vorliegende on, mo, k∞ vorläufig als 01, 10, ∞ zu betrachten, dadurch erhalten wir Elemente $p_0\,q_0\,(r_0)$, die mnk mal grösser sind, als wir sie wünschen. Wir haben also nachträglich die Transformation auszuführen:

$$p_o\,q_0\,(r_o)(I)=\frac{p_o}{m}\,\frac{q_o}{n}\,\frac{r_o}{k}\,(II)=\frac{k}{m}\,p_o\cdot\frac{k}{n}\,q_o\,(r_o=1)\,(II)$$

und obige Aufgabe behält ihre einfache Gestalt.

Fig. 65 ist ein perspectivisches Bild der Normalen auf die Flächen 0 0∞ ∞0 01 10 ∞, die nach oben abgegrenzt sind durch die polare Projections-Ebene, nach unten durch eine Horizontal-Ebene durch den Krystallmittelpunkt M. Eine solche Figur stellt gewissermassen das innere Gerüst der Projection dar und es ist in sehr vielen Fällen von Vortheil für die Rechnung, mit einem solchen Gebilde zu operiren; wir werden dies auch öfters thun. Zum Zweck kurzer Verständigung wollen wir diese Art der Darstellung als **räumliche Projection** bezeichnen, da sie die Vorgänge im Raum darstellt, die der Projection zu Grunde liegen. Das Bild derselben wollen wir **räumliches** oder **perspectivisches Projectionsbild** nennen.

Unsere Rechnungen lehnen in der Regel an die geradlinige Projection und ihr räumliches Bild an. Zur Uebersicht jedoch, besonders dann, wenn Prismenflächen auftreten, leistet das stereographische (resp. cyklographische) Bild die besten Dienste und es empfiehlt sich, ein solches als Handskizze neben der Rechnung zu führen, wie dies auch hier geschieht. Indem wir so mit beiden Bildern operiren, nutzen wir die Vortheile beider für Anschauung und Rechnung zugleich aus.

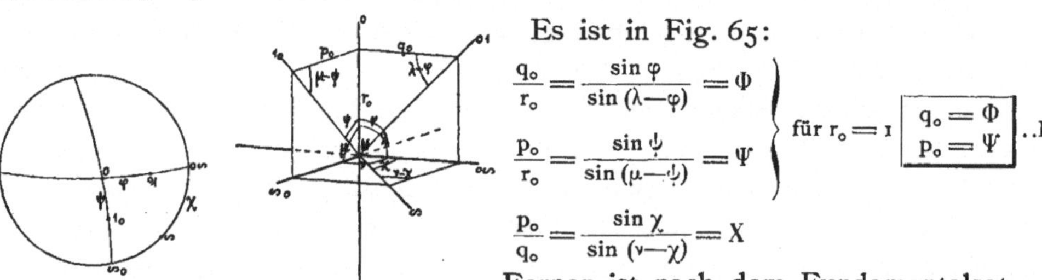

Fig. 64. Fig. 65.

Es ist in Fig. 65:

$$\left.\begin{aligned}\frac{q_o}{r_o}&=\frac{\sin\varphi}{\sin(\lambda-\varphi)}=\Phi\\ \frac{p_o}{r_o}&=\frac{\sin\psi}{\sin(\mu-\psi)}=\Psi\end{aligned}\right\}\text{für } r_o=1\quad\boxed{\begin{aligned}q_o&=\Phi\\ p_o&=\Psi\end{aligned}}\;..\mathrm{I}$$

$$\frac{p_o}{q_o}=\frac{\sin\chi}{\sin(\nu-\chi)}=X$$

Ferner ist nach dem Fundamentalsatz:

$$p_o:q_o:r_o=\frac{\sin\alpha}{a_o}:\frac{\sin\beta}{b_o}:\frac{\sin\gamma}{c_o}=\frac{\sin\lambda}{a_o}:\frac{\sin\mu}{b_o}:\frac{\sin\nu}{c_o}$$

Aus diesen Formeln folgt:

$$\left.\begin{aligned}\frac{p_o}{q_o}&=\frac{\sin\alpha}{a_o}:\frac{\sin\beta}{b_o}=X\\ \frac{p_o}{r_o}&=\frac{\sin\alpha}{a_o}:\frac{\sin\gamma}{c_o}=\Psi\\ \frac{q_o}{r_o}&=\frac{\sin\beta}{b_o}:\frac{\sin\gamma}{c_o}=\Phi\end{aligned}\right\}\quad\boxed{\begin{aligned}&\text{für } b_o=1:\\ a&=\frac{1}{X}\,\frac{\sin\alpha}{\sin\beta}=\frac{1}{X}\,\frac{\sin\lambda}{\sin\mu}\\ c&=\Phi\,\frac{\sin\gamma}{\sin\beta}=\Phi\,\frac{\sin\nu}{\sin\mu}\end{aligned}}\;..\mathrm{II.}\quad\boxed{\begin{aligned}&\text{für } c_o=1:\\ a_o&=\frac{1}{\Psi}\,\frac{\sin\alpha}{\sin\gamma}=\frac{1}{\Psi}\,\frac{\sin\lambda}{\sin\nu}\\ b_o&=\frac{1}{\Phi}\,\frac{\sin\beta}{\sin\gamma}=\frac{1}{\Phi}\,\frac{\sin\mu}{\sin\nu}\end{aligned}}\;..\mathrm{III.}$$

Aus I II III ergiebt sich folgendes Schema zur Berechnung der Längen-Einheiten, dem eine Controle beigefügt ist, beruhend auf der Proportion:

$$a : 1 : c = a_o : b_o : 1 = \frac{\sin\lambda}{p_o} : \frac{\sin\mu}{q_o} : \frac{\sin\nu}{r_o}$$

$$\text{oder} = \frac{\sin\alpha}{p_o} : \frac{\sin\mu}{q_o} : \frac{\sin\nu}{r_o}$$

Schema:

1	2	3	4	5	6	7	8	9	10	11	12	13	14
λ	φ	$\lambda-\varphi$	lg sin 11	lg sin 21	lg sin 31	51—61 = lg Φ = lg q_o	41—42	81—73 = lg a	41—43	10·1—72 = lg a_o	num 71 = q_o	num 91 = a	num 11·1 = a_o
μ	ψ	$\mu-\psi$	lg sin 12	lg sin 22	lg sin 32	52 — 62 = lg Ψ = lg p_o	—	—	42—43	10·2—71 = lg b_o	num 81 = p_o	1	num 11·2 = b_o
ν	χ	$\nu-\chi$	lg sin 13	lg sin 23	lg sin 33	53 — 63 = lg X = lg $\frac{p_o}{q_o}$	43—42	83 + 71 = lg c	—	—	1	num 93 = c	1

Controle: 73 = 72 — 71

Controle:

1	2	3	4	5	6
lg a	lg a_o	lg sin λ	lg p_o	31—41	11—12 = 21—22 = 51—52
0	lg b_o	lg sin μ	lg q_o	32—42	11—13 = 21—23 = 51—53
lg c	0	lg sin ν	0	33—43	12—13 = 22—23 = 52—53

Beispiel: Axinit: (Fig. 66) Miller Min. 1852. 348

λ = mp $\qquad$ φ = mr $\qquad$ $\lambda-\varphi$ = rp

μ = mv $\qquad$ ψ = my $\qquad$ $\mu-\psi$ = vy

ν = vp $\qquad$ χ = up $\qquad$ $\nu-\chi$ = vu

1	2	3	4	5	6	7	8	9	10	11	12	13	14
89° 55	44° 43	45° 12	0	984733	985100	999633	000400	989283	001042	990287	0·9916 q_o	0·7813 a	0·7996 a_o
97° 46	56° 55	40° 51	999600	992318	981563	010755	—	—	000642	001009	1·2810 p_o	1	1·0235 b_o
77° 30	44° 35	32° 55	998958	984630	973513	011117	999358	998991	—	—	1	0·9770 c	1

Controle:

1	2	3	4	5	6
989282	970287	0	010755	989245	989282 989278 989278
0	001009	999600	999633	999969	990293 990287 990287
998989	0	998958	0	998958	001011 001009 001011

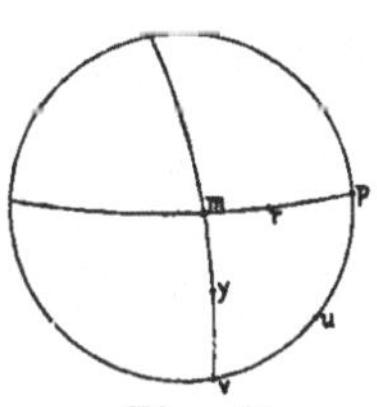

Fig. 66.

Die Differenzen in der Controle beruhen auf der Abrundung auf ganze Minuten der im Uebrigen unter sich ausgeglichenen Werthe. $\lambda\,\mu\,\nu$, $\varphi\,\psi\,\chi$, in deren gemeinsamer Verwendung eine Ueberbestimmung liegt.

Monoklines System.

I. Aufgabe: Gegeben: $\varphi = 0 : 01$ **Gesucht:** $p_o q_o \; (r_o = 1)$
$\psi = 0 : 10$ $a_o b_o \; (c_o = 1)$
$\chi = \infty : 0\infty$ $a \; c \; (b = 1)$
$\mu = 0 : \infty 0$

Die Elemente im monoklinen System lassen sich nach demselben Schema berechnen, wie im triklinen. Doch kann die durch den rechten Winkel eintretende Vereinfachung benutzt werden, was sich umsomehr empfehlen dürfte, da das monokline System so viel häufiger vorkommt, als das trikline.

Nehmen wir dieselben Bezeichnungen wie im triklinen System, so ist (Fig. 67):

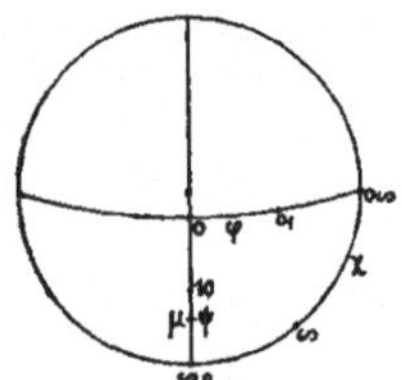

Fig. 67.

$$\frac{q_o}{r_o} = \operatorname{tg}\varphi \qquad \frac{p_o}{r_o} = \frac{\sin\psi}{\sin(\mu-\psi)} \qquad \frac{p_o}{q_o} = \operatorname{tg}\chi$$

$$\left.\begin{array}{l} \boxed{\begin{array}{l} q_o = \operatorname{tg}\varphi \\ p_o = \dfrac{\sin\psi}{\sin(\mu-\psi)} \end{array}} \\ \dfrac{p_o}{q_o} = \operatorname{tg}\chi \end{array}\right\} \ldots \text{I.}$$

Daher auch:

$$p_o = \operatorname{tg}\varphi \operatorname{tg}\chi$$

Die Grundgleichung giebt für $\lambda = 90^0$; $\nu = 90^0$:

$$p_o : q_o : r_o = \frac{\sin\lambda}{a_o} : \frac{\sin\mu}{b_o} : \frac{\sin\nu}{c_o} = \frac{1}{a_o} : \frac{\sin\mu}{b_o} : \frac{1}{c_o}$$

$$\left.\begin{array}{l} \dfrac{p_o}{q_o} = \dfrac{1}{a_o} : \dfrac{\sin\mu}{b_o} \\ \dfrac{q_o}{r_o} = \dfrac{\sin\mu}{b_o} : \dfrac{1}{c_o} \\ \dfrac{r_o}{p_o} = \dfrac{1}{c_o} : \dfrac{1}{a_o} \end{array}\right\} \qquad \left.\boxed{\begin{array}{l} \text{für } b_o = 1 \\ a = \dfrac{1}{\operatorname{tg}\chi \sin\mu} \\ c = \dfrac{\operatorname{tg}\varphi}{\sin\mu} \end{array}}\right\} \ldots \text{II.} \qquad \left.\boxed{\begin{array}{l} \text{für } c_o = 1 \\ a_o = \dfrac{\sin(\mu-\psi)}{\sin\psi} \\ b_o = \dfrac{\sin\mu}{\operatorname{tg}\varphi} \end{array}}\right\} \ldots \text{III.}$$

Daraus folgt das Schema:

Schema.

1	2	3	4	5	6	7	8	9
φ	μ	lg sin μ	lg tg φ = lg q_o	lg a = 0 — 43 — 31	0 — 42 = lg a_o	num 41 q_o	num 51 = a	num 61 = a_o
	ψ	lg sin ψ	32 — 33 = lg p_o	0	31 — 41 = 0 — 53 = lg b_o	num 42 p_o	1	num 62 = b_o
χ	$\mu - \psi$	lg sin $(\mu-\psi)$	lg tg χ = lg $\frac{p_o}{q_o}$	41 — 31 = lg c	0	1	num 53 = c	1

Controle.

1	2	3	4	5
lg q_o	lg a	lg a_o	0 — 12	21 — 22 31 — 32 41 — 42
lg p_o	0	lg b_o	13 — 11	21 — 23 31 — 33 41 — 43
lg sin μ	lg c	0	0	22 — 23 32 — 33 42 — 43

Beispiel. Botryogen: Nach Messungen von Haidinger. (Pogg. Ann. 128. 12. 491.)

1	2	3	4	5	6	7	8	9
[27°49·4]	117°34	994767	972243 lg q_o	981435 lg a	003960 lg a_o	0·5277 q_o	0·6522 a	1·0955 a_o
	54°29	991060	996040 lg p_o	0	022524 lg b_o	0·9129 p_o	0	1·6797 b_o
59°58 —	63°05	995020	023798	977476 lg c	0	1	0·5953 c	1

Controle:

1	2	3	4	5
972243	981438	003961	003958	981438 981438 981434
996042	0	022523	022524	003964 003961 003958
994767	977474	0	0	022526 022523 022524

Die Differenzen in der Controle kommen von der Abrundung der im übrigen unter sich auf ganze Minuten abgeglichenen Winkel $\mu \varphi \chi \psi$.

2. Aufgabe. Gegeben: $0 : 01 = \psi$ **Gesucht:** $p_o\, q_o\ (r_o = 1)$
$\infty 0 : \infty = \chi$ $a_o\, b_o\ (c_o = 1)$
$0 : \infty 0 = \mu$. $a\ c\ (b = 1)$

Es ist:

$$q_o = \operatorname{tg} \psi \qquad p_o = \frac{\operatorname{tg} \psi}{\operatorname{tg} \chi}$$

$$a = \frac{\operatorname{tg} \chi}{\sin \mu} \qquad c = \frac{\operatorname{tg} \psi}{\sin \mu}$$

$$a_o = \frac{a}{c} = \frac{\operatorname{tg} \chi}{\operatorname{tg} \psi} \qquad b_o = \frac{1}{c} = \frac{\sin \mu}{\operatorname{tg} \psi}$$

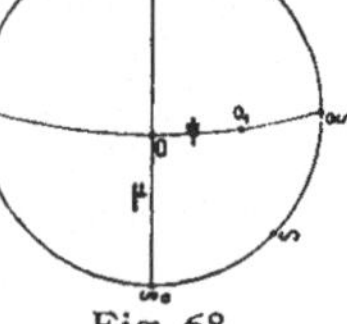
Fig. 68.

Davon leitet sich das folgende Schema ab:

Schema.

1	2	3	4	5	6
ψ	lg tg ψ = lg q_o	21 — 22 lg p_o		num 21 q_o	num 31 p_o
χ	lg tg χ	21 — 23 lg c	22 — 21 lg a_o	num 32 c	num 42 a_o
μ	lg sin μ	22 — 23 lg a	23 — 21 lg b_o	num 33 a	num 43 b_o

Beispiel: Borax. Winkel nach Miller Min. 1852. 604.

1	2	3	4	5	6
47°11	003313	001038		1·0793 q_o	1·0242 p_o
46°30	002275	005158	998962	1·1261 c	0·9764 a_o
73°25	998155	004120	994842	1·0995 a	0·8880 b_o

3. Aufgabe. Gegeben: $o : \overline{1}o = \psi'$ **Gesucht:** die Längen-Elemente wie oben.

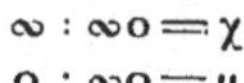

$\infty : \infty o = \chi$

$o : \infty o = \mu.$

Fig. 69.

Es berechnen sich leicht die für diesen Fall nöthigen Formeln (Fig. 69):

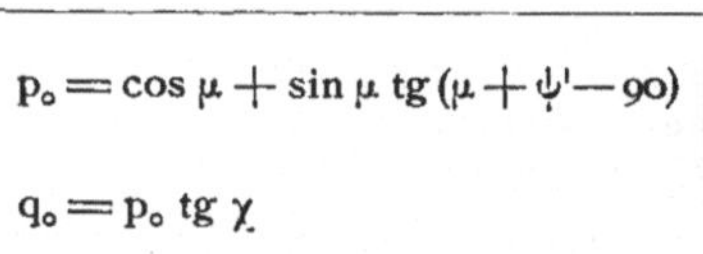

$$p_o = \cos\mu + \sin\mu \operatorname{tg}(\mu + \psi' - 90) \qquad q_o = p_o \operatorname{tg}\chi$$

$$a = \frac{\operatorname{tg}\chi}{\sin\mu} \qquad c = a\,p_o$$

$$a_o = \frac{1}{p_o} \qquad b_o = \frac{1}{c}$$

Schema.

1	2	3	4	5	6
χ	lg tg χ	32 + 33 = p_o	lg 31 = lg p_o	num 41 = 31 = p_o	o — 41 = lg a_o
μ	lg cos μ	num 22	41 + 21 = lg q_o	num 42 = q_o	num 61 = a_o
ψ'	lg sin μ	num 34	21 — 23 = lg a	num 43 = a	num 64 = b_o
$\mu + \psi' - 90$	lg tg 14	23 + 24	41 + 43 = lg c	num 44 = c	o — 44 = lg b_o

Beispiel. Bieberit nach Brooke.

1	2	3	4	5	6
48°50·	005829	1·2652	010216	1·2652 p_o	989784
75°05·5	941039	0·2573	016045	1·4469 q_o	0·7904 a_o
61°07·	998509·	1·0079	007319·	1·1836 a	0·6678 b_o
46°12·5	001832·	000342	017535·	1·4974 c	982464·

Rhombisches System.

I. Aufgabe. Gegeben: Die Kantenwinkel ABC (Fig. 71) einer Pyramide pq.
Gesucht: Die Coordinaten resp. Parameter $pp_o\, qq_o$; aa_o; bb_o; cc_o.

Setzen wir für eine Pyramide pq (Figg. 70—71):

$pq : oq = \alpha$	so ist: $\alpha = \frac{A}{2}$ (innerer Winkel)
$pq : po = \beta$	$\beta = \frac{B}{2}$ „ „
$pq : \frac{p}{q}\infty = \gamma$	$\gamma = \frac{C}{2}$ „ „
$pq : o = \delta$	$\delta = 90 - \gamma.$

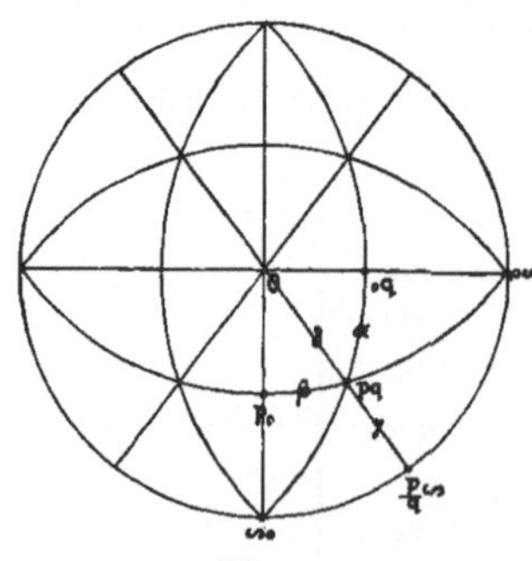

Fig. 70.

Nun ergiebt sich leicht der Satz:

$$1. \begin{cases} pp_o : qq_o : rr_o = \sin\alpha : \sin\beta : \sin\gamma \\ pp_o : qq_o : 1 = \sin\alpha : \sin\beta : \sin\gamma \end{cases}$$

und ebenso:

$$2. \quad aa_o : bb_o : cc_o = \frac{1}{\sin\alpha} : \frac{1}{\sin\beta} : \frac{1}{\sin\gamma}$$

Dabei ist:

$$3. \quad \begin{cases} pp_o = \dfrac{\sin\alpha}{\sin\gamma} \\ qq_o = \dfrac{\sin\beta}{\sin\gamma} \end{cases}$$

Wir können hier die Buchstaben $\alpha\,\beta\,\gamma$ in anderem Sinne verwenden, als für die Neigung der linearen Axen, da diese $= 90^0$ in den Rechnungen des rhombischen Systems nicht auftreten. Sollte eine Verwechselung eintreten können, so empfiehlt es sich, die Winkel $\alpha\,\beta\,\gamma$ mit dem Index der Fläche zu bezeichnen, zu der sie gehören, also:

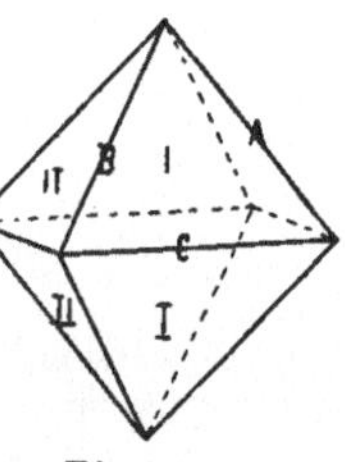

Fig. 71.

$$\alpha_{pq} \quad \beta_{pq} \quad \gamma_{pq}$$

Setzen wir in dem perspectivischen Projectionsbild (Fig. 73) $MP = f$, so ist:

$$4. \quad \frac{pp_o}{\sin\alpha} = \frac{qq_o}{\sin\beta} = \frac{rr_o}{\sin\gamma} = \frac{1}{f}$$

$$f = \sqrt{p^2 p_o^2 + q^2 q_o^2 + r^2 r_o^2} = \sqrt{(pp_o)^2 + (qq_o^2) + 1}$$

Sind nun die Elemente $p_0\,q_0$ bekannt, so ist:

$$p = \frac{pp_o}{p_o}\,;\; q = \frac{qq_o}{q_o}$$

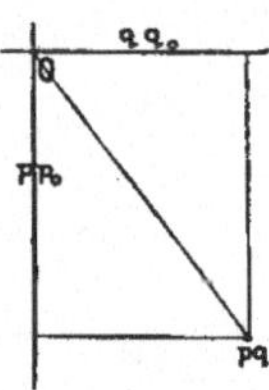

Fig. 72.

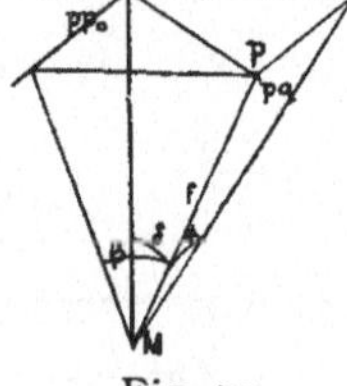

Fig. 73.

Hieraus ergiebt sich als Schema für die Berechnung das folgende:

Schema.

1	2	3	4
α	lg sin α	22—21	$\frac{qq_o}{pp_o}$ num 31
β	lg sin β	21—23	pp_o num 32
γ	lg sin γ	22—23	qq_o num 33

Controle:

$31 + 32 = 33$

Wird die Pyramide als die primäre angesehen, so ist $p = 1$; $q = 1$ und es giebt Columne 4 die Elemente. Also:

Schema.

1	2	3	4
α	lg sin α	22—31	a = num 31
β	lg sin β	21—23	p_o = num 32
γ	lg sin γ	22—23	$c = q_o$ = num 33

Beispiel: Cordierit v. Rath. Pogg. 1874. **152**. 40.
$A = 79^\circ\,26'$ $B = 44^\circ\,4'$ $C = 84^\circ\,24'$

1	2	3	4
39° 43'	980550	976870	0·5871 a
22° 02'	957420	997831	0·9513 p_o
42° 12'	982719	974701	0·5585 $c = q_o$

Diese Rechnung ist z. B. auszuführen bei der Umrechnung der Elementar-Winkelangaben von Mohs, Haidinger, Hausmann in unsere Elemente.

Will man bei Aufgabe 1 statt mit inneren mit äusseren Winkeln rechnen, was oft bequem ist, da die älteren Autoren stets äussere Winkel angeben, so wollen wir die äusseren Winkel mit einem Index versehen und setzen:

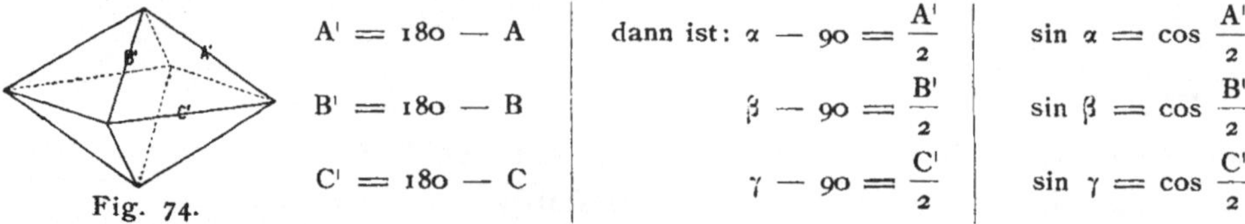

Fig. 74.

$A' = 180 - A$ | dann ist: $\alpha - 90 = \frac{A'}{2}$ | $\sin\alpha = \cos\frac{A'}{2}$

$B' = 180 - B$ | $\beta - 90 = \frac{B'}{2}$ | $\sin\beta = \cos\frac{B'}{2}$

$C' = 180 - C$ | $\gamma - 90 = \frac{C'}{2}$ | $\sin\gamma = \cos\frac{C'}{2}$

In diesem Fall ändert sich das Schema in:

1	2	3	4
$\frac{A'}{2}$	lg cos 11	22—21	$\frac{qq_o}{pp_o}$ = num 31
$\frac{B'}{2}$	lg cos 12	21—23	pp_o = num 32
$\frac{C'}{2}$	lg cos 13	22—23	qq_o = num 33

wobei 31 + 32 = 33 resp.:

4
a = num 31
p_o = num 32
$c = q_o$ = num 33

Für die primäre Pyramide.

2. Aufgabe. (Umkehrung d. Aufg. 1.) **Gegeben:** Für eine Pyramide die Elemente p_o q_o und das Symbol pq.
Gesucht: Die Kanten-Winkel $A = 2\alpha$; $B = 2\beta$; $B = 2\gamma$.

Es ist:

$$\left.\begin{aligned}\sin\alpha &= \frac{p_o}{f}\\ \sin\beta &= \frac{q_o}{f}\\ \sin\gamma &= \frac{r_o}{f} = \frac{1}{f}\end{aligned}\right\}$$

wobei wie oben

$$f = \sqrt{(pp_o)^2 + (qq_o)^2 + 1}$$

Daraus ergiebt sich das Schema:

Schema.

1	2	3	4	5	6
lg pp_o	2 lg pp_o	num 21		11—42 lg sin α	α
lg qq_o	2 lg qq_o	num 22	lg $f = \frac{43}{2}$	12—42 lg sin β	β
		1+31+32	lg 33	0—42 lg sin γ	γ

Controle.

7	8
52—51	$\frac{qq_o}{pp_o}$ = num 71
51—53	pp_o = num 72
52—53	qq_o = num 73

Specielle Fassung der Aufgabe:

Gegeben: Das Axen-Verhältniss = a : 1 : c. **Gesucht:** $A = 2\alpha$, $B = 2\beta$; $C = 2\gamma$.

$$\sin\alpha = \frac{c}{af}\;;\quad \sin\beta = \frac{c}{f}\;;\quad \sin\gamma = \frac{1}{f}$$

$$f = \sqrt{\frac{c^2}{a^2} + c^2 + 1}$$

Schema.

1	2	3	4	5
$\lg \frac{c}{a}$	11×2	num 21	$11 + 43$ $= \lg \sin \alpha$	α
$\lg c$	12×2	num 22	$12 + 43$ $= \lg \sin \beta$	β
$\lg a$	$31 + 32 + 1$	$\frac{1}{2} \lg 23$	$0 - 33$ $= \lg \sin \gamma$	γ

Controle.

$$\frac{\sin\beta}{\sin\alpha} = a \qquad \frac{\sin\beta}{\sin\gamma} = c \qquad \frac{\sin\alpha}{\sin\gamma} = \frac{c}{a}$$

6
$41 - 43 = 11$
$42 - 43 = 12$
$42 - 41 = 13$

Tetragonales System.

1. Aufgabe. Gegeben: Der innere Mittelkanten-Winkel C der Grundpyramide (1).

Gesucht: $c = p_0;\ a_0 = \frac{1}{c}$

Es ist in beistehender Figur 75 die eine Fläche der Grundpyramide mit den Linearaxen dargestellt und es ist:

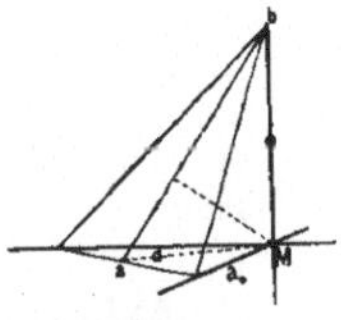

$$\angle Mab = \frac{C}{2};\ \frac{d}{c} = \operatorname{tg}\frac{C}{2} \text{ für } c = 1; \qquad a_0 = d\sqrt{2} \text{ für } a_0 = 1;$$

$$\boxed{a_0 = \sqrt{2}\ \operatorname{tg}\frac{C}{2} \qquad p_0 = c = \frac{1}{\sqrt{2}}\ \operatorname{ctg}\frac{C}{2}}$$

Controle: $\lg a_0 + \lg c = 0$

Fig. 75.

2. Aufgabe. Gegeben: Der Polkanten-Winkel $10 : 01 = \lambda$. **Gesucht:** $p_0 = c$.

Nennen wir, wie gewöhnlich, den Krystall-Mittelpunkt M und setzen $AM = f$, so ist:

$$\left.\begin{aligned} \frac{p_0}{\sqrt{2}} : f &= \sin\frac{\lambda}{2} \\ f &= \sqrt{1 + p_0^2} \end{aligned}\right\} \qquad \frac{p_0}{\sqrt{2 + 2p_0^2}} = \sin\frac{\lambda}{2}$$

$$p_0^2 = 2\sin^2\frac{\lambda}{2} + 2p_0^2 \sin^2\frac{\lambda}{2} \quad ; \quad p_0 = \sqrt{\frac{2\sin^2\frac{\lambda}{2}}{1 - 2\sin^2\frac{\lambda}{2}}}$$

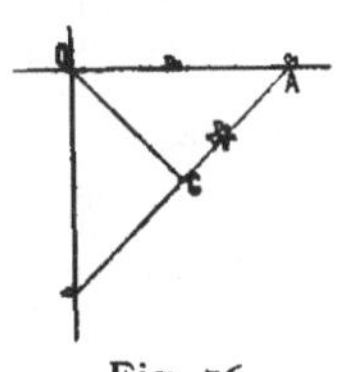

Fig. 76.

$$\boxed{c = p_0 = \sqrt{\frac{2\sin^2\frac{\lambda}{2}}{\cos\lambda}}}$$

3. Aufgabe. Gegeben: $\angle\ po : op = \alpha;\ p_0$. **Gesucht:** p.

Auflösung: Es sei $\angle\ po : o = \psi$; so ist $pp_0 = \operatorname{tg}\psi$; $\boxed{\sin\psi = \sqrt{2}\sin\frac{\alpha}{2};\ p = \frac{\operatorname{tg}\psi}{p_0}}$

Daraus ergiebt sich das Schema:

1	2	3	4
$\frac{\alpha}{2}$	$12 + 22$ $= \lg \sin \psi$	$\lg \operatorname{tg} \psi$	$31 - 32$ $= \lg p$
$\lg \sin \frac{\alpha}{2}$	015051 $= \lg \sqrt{2}$	$\lg p_0$	p

Beispiel: Wulfenit (Miller Min. 1852. 479).
$y : y' = 61^\circ\ 34 \cdot \lg p_0 = \lg \operatorname{tg} 57^\circ\ 33{\cdot}5 = 019679$.

1	2	3	4
30°47·0	985960	002073	982394
970909	015051	019679	0·6667 $= \frac{2}{3}$

Hexagonales System.

1. Aufgabe. **Gegeben:** Der Polkanten-Winkel ($2\alpha_1$) der Pyramide (1).
Gesucht: p_o a_o c_1.

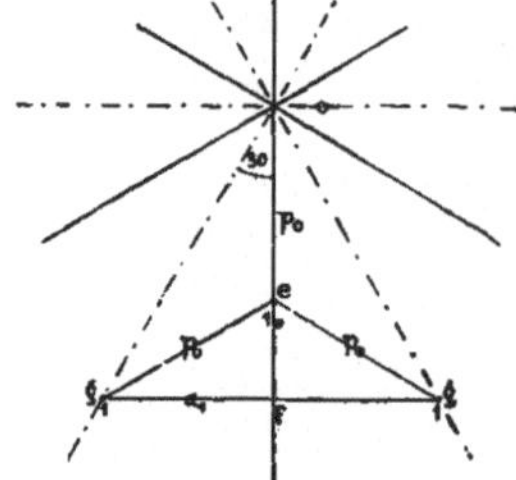

Fig. 77.

Es sei in dem sphärischen Dreieck ofg (Fig. 77)[1] $\angle \text{of} = \varphi$; $\angle \text{fg} = \alpha$, so ist:

$$\left.\begin{aligned} \text{tg}\ \varphi &= \frac{3}{2}\, p_o \\ c_1 &= \frac{3}{2}\, p_o \end{aligned}\right\}$$

$$\boxed{\begin{aligned} c_1 &= \text{tg}\ \varphi \\ \sin\varphi &= \text{ctg}\ 30\ \text{tg}\ \alpha = \sqrt{3}\ \text{tg}\ \alpha_1 \\ p_o &= \frac{2}{3}\ \text{tg}\ \varphi \\ q_o &= \sqrt{3}\ \text{ctg}\ \varphi \end{aligned}}$$

Aehnlich stellt sich die Rechnung für:

2. Aufgabe. **Gegeben:** Der Polkanten-Winkel ($2\alpha_{10}$) der Pyramide 10.
Gesucht: p_o q_o c_{10}.

Es ist:

$$\boxed{\begin{aligned} c_{10} &= \text{tg}\ \varphi' \\ \sin\varphi' &= \text{ctg}\ 30\ \text{tg}\ \alpha_{10} = \sqrt{3}\ \text{tg}\ \alpha_{10} \\ p_o &= \sqrt{\frac{4}{3}}\ \text{tg}\ \varphi' \\ a_o &= \text{ctg}\ \varphi' \end{aligned}}$$

3. Aufgabe. **Gegeben:** Der Polkanten-Winkel ($2\alpha_\pi$) der Pyramide (P = 10).
Gesucht: Der Polkanten-Winkel ($2\alpha_\rho$) des Rhomboeders (R = 10).

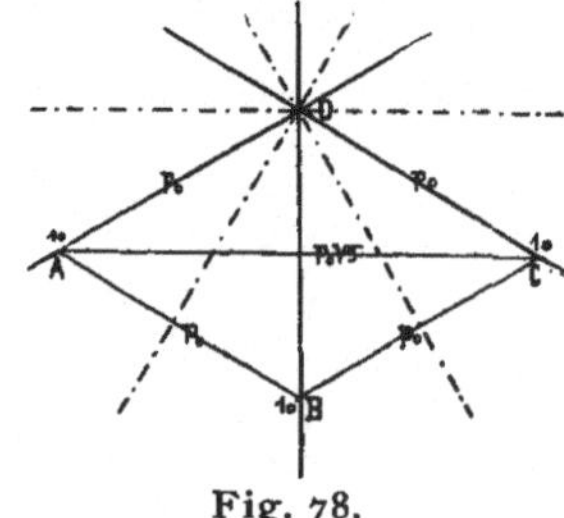

Fig. 78.

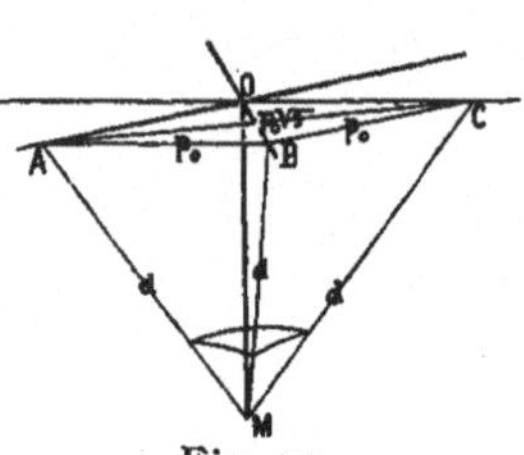

Fig. 79.

Es sei in dem perspectivischen Bild (Fig. 79) der Projection (Fig. 78) M der Mittelpunkt des Krystalls

$$MA = MB = MC = d$$

so ist:

$$\angle AMB = 2\alpha_\pi$$
$$\angle AMC = 2\alpha_\rho$$

Es ist ferner:

$$\left.\begin{aligned} p_o &= 2\,d \sin\alpha_\pi \\ \sqrt{3}\ p_o &= 2\,d \sin\alpha_\rho \end{aligned}\right\}\ \text{daraus folgt:}\quad \boxed{\frac{\sin\alpha_\rho}{\sin\alpha_\pi} = \sqrt{3}}$$

Dasselbe Verhältniss der Sinus besteht für jede Pyramide und das Rhomboeder von gleichem Symbol.

4. Aufgabe. **Gegeben:** Der Polkanten-Winkel des Rhomboeders.
Gesucht: Die Elemente.

Die Lösung dieser Aufgabe s. Seite 68 u. 69 sowie Tab. II. Seite 74—77.

5. Aufgabe. **Gegeben:** Der Winkel der Pyramide zur Basis.
Gesucht: Die Elemente.

Die Lösung dieser Aufgabe s. Seite 67 sowie Tab. I. Seite 72—74.

[1] Fig. 77 ist ein gnomonisches Projectionsbild; in ihm erscheinen alle Dreiecke von geraden Linien eingeschlossen, trotzdem können sie ebenso gut, wie bei den Projectionen mit Kreislinien direct als sphärische Dreiecke angesehen und so mit ihnen gerechnet werden. Der Umstand, dass wir in den geradlinigen Projectionen die Dreiecke der Figur gleichzeitig als ebene und als sphärische behandeln können, ist ein wesentlicher Vorzug derselben vor den Projectionen mit Kreislinien.

6. Aufgabe. Gegeben: Für eine Fläche das Symbol pq und das Element p_o.
Gesucht: Der Winkel zur Basis $\delta = pq : o$.

Es ist:

$$\operatorname{tg} \delta = p_o \sqrt{p^2 + pq + q^2}$$

7. Aufgabe. Gegeben: Für ein Skalenoeder das Symbol pq und das Element p_o.
Gesucht: Die Polkanten-Winkel: 2ε, 2ζ und der Winkel zur Basis δ.

Ziehen wir den Krystallmittelpunkt, der unter O (Fig. 80) liegt, mit in Betracht, so sei: $\delta = FMO \quad \varepsilon = FMG \quad \zeta = FMH$

Es ist dann (Aufg. 6):

$$\operatorname{tg} \delta = p_o \sqrt{p^2 + pq + q^2}$$

Ferner ist:

$$\operatorname{tg} \varepsilon = \frac{FG}{GM} = \frac{p+2q}{2} \cos \varphi \quad \text{Denn: } FG = \frac{p+2q}{2};\ GM = \frac{1}{\cos \varphi}$$

$$\operatorname{tg} \zeta = \frac{FH}{HM} = \frac{p-q}{2} \cos \psi \quad \text{Denn: } FH = \frac{p-q}{2};\ HM = \frac{1}{\cos \psi}$$

Dabei ist:

$$\operatorname{tg} \varphi = \frac{p}{2} p_o \sqrt{3}$$

$$\operatorname{tg} \psi = \frac{p+q}{2} p_o \sqrt{3}$$

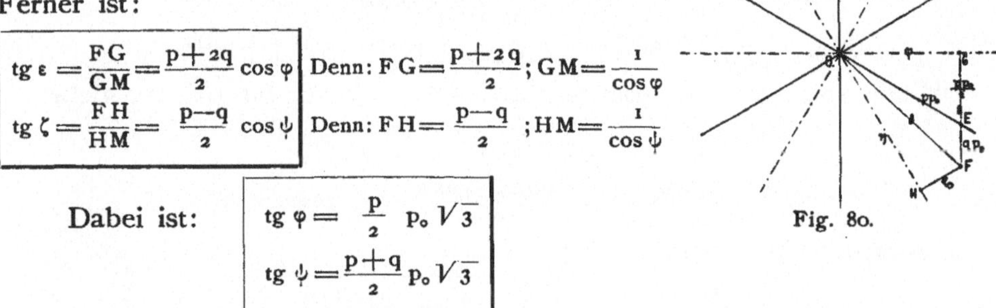

Fig. 80.

Als Controle kann die Formel dienen, die sich aus den rechtwinkeligen sphärischen Dreiecken OGF und OHF direkt abliest:

$$\cos \delta = \cos \varepsilon \cos \varphi = \cos \zeta \cos \psi$$

Aus diesen Gleichungen baut sich folgendes Schema zur Berechnung auf:

Schema. / Controle.

1	2	3	4	5	6	7	8
$\lg \frac{p}{2}$	11 + 12 = lg tg φ	lg cos φ	$\lg \frac{p+2q}{2}$	31 + 41 + 42 = lg tg ε	ε	lg cos ε	31 + 71 = 72
$\lg p_o \sqrt{3}$	$\lg(p^2+pq+q^2)$	$\frac{22}{2}$	$\lg p_o$	32 + 42 = lg tg δ	δ	lg cos δ	
$\lg \frac{p+q}{2}$	11 + 13 = lg tg ψ	lg cos ψ	$\lg \frac{p-q}{2}$	33 + 43 + 42 lg tg ζ	ζ	lg cos ζ	33 + 73 = 72

Beispiel. Calcit: (Miller. Min. 1852. 576).
$\Omega = (95\bar{5}) = -2\frac{2}{3}(G_2)$; $p_o = 0{\cdot}5695$; $\lg p_o = 975552$

Controle.

1	2	3	4	5	6	7	8
0	999408	985242·	022185	982979·	34° 03 ε	991832	977074·
999408	076176	038088	975552	013640	53°51·2 δ	977075	
012494	011902	978192	982391	936135	12° 56·5 ζ	998882·	977074·

8. Aufgabe. Gegeben: Für ein Skalenoeder die Polkanten-Winkel 2ε, 2ζ und das Element p_o.

Gesucht: Das Symbol pq.

Wir entnehmen der vorigen Aufgabe die Gleichungen:

$$\operatorname{tg}\varepsilon = \frac{p+2q}{2}\cos\varphi \qquad \cos\delta = \cos\varepsilon\cos\varphi = \cos\zeta\cos\psi$$

$$\operatorname{tg}\zeta = \frac{p-q}{2}\cos\psi \qquad \frac{\cos\varphi}{\cos\psi} = \frac{\cos\zeta}{\cos\varepsilon}$$

Daraus folgt: $$\boxed{\frac{p+2q}{p-q} = \frac{\operatorname{tg}\varepsilon}{\operatorname{tg}\zeta}\cdot\frac{\cos\varepsilon}{\cos\zeta} = \frac{\sin\varepsilon}{\sin\zeta}} \quad \ldots\ldots\ 1)$$

Ferner ist: $$\frac{p-q}{p+2q} + \frac{1}{2} = \frac{\frac{3}{2}p}{p+2q} = \frac{\sin\zeta}{\sin\varepsilon} + \frac{1}{2} = \frac{2\sin\zeta + \sin\varepsilon}{2\sin\varepsilon}$$

$$p+2q = \frac{\sin\varepsilon}{2\sin\zeta+\sin\varepsilon}\cdot 3p$$

$$\operatorname{tg}\varepsilon = \frac{FG}{GM} = p_o\frac{p+2q}{2}\cdot\frac{1}{\sqrt{1+\frac{3}{4}p^2p_o^2}} = \frac{(p+2q)p_o}{\sqrt{4+3p^2p_o^2}}$$

Hierin eingesetzt den soeben entwickelten Werth für $p+2q$, giebt:

$$\operatorname{tg}\varepsilon = \frac{3pp_o}{\sqrt{4+3p^2p_o^2}}\cdot\frac{\sin\varepsilon}{2\sin\zeta+\sin\varepsilon}$$

$$\frac{3pp_o}{\sqrt{4+3p^2p_o^2}} = \frac{2\sin\zeta+\sin\varepsilon}{\cos\varepsilon} = \frac{1}{A} \text{ gesetzt.}$$

Dann berechnet sich:

$$\boxed{p = \frac{2}{3p_o}\sqrt{\frac{1}{A^2-\frac{1}{3}}}} \quad \text{wobei:} \quad \boxed{A = \frac{\cos\varepsilon}{2\sin\zeta+\sin\varepsilon}} \quad \ldots\ 2)$$

aus 1) folgt: $$\boxed{q = p\,\frac{\sin\varepsilon - \sin\zeta}{\sin\varepsilon + 2\sin\zeta}} \quad \ldots\ 3)$$

Als Controle diene die Gleichung 1. Es ergiebt sich aus diesen Formeln zur Berechnung folgendes Schema:

Schema: $\varepsilon =$ $\zeta =$ $\lg p_o =$

1	2	3	4	5	6	7	8	9
lg sin ε	lg cos ε	21—32	2 · 31	$\frac{52}{2}$	982391 — lg p_o	22—13	p+2q	lg 81
lg sin ζ	num 11	lg 33	num 41 = A^2	0—53	51+61 = lg p	lg 71	p—q	lg 82
num 12	2 · 13	22+23	42—$\frac{1}{3}$	lg 43	p	62+72—32 = lg q	q	91—92 = 11—12 Controle.

Beispiel. Calcit. (Miller Min. 1852. 576) Für das Skalenoeder Ω.

$\varepsilon = 34°03$; $\zeta = 12°56{\cdot}5$; $\lg p_o = 975552$

1	2	3	4	5	6	7	8	9
974812	991832	991495	982990	023261	006839	0·3359·	3·3333·	052288
935016·	0·5599	000337	0·6759·	046521	030100	952627·	1·3333·	012493
0·2239	0·4479	1·0078	0·3426	953479	2 = p	982390	0·6666· = $\frac{2}{3}$ = q	029795 029795·

Zonenformel. Allgemeiner Fall.

Aufgabe. Gegeben: Für vier Flächen, $F_1\ F_2\ F_3\ F_4$ einer Zone die Symbole $p_1\,q_1,\ p_2\,q_2,\ p_3\,q_3,\ p_4\,q_4$, sowie die Winkel $F_1\ F_2 = \delta$, $F_2\ F_3 = \varepsilon$.

Gesucht: Winkel $F_3\ F_4 = \zeta$.

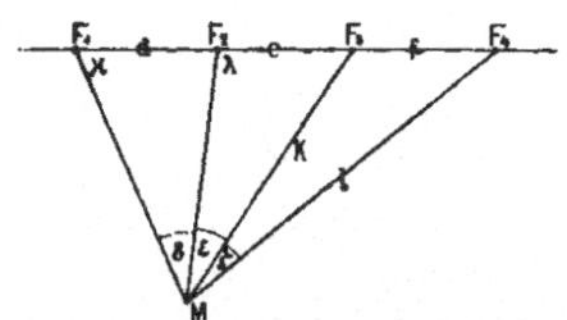

Schnitt in der Zonenebene.

Fig. 81.

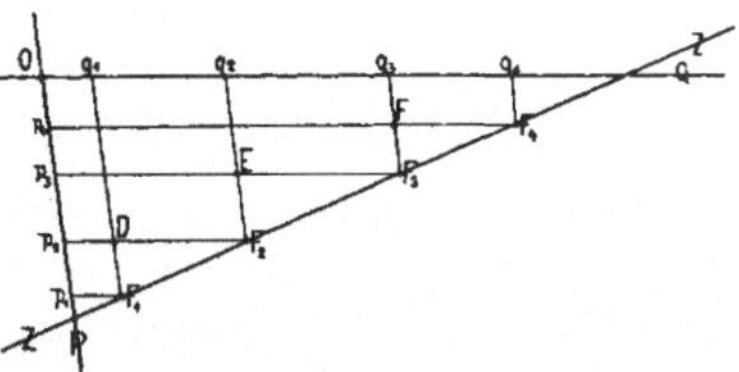

Fig. 82.

Es sei Fig. 82 das Bild der Projection, OP und OQ die Axenzonen, ZZ die Zone mit den Flächenpunkten $F_1\ F_2\ F_3\ F_4$. Es sei ferner Fig. 81 ein Schnitt in der Zonenebene, d. h. durch die Zone und den Mittelpunkt M des Krystalls, so ist:

$$\frac{d+e}{\sin(\delta+\varepsilon)} = \frac{k}{\sin\varkappa} \qquad \frac{e}{\sin\varepsilon} = \frac{k}{\sin\lambda}$$

$$\frac{d+e+f}{\sin(\delta+\varepsilon+\zeta)} = \frac{1}{\sin\varkappa} \qquad \frac{e+f}{\sin(\varepsilon+\zeta)} = \frac{1}{\sin\lambda}$$

$$\frac{d+e}{e}\cdot\frac{\sin\varepsilon}{\sin(\delta+\varepsilon)} = \frac{\sin\varepsilon}{\sin\delta}$$

$$\frac{d+e+f}{e+f}\cdot\frac{\sin(\varepsilon+\zeta)}{\sin(\delta+\varepsilon+\zeta)} = \frac{\sin\varepsilon}{\sin\delta}$$

Somit:

$$\boxed{\frac{(d+e)\,(e+f)}{e\,(d+e+f)} = \frac{\sin(\delta+\varepsilon)\,\sin(\varepsilon+\zeta)}{\sin\varepsilon\,\sin(\delta+\varepsilon+\zeta)}} \quad \ldots\ldots 1)$$

Nun setzen wir in Fig. 82.

$$\frac{F_1F_2}{F_2D} = \frac{F_2F_3}{F_3E} = \frac{F_3F_4}{F_4F} = n$$

$$\frac{F_1F_2}{F_1D} = \frac{F_2F_3}{F_2E} = \frac{F_3F_4}{F_3F} = m$$

so ist:

$$d = q_o\,n\,(q_2 - q_1) \qquad d = p_o\,m\,(p_2 - p_1)$$
$$e = q_o\,n\,(q_3 - q_2) \qquad e = p_o\,m\,(p_3 - p_2)$$
$$f = q_o\,n\,(q_4 - q_3) \qquad f = p_o\,m\,(p_4 - p_3)$$

Diese ersteren Werthe eingesetzt in Formel 1 ergeben:

$$\frac{n^2 q_o^2\,(q_2 - q_1 + q_3 - q_2)\,(q_3 - q_2 + q_4 - q_3)}{n^2 q_o^2\,(q_3 - q_2)\,(q_2 - q_1 + q_3 - q_2 + q_4 - q_3)} = \frac{(q_3 - q_1)\,(q_4 - q_2)}{(q_3 - q_2)\,(q_4 - q_1)} =$$
$$\frac{(\sin\delta\cos\varepsilon + \cos\delta\sin\varepsilon)\,\sin(\varepsilon+\zeta)}{\sin\varepsilon\,[\sin\delta\cos(\varepsilon+\zeta) + \cos\delta\sin(\varepsilon+\zeta)]} = \frac{\sin\delta\,\mathrm{ctg}\,\varepsilon + \cos\delta}{\sin\delta\,\mathrm{ctg}\,(\varepsilon+\zeta) + \cos\delta}$$

Somit:

$$\boxed{\frac{(q_4 - q_2)\,(q_3 - q_1)}{(q_4 - q_1)\,(q_3 - q_2)} = \frac{(p_4 - p_2)\,(p_3 - p_1)}{(p_4 - p_1)\,(p_3 - p_2)} = \frac{\mathrm{ctg}\,\varepsilon + \mathrm{ctg}\,\delta}{\mathrm{ctg}\,(\varepsilon+\zeta) + \mathrm{ctg}\,\delta}} \quad \ldots\ldots 2)$$

Setzen wir zur Abkürzung:

$$\frac{(q_4 - q_2)\,(q_3 - q_1)}{(q_4 - q_1)\,(q_3 - q_2)} = \frac{(p_4 - p_2)\,(p_3 - p_1)}{(p_4 - p_1)\,(p_3 - p_2)} = \frac{\mathrm{ctg}\,\varepsilon + \mathrm{ctg}\,\delta}{\mathrm{ctg}\,(\varepsilon+\zeta) + \mathrm{ctg}\,\delta} = \frac{1}{Q}$$

so ist:

$$\mathrm{ctg}\,(\varepsilon+\zeta) = Q\,(\mathrm{ctg}\,\varepsilon + \mathrm{ctg}\,\delta) - \mathrm{ctg}\,\delta = Q\,\mathrm{ctg}\,\varepsilon + (Q-1)\,\mathrm{ctg}\,\delta$$

Nun ist:

$$Q - 1 = \frac{q_4 q_3 - q_4 q_2 - q_3 q_1 + q_2 q_1 - q_4 q_3 + q_4 q_1 + q_3 q_2 - q_2 q_1}{(q_3 - q_1)(q_4 - q_2)} = \frac{(q_2 - q_1)(q_3 - q_4)}{(q_3 - q_1)(q_4 - q_2)} =$$

$$= - \frac{(q_2 - q_1)(q_4 - q_3)}{(q_3 - q_1)(q_4 - q_2)}$$

Also:

$$\operatorname{ctg}(\varepsilon + \zeta) = \frac{(q_4 - q_1)(q_3 - q_2)}{(q_4 - q_2)(q_3 - q_1)} \operatorname{ctg} \varepsilon - \frac{(q_4 - q_3)(q_2 - q_1)}{(q_4 - q_2)(q_3 - q_1)} \operatorname{ctg} \delta$$

oder auch: . . . 3)

$$\operatorname{ctg}(\varepsilon + \zeta) = \frac{(p_4 - p_1)(p_3 - p_2)}{(p_4 - p_2)(p_3 - p_1)} \operatorname{ctg} \varepsilon - \frac{(p_4 - p_3)(p_2 - p_1)}{(p_4 - p_2)(p_3 - p_1)} \operatorname{ctg} \delta$$

Auswerthung der Zonenformel. Gedächtnissregel. Man schreibt die Werthe $p_4\ p_3\ p_2\ p_1$ sowie $q_4\ q_3\ q_2\ q_1$ als Ecken eines Quadrats in folgender Ordnung an:

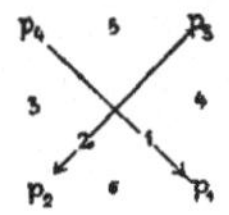

Fig. 83. 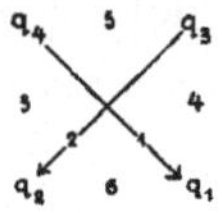 Fig. 84.

bildet die Differenzen:

$1 = p_4 - p_1 \quad 2 = p_3 - p_2 \quad 3 = p_4 - p_2 \quad 4 = p_3 - p_1 \quad 5 = p_4 - p_3 \quad 6 = p_2 - p_1$

resp. $1 = q_4 - q_1 \quad 2 = q_3 - q_2 \quad 3 = q_4 - q_2 \quad 4 = q_3 - q_1 \quad 5 = q_4 - q_3 \quad 6 = q_2 - q_1$

wie in Figg. 83 und 84 angedeutet, stets von oben nach unten und (ausser 2) von links nach rechts. Hieraus bildet man die Producte $\frac{1 \cdot 2}{3 \cdot 4}$ und $\frac{5 \cdot 6}{3 \cdot 4}$, so müssen beide Producte $\frac{1 \cdot 2}{3 \cdot 4}$ und ebenso beide $\frac{5 \cdot 6}{3 \cdot 4}$, nämlich die aus den p, wie die aus den q, das gleiche Resultat geben und es ist:

$$\operatorname{ctg}(\varepsilon + \zeta) = \frac{1 \cdot 2}{3 \cdot 4} \operatorname{ctg} \varepsilon - \frac{5 \cdot 6}{3 \cdot 4} \operatorname{ctg} \delta$$

Beispiel. Bournonit (Miers Min. Mag. 1884. **6.** 69).

Gegeben: $\delta = vo = 2\bar{1} : 10 = 28^\circ\ 59$; $\varepsilon = ou = 10 : \frac{1}{2} = 28^\circ\ 16$ (Fig. 85)

Gesucht: $\varepsilon + \zeta = or = 10 : \frac{1}{4}\ \frac{3}{4}$.

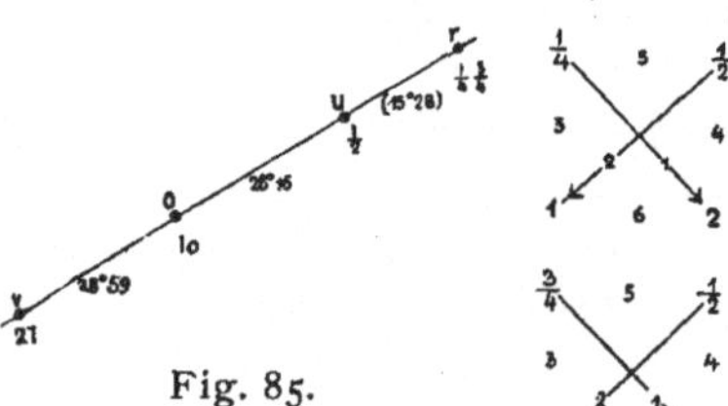

Fig. 85.

Wir bilden aus den p-Werthen:

$$\frac{(\frac{1}{4} - 2)(\frac{1}{2} - 1)}{(\frac{1}{4} - 1)(\frac{1}{2} - 2)} ; \frac{(\frac{1}{4} - \frac{1}{2})(1 - 2)}{(\frac{1}{4} - 1)(\frac{1}{2} - 2)} = \frac{7}{9} ; \frac{2}{9}$$

ebenso aus den q-Werthen:

$$\frac{(\frac{3}{4} - \bar{1})(\frac{1}{2} - 0)}{(\frac{3}{4} - 0)(\frac{1}{2} - \bar{1})} ; \frac{(\frac{3}{4} - \frac{1}{2})(0 - \bar{1})}{(\frac{3}{4} - 0)(\frac{1}{2} - \bar{1})} = \frac{7}{9} ; \frac{2}{9}$$

Danach ist:

$$\operatorname{tg} or = \frac{7}{9} \operatorname{ctg} 28^\circ\ 16' - \frac{2}{9} \operatorname{ctg} 28^\circ\ 59'$$

$$or = 43^\circ\ 44'$$

Anmerkung: Diese neue Formel übertrifft an Einfachheit die von Miller vorgeschlagene, von Grailich, Lang, Schrauf, Brezina weiter verbreitete Zonenformel, sowie die von Websky (Berl. Monatsb. 1876. 4. Zeitschr. Kryst. 1881. **4.** 101.) und Schrauf (Zeitschr. Kryst. 1884. **8.** 238) entwickelten Formeln. Sie gilt für alle Systeme gleichmässig, nur das hexagonale System bedarf einer kurzen Betrachtung.

Zonenformel. Hexagonales System. Die Symbole des hexagonalen Systems sind für die Zonenformel nur dann direct zu brauchen, wenn alle vier Flächen in demselben Sextanten liegen. Ist dies nicht der Fall, und das ist ja die Regel, so verfährt man folgendermassen:

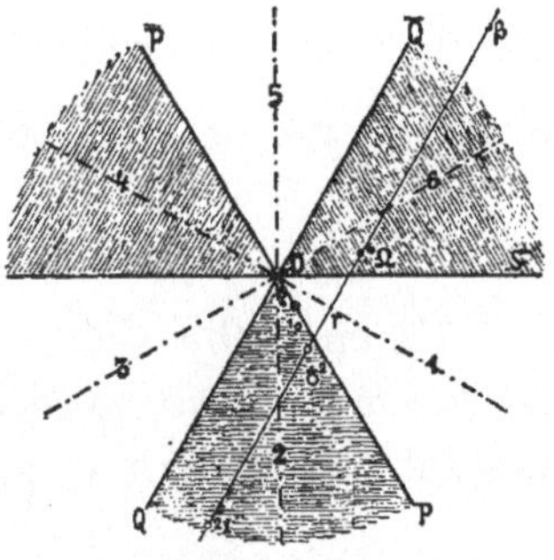

Man trägt in das Projectionsbild (Fig. 86) die Punkte der vier Einzelflächen ein, um die es sich handelt und zieht die Zonenlinie. Es seien in dem Beispiel, das wir wählen (Miller. Min. 1852. 576) für den Calcit die vier Flächen $x\,\text{♁}\,\Omega\,\beta$ bestimmt durch ihr allgemeines Symbol:

$$x = -25 \quad \text{♁} = -2\tfrac{2}{7} \quad \Omega = -2\tfrac{2}{3} \quad \beta = -28$$

und zwar seien in Betracht zu ziehen die Einzelflächen:

$${}^{2}x \quad \text{♁}^{2} \quad {}^{6}\Omega \quad \beta^{6}$$

Fig. 86.

in dem Sinne der vorgeschlagenen Bezeichnungsweise der Einzelflächen (vgl. S. 32). Nun wählen wir zu Coordinatenaxen zwei beliebige von den drei Axen der Projection aus und beziehen auf sie allein die Symbole, indem wir die eine P, die andere Q nennen und ihre Gegenrichtungen $\bar{P}\,\bar{Q}$. Welche zwei Axen wir wählen, welche wir als P und als Q bezeichnen, ist für das Resultat gleichgiltig. Wir wählen hier die Axen P und Q des Bildes (Fig. 86) und zwar deshalb, damit die Zonenlinie nur die eine Axe (P) schneide; das hat die Bequemlichkeit, dass alle p positiv ausfallen, ist jedoch ganz unwesentlich. Die Symbole, auf $PQ\,\bar{P}\,\bar{Q}$ bezogen, ergeben sich leicht aus dem Bild durch Ziehen der Coordinaten parallel P und Q und Ausmessen mit der Einheit $0 \cdot 10 = p_0$. Es sind dann in unserem Beispiel die Coordinaten für:

$${}^{2}x = 25 = p_1 q_1;\ \text{♁}^{2} = 2\tfrac{2}{7} = p_2 q_2;\ {}^{6}\Omega = 2 \cdot -(2 + \tfrac{2}{3}) = 2\tfrac{\bar{8}}{3} = p_3 q_3;\ \beta^{6} = 2 \cdot -(2+8) = 2 \cdot 1\bar{0} = p_4 q_4$$

Wir entnehmen die gegebenen Winkel mit Hilfe einer kleinen Umrechnung aus Miller's Mineralogie. (1852. 576) und zwar:

Gegeben: $\delta = {}^{2}x\,\text{♁}^{2} = 40^\circ 07 \quad \varepsilon = \text{♁}^{2}\,{}^{6}\Omega = 61^\circ 35$ Gesucht: $\varepsilon + \zeta = \text{♁}^{2}\,\beta^{6}$

Wir setzen gemäss der allgemeinen Vorschrift für Auswerthung der Zonenformel für die q:

$$\frac{1 \cdot 2}{3 \cdot 4};\ \frac{5 \cdot 6}{3 \cdot 4} = \frac{(1\bar{0} - 5)\ (\frac{\bar{8}}{3} - \frac{2}{7})}{(1\bar{0} - \frac{2}{7})\ (\frac{\bar{8}}{3} - 5)};\ \frac{(1\bar{0} - \frac{\bar{8}}{3})\ (\frac{2}{7} - 5)}{(1\bar{0} - \frac{2}{7})\ (\frac{\bar{8}}{3} - 5)} = \frac{1\bar{5} \cdot 6\bar{2}}{7\bar{2} \cdot 2\bar{3}};\ \frac{2\bar{2} \cdot 3\bar{3}}{7\bar{2} \cdot 2\bar{3}} = \frac{155}{276};\ \frac{121}{276}$$

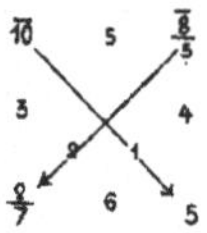

Daher:

$$\operatorname{ctg} \text{♁}^{2}\beta^{6} = \frac{155}{276} \operatorname{ctg} 61^\circ 35' - \frac{121}{276} \operatorname{ctg} 40^\circ 07'$$

$$\operatorname{ctg} \text{♁}^{2}\beta^{6} = -0{\cdot}2166$$

$$\text{♁}^{2}\beta^{6} = 180^\circ - 77^\circ 47' = 102^\circ 13'$$

Dass es gleichgiltig ist, welche Coordinaten-Axen wir wählen, davon können wir uns am einfachsten durch ein Beispiel überzeugen. Wir wollen für obigen Fall P und S (Fig. 86) als Coordinaten-Axen wählen und erhalten, auf sie bezogen, die Symbole:

$$^{2}x = 7\bar{5} \qquad ♅^{2} = \tfrac{16}{7}\tfrac{\bar{2}}{7} \qquad ^{6}\Omega = \tfrac{\bar{2}}{3}\tfrac{8}{3} \qquad \beta^{6} = \bar{8} \cdot 10$$

Für diese Werthe finden wir wieder, sowohl aus den p als aus den q, in obiger Weise die Coefficienten der Cotangenten $\frac{155}{276}$; $\frac{121}{276}$.

Es empfiehlt sich bei Anwendung der Zonenformel, wie in allen Fällen der Rechnung, wo es sich um Einzelflächen handelt, nicht unmittelbar von den Zahlen, sondern von der Handskizze des Projectionsbildes auszugehen.

Zonenformel. Prismenzone. Die Symbole der Prismenzone nehmen eine Sonderstellung ein insofern, als die Zahlen p und q unter sich nur relative Werthe sind, wir also für dieselbe Form ebenso gut setzen können $\frac{3}{2}\infty$ wie $\infty\frac{2}{3}$. Hierdurch entsteht eine Unsicherheit, welcher Werth in die Zonenformel, in der Differenzen gebildet werden, einzusetzen sei.

Wir bringen zunächst alle Coefficienten auf die p- oder q-Seite, schreiben also:

$$3\infty \quad \infty \quad \frac{2}{3}\infty \quad \text{statt} \quad 3\infty \quad \infty \quad \infty\frac{3}{2}$$

und rechnen mit derjenigen Symbolhälfte, welche die Coefficienten führt oder vielmehr nur mit diesen. Es treten nämlich in der Zonenformel alle p resp. q in Zähler und Nenner gleich oft auf und es wird das Resultat nicht geändert, wenn wir p_1 p_2 p_3 p_4 mit dem gleichen Werth dividiren, also auch mit ∞.

Vor dem Ansetzen der Formel ordnen wir die Formen durch eventuelles Heranziehen von Gegenflächen so, dass ihre Punkte nicht mehr als einen Halbkreis einnehmen, und dass der gesuchte Winkel ζ am Ende der Reihe liegt. Nun bringen wir die Coefficienten auf eine Seite, auf welche, hängt ab von der Vertheilung der Prismen und entscheiden zugleich über die Vorzeichen. Liegen alle zwischen zwei benachbarten Pinakoiden, so ist es gleichgiltig, ob wir mit den p oder den q rechnen. In der Regel befinden sie sich zu beiden Seiten eines Pinakoids, 0∞ oder $\infty 0$. Liegt $\infty 0$ zwischen ihnen, so rechnen wir mit den q, liegt 0∞ dazwischen, mit den p, und zwar sind die Coefficienten auf der einen Seite dieses Pinakoids $+$, auf der anderen $-$ zu setzen.

Beispiel. Anorthit. (Fig. 87.)

Gegeben: $m = 0\infty \quad f = \infty 3 \quad l = \infty\overline{\infty} \quad z = \infty\bar{3}$

$mf = \delta = 29^\circ 27 \quad fl = \varepsilon = 88^\circ 01$

Gesucht: $fz = \varepsilon + \zeta = ?$

Die Formen gruppiren sich um ∞0; wir haben daher mit den q zu rechnen und setzen in unsere Zonenformel ein:

$$q_1 = \infty \quad q_2 = 3 \quad q_3 = \bar{1} \quad q_4 = \bar{3}$$

In dem Symbol 0∞ ist für ∞ nicht 1, sondern wieder ∞ zu setzen, da es dem $0 = 0 \cdot \infty$ gegenüber $= \infty^2$ ist. Setzen wir obige Werthe ein, so berechnet sich:

$$\operatorname{ctg}(\varepsilon+\zeta) = \frac{(\bar{3}-\infty)(\bar{1}-3)}{(\bar{3}-3)(\bar{1}-\infty)} \operatorname{ctg}\varepsilon - \frac{(\bar{3}-\bar{1})(3-\infty)}{(\bar{3}-3)(\bar{1}-\infty)} \operatorname{ctg}\delta$$

$$\operatorname{ctg} fz = \tfrac{2}{3} \operatorname{ctg} 88^\circ 01 - \tfrac{1}{3} \operatorname{ctg} 29^\circ 27 = -0{\cdot}5673$$

$$fz = 119^\circ 34 \; ; \; lz = fz - fl = 31^\circ 33.$$

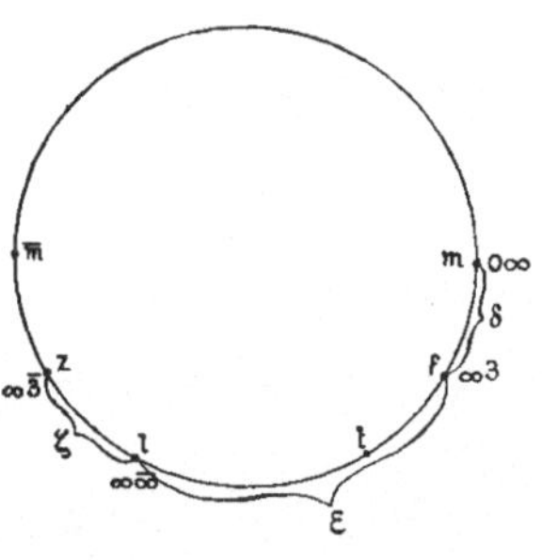

Fig. 87.

Zonenformel. Specialfall. Einer der häufigsten und wichtigsten Fälle ist der folgende, der noch besonders deshalb hervorgehoben zu werden verdient, weil seine einfache Formel sich leicht dem Gedächtniss einprägt. (Fig. 87b.)

Gegeben: $p\bar{q} : po = \delta$; $po : pq = \varepsilon$.

Gesucht: $po : 0\infty = \varepsilon + \zeta$.

Es ist:

$$\begin{array}{ccc|l} \infty & & q & \operatorname{ctg}(\varepsilon+\zeta) = \dfrac{(\infty-\bar{q})(q-0)}{(\infty-0)(q-\bar{q})} \operatorname{ctg}\varepsilon \\ & \times & & \qquad - \dfrac{(\infty-q)(0-\bar{q})}{(\infty-0)(q-\bar{q})} \operatorname{ctg}\delta \\ 0 & & \bar{q} & \boxed{\operatorname{ctg}(\varepsilon+\zeta) = \tfrac{1}{2}\operatorname{ctg}\varepsilon - \tfrac{1}{2}\operatorname{ctg}\delta} \end{array}$$

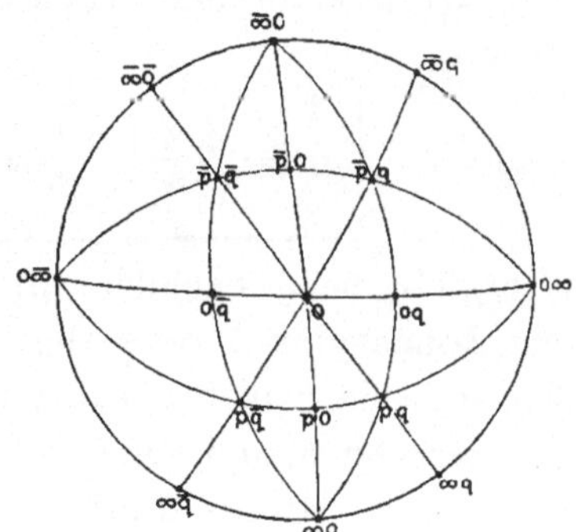

Fig. 87b.

Unter diesen Fall ordnen sich unter anderen die Aufgaben aus den Parallelzonen:

Gegeben: $0\bar{q} : 0 = \delta$; $0 : 0q = \varepsilon$	Gesucht:	$\lambda = 0 : 0\infty = \varepsilon + \zeta$
„ $\bar{p}0 : 0 = \delta$; $0 : p0 = \varepsilon$	„	$\mu = 0 : \infty 0 = \varepsilon + \zeta$
„ $\infty\bar{q} : \infty 0 = \delta$; $\infty 0 : \infty q = \varepsilon$	„	$\nu = \infty 0 : 0\infty = \varepsilon + \zeta$

Ausserdem:

Gegeben: $\bar{p}\bar{q} : 0 = \delta$; $0 : pq = \varepsilon$	Gesucht:	$0 : \infty q = \varepsilon + \zeta$
„ $\bar{p}q : 0 = \delta$; $0 : p\bar{q} = \varepsilon$	„	$0 : \infty\bar{q} = \varepsilon + \zeta$

Für alle diese gilt die Formel:

$$\boxed{\operatorname{ctg}(\varepsilon+\zeta) = \tfrac{1}{2}\operatorname{ctg}\varepsilon - \tfrac{1}{2}\operatorname{ctg}\delta}$$

Ebenso gilt die angeführte Formel für die Mittel-Parallelzonen, wobei die Aufgabe lautet:

Gegeben: $\infty\overline{\infty} : p0 = \delta$; $p0 : \frac{p}{2} = \varepsilon$. Gesucht: $p0 : 0p = \varepsilon + \zeta$.

Umkehrung der Zonenformel.

Mit Hilfe der Zonenformel lässt sich ebenso eines der Symbole $p_4\,q_4$ berechnen, wenn die übrigen drei Symbole $p_1 q_1$ $p_2 q_2$ $p_3 q_3$, sowie die Winkel $\delta\,\varepsilon\,\zeta$ gegeben sind.

Aus der Formel:

$$\operatorname{ctg}(\varepsilon+\zeta) = \frac{(p_4-p_1)\,(p_3-p_2)}{(p_4-p_2)\,(p_3-p_1)}\operatorname{ctg}\varepsilon - \frac{(p_4-p_3)\,(p_2-p_1)}{(p_4-p_2)\,(p_3-p_1)}\operatorname{ctg}\delta$$

folgt:

$$(p_4-p_2)\,(p_3-p_1)\operatorname{ctg}(\varepsilon+\zeta) = (p_4-p_1)\,(p_3-p_2)\operatorname{ctg}\varepsilon - (p_4-p_3)\,(p_2-p_1)\operatorname{ctg}\delta$$

und daraus:

$$p_4 = \frac{p_1 A + p_2 B + p_3 C}{A + B + C}, \quad \text{worin} \left\{\begin{array}{l} A = (p_2-p_3)\operatorname{ctg}\varepsilon \\ B = (p_3-p_1)\operatorname{ctg}(\varepsilon+\zeta) \\ C = (p_2-p_1)\operatorname{ctg}\delta \end{array}\right.$$

statt der p kann man ebenso gut mit den q operiren und lautet dann die Formel:

$$q_4 = \frac{q_1 A + q_2 B + q_3 C}{A + B + C}, \quad \text{worin} \left\{\begin{array}{l} A = (q_2-q_3)\operatorname{ctg}\varepsilon \\ B = (q_3-q_1)\operatorname{ctg}(\varepsilon+\zeta) \\ C = (q_2-q_1)\operatorname{ctg}\delta \end{array}\right.$$

q_4 ergiebt sich, nachdem p_4 bekannt ist, in der Regel am einfachsten aus dem Zonensymbol oder der Zonengleichung (vgl. S. 22), oder auch durch Eintragen in das Projectionsbild. Aber auch aus der Zonenformel lässt es sich berechnen und zwar auf folgende Weise:

Es ist, da die Coefficienten der Cotangenten in der Zonenformel aus den p, wie aus den q den gleichen Werth haben:

$$\frac{(p_4-p_1)\,(p_3-p_2)}{(p_4-p_2)\,(p_3-p_1)} = X = \frac{(q_4-q_1)\,(q_3-q_2)}{(q_4-q_2)\,(q_3-q_1)}$$

$$q_4 - q_1 = (q_4-q_2)\,\frac{q_3-q_2}{q_3-q_1}\,X$$

Daher:

$$q_4 = \frac{q_1 - q_2 DX}{1 - DX}, \quad \text{worin: } X = \frac{1\cdot 2}{3\cdot 4} \text{ für die p} \;;\; D = \frac{q_3-q_1}{q_3-q_2}$$

Beispiel. Bournonit (vgl. S. 114 Fig. 85).

$$v = p_1 q_1 = 2\bar{1} \;;\; o = p_2 q_2 = 10 \;;\; u = p_3 q_3 = \tfrac{1}{2} \;;\; r = p_4 q_4 = ?$$

$$\delta = vo = 28^\circ 59 \;;\; \varepsilon = ou = 28^\circ 16 \;;\; \varepsilon+\zeta = or = 43^\circ 44$$

Es ist: $A = (1-\tfrac{1}{2})\operatorname{ctg}\varepsilon \quad B = (\tfrac{1}{2}-2)\operatorname{ctg}(\varepsilon+\zeta) \quad C = (1-2)\operatorname{ctg}\delta$

$$p_4 = \frac{2\cdot\tfrac{1}{2}\operatorname{ctg} 28^\circ 16 + 1\cdot\tfrac{\bar{3}}{2}\operatorname{ctg} 43^\circ 44 + \tfrac{1}{2}\cdot\bar{1}\operatorname{ctg} 28^\circ 59}{\tfrac{1}{2}\operatorname{ctg} 28^\circ 16 + \tfrac{\bar{3}}{2}\operatorname{ctg} 43^\circ 44 + \bar{1}\operatorname{ctg} 28^\circ 59} = \frac{-0\cdot 6106}{-2\cdot 4432} = \tfrac{1}{4}$$

Dann ist zur Berechnung von q_4:

$$\begin{array}{cc} \tfrac{1}{4} & \tfrac{1}{2} \\ \multicolumn{2}{c}{\times} \\ 1 & 2 \end{array} \left| \begin{array}{l} X = \dfrac{(\tfrac{1}{4}-2)\,(\tfrac{1}{2}-1)}{(\tfrac{1}{4}-1)\,(\tfrac{1}{2}-2)} = \tfrac{7}{9} \\ D = \dfrac{\tfrac{1}{2}-\bar{1}}{\tfrac{1}{2}-0} = 3 \;;\; DX = \tfrac{7}{3} \end{array} \right\} q_4 = \frac{\bar{1}-0}{1-\tfrac{7}{3}} = \tfrac{3}{4}$$

Specialfall 1. $p_1 = \bar{p}$ $p_2 = 0$ $p_3 = p$ $p_4 = ?$

Für diesen Fall ist: $A = -p \operatorname{ctg} \varepsilon$ $B = 2p \operatorname{ctg}(\varepsilon + \zeta)$ $G = p \operatorname{ctg} \delta$.

$$\text{daher: } p_4 = \frac{+p^2 \operatorname{ctg} \varepsilon + 0 \qquad + p^2 \operatorname{ctg} \delta}{-p \operatorname{ctg} \varepsilon + 2p \operatorname{ctg}(\varepsilon + \zeta) + p \operatorname{ctg} \delta} = p \frac{\operatorname{ctg} \delta + \operatorname{ctg} \varepsilon}{\operatorname{ctg} \delta - \operatorname{ctg} \varepsilon + 2 \operatorname{ctg}(\varepsilon + \zeta)}$$

Beispiel: Klinohumit (Miller. Min. 1852. 351.)

$p_1 q_1 = r = \bar{2}0$ $p_2 q_2 = c = 0$ $p_3 q_3 = u = 20$ $p_4 q_4 = w = ?$

$r\,c = \delta = 46^\circ 20$ $cu = \varepsilon = 60^\circ 11$ $cw = \varepsilon + \zeta = 79^\circ 10$

$$\text{Es ist: } p_4 = 2 \frac{\operatorname{ctg} 46^\circ 20 + \operatorname{ctg} 60^\circ 11}{\operatorname{ctg} 46^\circ 20 - \operatorname{ctg} 60^\circ 11 + 2 \operatorname{ctg} 79^\circ 10} = 2 \frac{1 \cdot 5276}{0 \cdot 7642} = 4$$

Danach ist das gesuchte Symbol für $w = 40$.

Specialfall 2. $p_1 = \infty$ $p_2 = p$ $p_3 = 0$ $p_4 = ?$

Für diesen Fall ist: $A = p \operatorname{ctg} \varepsilon$ $B = \infty \operatorname{ctg}(\varepsilon + \zeta)$ $C = \infty \operatorname{ctg} \delta$

$$\text{daher: } p_4 = \frac{\infty \cdot p \operatorname{ctg} \varepsilon + p \cdot \infty \operatorname{ctg}(\varepsilon + \zeta) + 0 \cdot \infty \operatorname{ctg} \delta}{p \operatorname{ctg} \varepsilon + \quad \infty \operatorname{ctg}(\varepsilon + \zeta) + \quad \infty \operatorname{ctg} \delta} = \frac{p \operatorname{ctg} \varepsilon - p \operatorname{ctg}(\varepsilon + \zeta)}{-\operatorname{ctg}(\varepsilon + \zeta) - \operatorname{ctg} \delta} = p \frac{\operatorname{ctg}(\varepsilon + \zeta) - \operatorname{ctg} \varepsilon}{\operatorname{ctg}(\varepsilon + \zeta) + \operatorname{ctg} \delta}$$

Beispiel: Klinohumit (Miller. Min. 1852. 351)

$p_1 q_1 = a = \infty 0$ $p_2 q_2 = u = 20$ $p_3 q_3 = c = 0$ $p_4 q_4 = r = ?$

$au = \delta = 40^\circ 37$ $uc = e = 60^\circ 11$ $ur = \varepsilon + \zeta = 106^\circ 31$

$$\text{Es ist: } p_4 = 2 \frac{\operatorname{ctg} 106^\circ 31 - \operatorname{ctg} 60^\circ 11}{\operatorname{ctg} 106^\circ 31 + \operatorname{ctg} 40^\circ 37} = 2 \frac{-0 \cdot 8696}{0 \cdot 8695} - -2$$

Danach ist das gesuchte Symbol für $r = -20$.

Controle durch Rückwärts-Rechnung. Hat man aus den übrigen Stücken den dritten Winkel, oder andererseits das vierte Symbol abgeleitet, so ist stets zur Controle die Rechnung umzukehren und aus den gefundenen Stücken eines der gegebenen abzuleiten. In der Regel stellt sich die Rechnung so, dass das vierte Symbol unbekannt und der letzte Winkel (ζ) durch Messung gegeben ist. In diesem Fall ist zunächst das Symbol $p_4 q_4$ abzuleiten, auf rationale Werthe abzugleichen und dann aus dem rationalen Symbol der Winkel ζ rückwärts zu berechnen.

Einige wichtigere Formeln.

Allgemeiner Fall. Triklines System. Die folgenden Formeln mögen, als für die Krystallberechnung besonders wichtig, hier eine Stelle finden. Die Erklärung der in ihnen auftretenden Buchstaben ergiebt sich aus den Figg. 88 und 89.

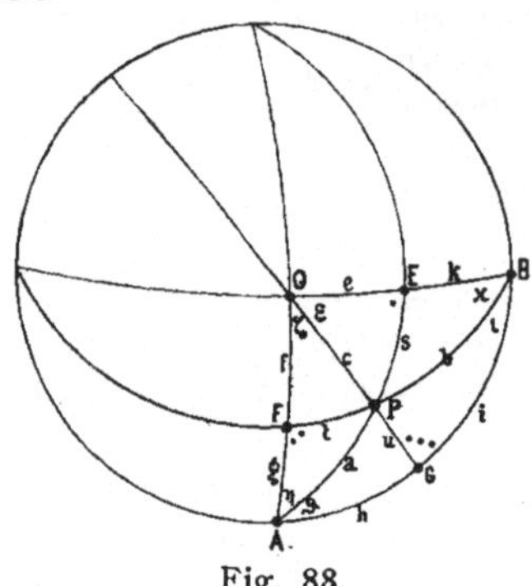

Fig. 88.

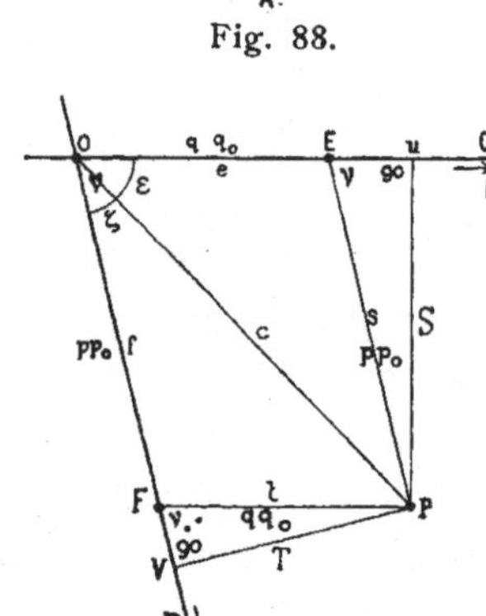

Fig. 89.

Fig. 88 ist das stereographische, Fig. 89 das gnomonische Projectionsbild. P sei der Projectionspunkt einer Fläche pq, E von oq, F von po. Die Dreiecke des gnomonischen Bildes sind theils als ebene (in der Projections-Ebene) theils als sphärische (auf der Kugel) verwendet; die sich auf erstere beziehenden Buchstaben sind in der Fig. 89 stark, die auf letztere bezüglichen fein eingetragen. Ziehen wir noch den unter dem gnomonischen Bild liegenden Krystall-Mittelpunkt M in Betracht, so ist, wenn PU $\perp$ OQ, PV $\perp$ OP:

$$\left.\begin{array}{ll}\text{Im sphär. } \Delta\ POU \text{ ist: } & \frac{\sin S}{\sin \varepsilon} = \sin c \\ \text{„ „ } \Delta\ POV \text{ „ } & \frac{\sin T}{\sin \zeta} = \sin c\end{array}\right\} \frac{\sin S}{\sin T} = \frac{\sin \varepsilon}{\sin \zeta}$$

$$\left.\begin{array}{ll}\text{„ ebenen } \Delta\ PMU \text{ „ } & \frac{PU}{PM} = \sin S \\ \text{„ „ } \Delta\ PMV \text{ „ } & \frac{PV}{PM} = \sin T\end{array}\right\} \frac{\sin S}{\sin T} = \frac{PU}{PV}$$

$$\left.\begin{array}{ll}\text{„ „ } \Delta\ PEU \text{ „ } & \frac{PU}{pp_0} = \sin \nu \\ \text{„ „ } \Delta\ PFV \text{ „ } & \frac{PV}{qq_0} = \sin \nu\end{array}\right\} \frac{PU}{PV} = \frac{pp_0}{qq_0}$$

$$\begin{array}{ll}\text{Daher ist:} & \boxed{\frac{\sin \varepsilon}{\sin \zeta} = \frac{pp_0}{qq_0}} \\ \text{analog ist:} & \boxed{\frac{\sin \eta}{\sin \vartheta} = \frac{qq_0}{rr_0}} \quad \ldots\ldots 1 \\ & \boxed{\frac{\sin \iota}{\sin \varkappa} = \frac{rr_0}{pp_0}}\end{array}$$

Hieraus folgt durch Multiplication der Gleichungen:

$$\frac{\sin \varepsilon \sin \eta \sin \iota}{\sin \zeta \sin \delta \sin \varkappa} = 1 \text{ oder } \boxed{\sin \varepsilon \sin \eta \sin \iota = \sin \zeta \sin \vartheta \sin \varkappa} \quad \ldots 2.$$

Aus Fig. 88 lassen sich direkt die Formeln ablesen:

$$\boxed{\begin{array}{l}\frac{\sin b}{\sin c} = \frac{\sin \varepsilon}{\sin \varkappa} \\ \frac{\sin c}{\sin a} = \frac{\sin \eta}{\sin \zeta} \\ \frac{\sin a}{\sin b} = \frac{\sin \iota}{\sin \vartheta}\end{array}} \quad \ldots 3.$$

woraus sich unter Benutzung von 1 ergiebt:

$$\boxed{\begin{array}{l}\frac{pp_0 \sin a}{qq_0 \sin b} = \frac{\sin \varkappa}{\sin \eta} = \frac{\sin \varepsilon \sin \iota}{\sin \zeta \sin \vartheta} \\ \frac{qq_0 \sin b}{rr_0 \sin c} = \frac{\sin \zeta}{\sin \iota} = \frac{\sin \eta \sin \varepsilon}{\sin \vartheta \sin \varkappa} \\ \frac{rr_0 \sin c}{pp_0 \sin a} = \frac{\sin \vartheta}{\sin \varepsilon} = \frac{\sin \iota \sin \eta}{\sin \varkappa \sin \zeta}\end{array}} \quad \ldots 4.$$

Es ist ferner in Fig. 89:

$$
\left.\begin{array}{ll}
\text{Im sphärischen } \Delta\ \text{POU:} & \dfrac{\sin S}{\sin \varepsilon} = \sin c \\
\text{,, \quad ,, } \quad \Delta\ \text{POV:} & \dfrac{\sin T}{\sin \zeta} = \sin c \\
\text{,, \quad ,, } \quad \Delta\ \text{PEU:} & \dfrac{\sin S}{\sin s} = \sin \\
\text{,, \quad ,, } \quad \Delta\ \text{PFV:} & \dfrac{\sin T}{\sin t} = \sin :
\end{array}\right\}
\begin{array}{l}
\text{woraus} \\ \text{folgt:} \\ \\ \text{analog:}
\end{array}
\boxed{\begin{array}{l}
\dfrac{pp_o}{qq_o} = \dfrac{\sin \varepsilon}{\sin \zeta} = \dfrac{\sin S}{\sin T} = \dfrac{\sin s \ \sin \cdot}{\sin t \ \sin :} \\
\dfrac{qq_o}{rr_o} = \dfrac{\sin \eta}{\sin \vartheta} = \dfrac{\sin T}{\sin U} = \dfrac{\sin t \ \sin :}{\sin u \ \sin :} \\
\dfrac{rr_o}{pp_o} = \dfrac{\sin \iota}{\sin \varkappa} = \dfrac{\sin U}{\sin S} = \dfrac{\sin u \ \sin :}{\sin s \ \sin \cdot}
\end{array}}
\ldots 5.
$$

Nach einer bekannten Formel ist:

$$
\boxed{\sin e : \sin g : \sin i = \sin f : \sin h : \sin k} \ldots 6.
$$

Specialfall. Im regulären, tetragonalen, rhombischen und monoklinen System sind die Winkel $\cdot : \vdots = 90^0$; daher ist für alle diese Systeme:

$$
\boxed{pp_o : qq_o : rr_o = \sin s : \sin t : \sin u} \ldots 7.
$$

Ausserdem gilt für diese Systeme die Formel:

$$
\boxed{\cos e \cos g \cos i = \cos f \cos h \cos k} \ldots 8.
$$

Dreiecks-Auflösungen.[1])

Die Formeln zur Auflösung der sphärischen Dreiecke sind aus Brezina's „Methodik der Krystallbestimmung“ entnommen, die Schema's mit der Modification, dass die Legende direkt in das Schema eingesetzt wurde. (Vgl. S. 66.)

Schiefwinkliges Dreieck.

I. Aufgabe. **Gegeben:** a b c. **Gesucht:** $\alpha\beta\gamma$.

Formeln: $s = \frac{a+b+c}{2}$; $\operatorname{tg} r = \sqrt{\frac{\sin(s-a)\sin(s-b)\sin(s-c)}{\sin s}}$

(Brezina 81)

$\operatorname{tg}\frac{\alpha}{2} = \frac{\operatorname{tg} r}{\sin(s-a)}$; $\operatorname{tg}\frac{\beta}{2} = \frac{\operatorname{tg} r}{\sin(s-b)}$; $\operatorname{tg}\frac{\gamma}{2} = \frac{\operatorname{tg} r}{\sin(s-c)}$

Controle: $\frac{\sin\alpha}{\sin a} = \frac{\sin\beta}{\sin b} = \frac{\sin\gamma}{\sin c}$

Schema. Controle.

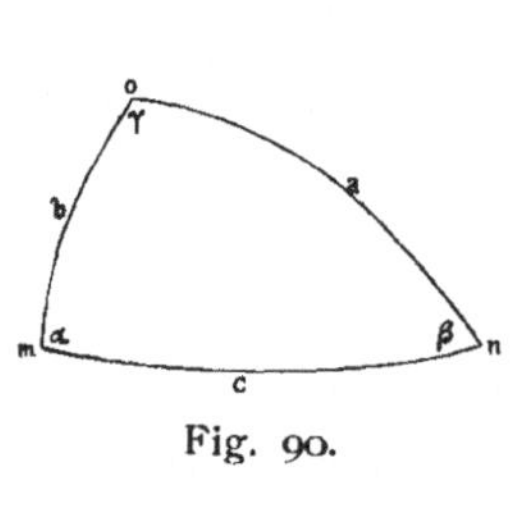

Fig. 90.

Buchst.	1	2	3	4	5	6	7	8
a	a	s — a	lg sin 21	54 — 31 $= \lg\operatorname{tg}\frac{\alpha}{2}$	α	lg sin α	lg sin a	61 — 71
b	b	s — b	lg sin 22	54 — 32 $= \lg\operatorname{tg}\frac{\beta}{2}$	β	lg sin β	lg sin b	62 — 72 = 81
c	c	s — c	lg sin 23	54 — 33 $= \lg\operatorname{tg}\frac{\gamma}{2}$	γ	lg sin γ	lg sin c	63 — 73 = 81
	s	lg sin s	31 + 32 + 33	34 — 24	$\frac{44}{2}$			

Beispiel:

Buchst.	1	2	3	4	5	6	7	8
n o	76° 20	31°52 · 5	972269	991356	78°40·2 n m o	999145·	998753	000392·
o m	57° 48	50°24 · 5	988683	974942	58°38·2 o n m	993139·	992747	000392·
m n	82° 17	25°55 · 5	964067	999558	89°25·0 m o n	999998	999605	000393
	108°12 · 5	997769	925019	927250	963625			

[1]) Die hier gegebenen Formeln und Schemas zur Dreiecks-Auflösung bringen nichts wesentlich Neues; auch stehen sie nicht in nothwendigem Verband mit dem entwickelten System. Trotzdem wurden sie hierher gesetzt, weil sie bei der Krystallberechnung beständig gebraucht werden und es deshalb wünschenswerth erscheint, sie an dieser Stelle zu finden. Ausserdem ist bei einem so vielfach benutzten Instrument jede kleine Verbesserung (wie hier das Entfallen einer selbstständigen Legende) von Wichtigkeit. Es schien umsomehr angezeigt, diese Schemas zu geben, als sie nur wenige Seiten einnehmen. Die überall zugefügten Zahlenbeispiele dürften willkommen sein, da sie etwaige Zweifel in Bezug auf die Schemas beseitigen.

2. Aufgabe. Gegeben: $\alpha\beta\gamma$. **Gesucht:** a b c.

Formeln: $\sigma = \frac{\alpha+\beta+\gamma}{2}$; $\operatorname{ctg}\rho = \sqrt{-\frac{\cos(\sigma-\alpha)\cos(\sigma-\beta)\cos(\sigma-\gamma)}{\cos\sigma}}$
(Brezina 86)
$\operatorname{ctg}\frac{a}{2} = \frac{\operatorname{ctg}\rho}{\cos(\sigma-\alpha)}$; $\operatorname{ctg}\frac{b}{2} = \frac{\operatorname{ctg}\rho}{\cos(\sigma-\beta)}$; $\operatorname{ctg}\frac{c}{2} = \frac{\operatorname{ctg}\rho}{\cos(\sigma-\gamma)}$

Controle: $\frac{\sin a}{\sin\alpha} = \frac{\sin b}{\sin\beta} = \frac{\sin c}{\sin\gamma}$

Buchst.	1	2	3	4	5	6	7	8
α	α	$\sigma-\alpha$	lg cos 21	54 — 31 $=\lg\operatorname{ctg}\frac{a}{2}$	a	lg sin a	lg sin α	61 — 71
β	β	$\sigma-\beta$	lg cos 22	54 — 32 $=\lg\operatorname{ctg}\frac{b}{2}$	b	lg sin b	lg sin β	62 — 72 = 81
γ	γ	$\sigma-\gamma$	lg cos 23	54 — 33 $=\lg\operatorname{ctg}\frac{c}{2}$	c	lg sin c	lg sin γ	63 — 73 = 81
	σ	lg cos σ	31 + 32 + 33	34 — 24	$\frac{44}{2}$			

Buchst.	1	2	3	4	5	6	7	8
o m n	78°40·2	34°41·5	991499·	010459	76°20·0	998753	999145·	999607·
m n o	58°38·2	54°43·5	976155	025804	57°48·0	992747	993139·	999607·
n o m	89°25·0	23°56·7	996091·	005867	82°17·0	999605	999998	999607
	113°21·7	959828·	963746	003917·	001959			

3. Aufgabe. Gegeben: $\alpha\beta$ c. **Gesucht:** a b γ.

Formeln. (Brezina 89) $\operatorname{tg}\frac{a-b}{2} = \operatorname{tg} d = \frac{\sin\delta\sin\frac{c}{2}}{\sin\sigma\cos\frac{c}{2}}$; $\operatorname{tg}\frac{a+b}{2} = \operatorname{tg} s = \frac{\cos\delta\sin\frac{c}{2}}{\cos\sigma\cos\frac{c}{2}}$

$\sin\frac{\gamma}{2} = \frac{\cos\delta\sin\frac{c}{2}}{\sin s}$; $\cos\frac{\gamma}{2} = \frac{\sin\sigma\cos\frac{c}{2}}{\sin d}$; a = s + d; b = s − d

Buchst.	1	2	3	4	5	6	7	8	9	Buchst.
α	α	$\delta=\frac{11-13}{2}$	lg sin 21	lg sin 23	31 + 32	41 + 42	51 — 61 = lg tg d	d	82 + 81 a	a
c	c	$\frac{12}{2}$	lg sin 22	lg cos 22	32 + 33	42 + 43	52 — 62 = lg tg s	s	82 — 81 b	b
β	β	$\sigma=\frac{11+13}{2}$	lg cos 21	lg cos 23	lg sin 82	lg cos 81	52 — 53 $=\lg\sin\frac{\gamma}{2}$	61 — 63 $=\lg\cos\frac{\gamma}{2}$	γ aus 73 · 83	γ

Buchst.	1	2	3	4	5	6	7	8	9	Buchst.
o m n	78°40·2	10°01·0	924039	996913	905856·	984597·	921259	9°16·0	76°20·0	n o
m n	82°17·0	41°08·5	981817·	987684·	981150·	943796	037354·	67°04·0	58°48·0	o m
m n o	58°38·2	68°39·2	999333	956111·	996424	999429	984726·	985168·	89°25·0	n o m

4. Aufgabe. Gegeben: a b γ. **Gesucht:** α β c.

Formeln: (Brezina 91)

$$\left.\begin{aligned} &\operatorname{tg}\frac{\alpha-\beta}{2}=\operatorname{tg}\delta=\frac{\sin d\cos\frac{1}{2}\gamma}{\sin s\sin\frac{1}{2}\gamma};\quad \operatorname{tg}\frac{\alpha+\beta}{2}=\operatorname{tg}\sigma=\frac{\cos d\cos\frac{1}{2}\gamma}{\cos s\sin\frac{1}{2}\gamma}\\ &\cos\frac{c}{2}=\frac{\cos d\cos\frac{1}{2}\gamma}{\sin\sigma};\quad \sin\frac{c}{2}=\frac{\sin s\sin\frac{1}{2}\gamma}{\cos\delta};\quad \alpha=\sigma+\delta;\quad \beta=\sigma-\delta \end{aligned}\right\}$$

Buchst.	1	2	3	4	5	6	7	8	9	Buchst.
a	a	$d=\frac{11-13}{2}$	lg sin 21	lg sin 23	31 + 32	41 + 42	51 — 61 = lg tg δ	δ	82 + 81 = α	α
γ	γ	$\frac{\gamma}{2}$	lg cos 22	lg sin 22	32 + 33	42 + 43	52 — 62 = lg tg σ	σ	82 — 81 = β	β
b	b	$s=\frac{11+13}{2}$	lg cos 21	lg cos 23	lg sin 82	lg cos 81	52 — 53 = lg cos $\frac{c}{2}$	61 — 63 = lg sin $\frac{c}{2}$	c aus 73 · 83	c

Buchst.	1	2	3	4	5	6	7	8	9	Buchst.
n o	76°20·0	9°16·0	920691	996424	905859·	981150·	924709	10°01·0	68°40·2	o m n
n o m	89°25·0	44°42·5	985168·	984726·	984597·	943795·	040802	68°39·2	58°38·2	m n o
o m	57°48·0	67°04·0	999429	959069	996913	999333	987684·	981817·	87°17·0	m n

5. Aufgabe. Gegeben: a b α. **Gesucht:** c β γ.

Formeln: (Brezina 93)

$$\sin\alpha:\sin\beta:\sin\gamma=\sin a:\sin b:\sin c\cdot$$

$$\operatorname{tg}\frac{c}{2}=\operatorname{tg}\frac{d\sin\sigma}{\sin\delta}=\frac{\operatorname{tg}s\cos\sigma}{\cos\delta};\quad \operatorname{tg}\frac{\gamma}{2}=\frac{\operatorname{ctg}\delta\sin d}{\sin s}=\frac{\operatorname{ctg}\sigma\cos d}{\cos s}$$

$$\left\{\begin{aligned} &d=\frac{a-b}{2};\quad s=\frac{a+b}{2}\\ &\delta=\frac{\alpha-\beta}{2};\quad \sigma=\frac{\alpha+\beta}{2} \end{aligned}\right.$$

Buchst.	1	2	3	4	5	6	7	8
a	a	lg sin a	$\frac{11+12}{2}=s$	lg sin 34	lg cos 34	lg sin 31	lg cos 31	c
b	b	lg sin b	$\frac{11-12}{2}=d$	lg sin 33	lg cos 33	lg sin 32	lg cos 32	Buchst. c
α	α	lg sin α	$\frac{13+14}{2}=\sigma$	lg tg 32	lg tg 31	lg ctg 34	lg ctg 33	γ
β	β	23 + 22 — 21 = lg sin β	$\frac{13-14}{2}=\delta$	43 + 42 — 41	53 + 52 — 51 = lg tg $\frac{c}{2}$	63 + 62 — 61 = lg tg $\frac{\gamma}{2}$	73 + 72 — 71 = lg tg $\frac{\gamma}{2}$	Buchst. γ

Buchst.	1	2	3	4	5	6	7	8
n o	76°20·0	998753	67°04·0	924039	999333	996424	959069	82°17·0
o m	57°48·0	992747	9°16·0	996913	956111·	920691	999429	m n
o m n	78°40·2	999145·	68°39·2	921261	037355	075294	959197·	89°25·0
m n o	58°38·2	993139·	10°01·0	994135	994133·	999561	999557:	m o n

6. Aufgabe. Gegeben: α β a. **Gesucht:** b c γ.

Formeln: Dieselben wie bei 5. Auch das Schema ist in gleicher Weise zu benutzen, nur ist 14 gegeben, 12 berechnet sich durch lg sin b = 22 = 21 + 24 — 23. Alles Andere bleibt dasselbe.

Rechtwinkliges Dreieck. Zur Auflösung des rechtwinkligen Dreiecks genügt die Napier'sche Regel, die lautet:

> Der Cosinus eines Stücks ist gleich dem Product der Cotangenten der beiden benachbarten und gleich dem Product der Sinus der beiden entfernten Stücke. Dabei ist der rechte Winkel bei der Zählung nicht mitzurechnen, und wenn ein Stück Kathete ist, so tritt statt der in der Regel verlangten Function die Cofunction ein.

Die folgende bequeme Zusammenstellung der Einzelfälle giebt Brezina: Methodik: 1884. 346 (147).

$\alpha = 90^\circ$

Gegeben.	Gesucht.		
a b	$\cos c = \cos a : \cos b$	$\cos\gamma = \operatorname{tg} b \ \operatorname{ctg} a$	$\sin\beta = \sin b : \sin a$
b c	$\cos a = \cos b \ \cos c$	$\operatorname{ctg}\beta = \operatorname{ctg} b \ \sin c$	$\operatorname{ctg}\gamma = \sin b \ \operatorname{ctg} c$
a β	$\operatorname{ctg}\gamma = \cos a \ \operatorname{tg}\beta$	$\sin b = \sin a \ \sin\beta$	$\operatorname{tg} c = \operatorname{tg} a \ \cos\beta$
b β	$\sin a = \sin b : \sin\beta$	$\sin c = \operatorname{tg} b \ \operatorname{ctg}\beta$	$\sin\gamma = \cos\beta : \cos b$
b γ	$\operatorname{ctg} a = \operatorname{ctg} b \ \cos\gamma$	$\operatorname{tg} c = \sin b \ \operatorname{tg}\gamma$	$\cos\beta = \cos b \ \sin\gamma$
β γ	$\cos a = \operatorname{ctg}\beta \ \operatorname{ctg}\gamma$	$\cos b = \cos\beta : \sin\gamma$	$\cos c = \cos\gamma : \sin\beta$

Rechtseitiges Dreieck. Auch hier können wir mit der Napier'schen Regel auskommen, wenn wir statt des zu behandelnden Dreiecks sein polares rechtwinkliges zur Untersuchung nehmen:

In den beiden polaren (reciproken) Dreiecken ergänzen die Seiten des einen die Winkel des andern zu 180^0. Wir können das polare Dreieck aufzeichnen und in ihm nach der Napier'schen Regel rechnen; erhalten als Resultat nicht b c $\alpha\,\beta\,\gamma$, sondern $180-b$, $180-c$, $180-\alpha$, $180-\beta$, $180-\gamma$.

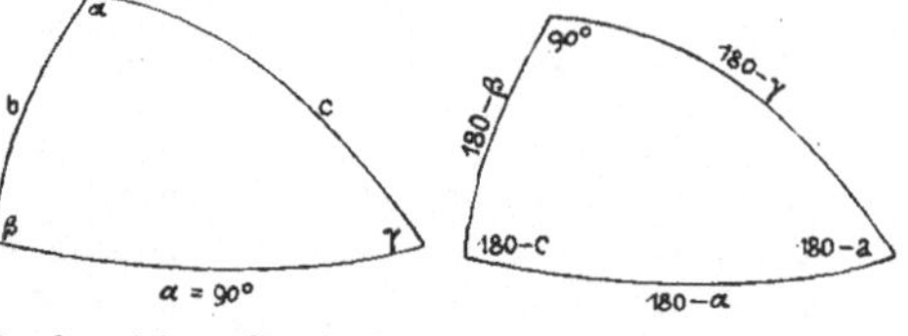

Rechtseitiges Dreieck. Fig. 91.

Polares (rechtwinkliges) Dreieck. Fig. 92.

Brezina giebt auch hierfür (Methodik 1884. 348 [176]) eine Zusammenstellung der Einzelfälle, die hier folgen möge.

$a = 90^\circ$

Gegeben.	Gesucht.		
α β	$\cos\gamma = \cos\alpha : \cos\beta$	$\cos c = \operatorname{tg}\beta \ \operatorname{ctg}\alpha$	$\sin b = \sin\beta : \sin\alpha$
β γ	$\cos\alpha = \cos\beta \ \cos\gamma$	$\operatorname{ctg} b = \operatorname{ctg}\beta \ \sin\gamma$	$\operatorname{ctg} c = \sin\beta \ \operatorname{ctg}\gamma$
α b	$\operatorname{ctg} c = \cos\alpha \ \operatorname{tg} b$	$\sin\beta = \sin\alpha \ \sin b$	$\operatorname{tg}\gamma = \operatorname{tg} a \ \cos b$
β b	$\sin\alpha = \sin\beta : \sin b$	$\sin\gamma = \operatorname{tg}\beta \ \operatorname{ctg} b$	$\sin c = \cos b : \cos\beta$
β c	$\operatorname{ctg}\alpha = \operatorname{ctg}\beta \ \cos c$	$\operatorname{tg}\gamma = \sin\beta \ \operatorname{tg} c$	$\cos b = \cos\beta \ \sin c$
b c	$\cos\alpha = \operatorname{ctg} b \ \operatorname{ctg} c$	$\cos\beta = \cos b : \sin c$	$\cos\gamma = \cos c : \sin b$

Hilfs-Tabellen.

Es wurde hier eine Tabelle der vierstelligen wirklichen Sinus, Cosinus, Tangenten und Cotangenten, sowie eine Tabelle der Sehnen $\left(2 \sin \frac{\alpha}{2}\right)$ gegeben. Sie sind unter Weglassung der Differenzen und der Partes proportionales aus Gauss Logarithmen (Halle 1882) entnommen.

Tab. III leistet gute Dienste bei manchen Rechnungen. Tab. IV dient in der graphischen Krystallberechnung, wie dort gezeigt werden soll, zum Auftragen der Winkel aus ihren Sehnen.

Tabelle III.

Wirkliche Sinus, Cosinus, Tangenten und Cotangenten.

Winkel	Sin.	Tang.	Cotg.	Diff.	Cos.	Winkel	Winkel	Sin.	Tang.	Cotg.	Diff.	Cos.	Winkel
0° 0'	0·0000	0·0000	infinit.		1·0000	0' 90°	4° 40'	0·0814	0·0816	12·2505	4243	0·9967	20' 85°
10	0·0029	0·0029	343·7737		1·0000	50	50	0·0843	0·0846	11·8262	3961	0·9964	10
20	0·0058	0·0058	171·8854		1·0000	40	5 0	0·0872	0·0875	11·4301	3707	0·9962	0 85
30	0·0087	0·0087	114·5887		1·0000	30	10	0·0901	0·0904	11·0594	3475	0·9959	50
40	0·0116	0·0116	85·9398		0·9999	20	20	0·0929	0·0934	10·7119	3265	0·9957	40
50	0·0145	0·0145	68·7501		0·9999	10	30	0·0958	0·0963	10·3854	3074	0·9954	30
1 0	0·0175	0·0175	57·2900	81861	0·9998	0 89	40	0·0987	0·0992	10·0780	2898	0·9951	20
10	0·0204	0·0204	49·1039	61398	0·9998	50	50	0·1016	0·1022	9·7882	2738	0·9948	10
20	0·0233	0·0233	42·9641	47756	0·9997	40	6 0	0·1045	0·1051	9·5144	2591	0·9945	0 84
30	0·0262	0·0262	38·1885	38207	0·9997	30	10	0·1074	0·1080	9·2553	2455	0·9942	50
40	0·0291	0·0291	34·3678	31262	0·9996	20	20	0·1103	0·1110	9·0098	2329	0·9939	40
50	0·0320	0·0320	31·2416	26053	0·9995	10	30	0·1132	0·1139	8·7769	2214	0·9936	30
2 0	0·0349	0·0349	28·6363	22047	0·9994	0 88	40	0·1161	0·1169	8·5555	2105	0·9932	20
10	0·0378	0·0378	26·4316	18898	0·9993	50	50	0·1190	0·1198	8·3450	2007	0·9929	10
20	0·0407	0·0407	24·5418	16380	0·9992	40	7 0	0·1219	0·1228	8·1443	1913	0·9925	0 83
30	0·0436	0·0437	22·9038	14334	0·9990	30	10	0·1248	0·1257	7·9530	1826	0·9922	50
40	0·0465	0·0466	21·4704	12648	0·9989	20	20	0·1276	0·1287	7·7704	1746	0·9918	40
50	0·0494	0·0495	20·2056	11245	0·9988	10	30	0·1305	0·1317	7·5958	1671	0·9914	20
3 0	0·0523	0·0524	19·0811	10061	0·9986	0 87	40	0·1334	0·1346	7·4287	1600	0·9911	30
10	0·0552	0·0553	18·0750	9057	0·9985	50	50	0·1363	0·1376	7·2687	1533	0·9907	10
20	0·0581	0·0582	17·1693	8194	0·9983	40	8 0	0·1392	0·1405	7·1154	1472	0·9903	0 82
30	0·0610	0·0612	16·3499	7451	0·9981	30	10	9·1421	0·1435	6·9682	1413	0·9899	50
40	0·0640	0·0641	15·6048	6804	0·9980	20	20	0·1449	0·1465	6·8269	1357	0·9894	40
50	0·0669	0·0670	14·9244	6237	0·9978	10	30	0·1478	0·1495	6·6912	1306	0·9890	30
4 0	0·0698	0·0699	14·3007	5740	0·9976	0 86	40	0·1507	0·1524	6·5606	1258	0·9886	20
10	0·0727	0·0729	13·7267	5298	0·9974	50	50	0·1536	0·1554	6·4348	1210	0·9881	10
20	0·0756	0·0758	13·1969	4907	0·9971	40	9 0	0·1564	0·1584	6·3138		0·9877	0 81
30	0·0785	0·0787	12·7062	4557	0·9969	30							
Winkel	Cos.	Cotg.	Tang.	Diff.	Sin.	Winkel	Winkel	Cos.	Cotg.	Tang.	Diff.	Sin.	Winkel

Tabelle III. (Fortsetzung.)

Winkel	Sin.	Tang.	Cotg.	Diff.	Cos.	Winkel	Winkel	Sin.	Tang.	Cotg.	Diff.	Cos.	Winkel
9° 0'	0·1564	0·1584	6·3138	1168	0·9877	**0' 81°**	**18° 0'**	0·3090	0·3249	3·0777	302	0·9511	**0' 72°**
10	0·1593	0·1614	6·1970	1126	0·9872	**50**	**10**	0·3118	0·3281	3·0475	297	0·9502	**50**
20	0·1622	0·1644	6·0844	1086	0·9868	**40**	**20**	0·3145	0·3314	3·0178	291	0·9492	**40**
30	0·1650	0·1673	5·9758	1050	0·9863	**30**	**30**	0·3173	0·3346	2·9887	287	0·9483	**30**
40	0·1679	0·1703	5·8708	1014	0·9858	**20**	**40**	0·3201	0·3378	2·9600	281	0·9474	**20**
50	0·1708	0·1733	5·7694	981	0·9853	**10**	**50**	0·3228	0·3411	2·9319	277	0·9465	**10**
10 0	0·1736	0·1763	5·6713	949	0·9848	**0 80**	**19 0**	0·3256	0·3443	2·9042	272	0·9455	**0 71**
10	0·1765	0·1793	5·5764	919	0·9843	**50**	**10**	0·3283	0·3476	2·8770	268	0·9446	**50**
20	0·1794	0·1823	5·4845	890	0·9838	**40**	**20**	0·3311	0·3508	2·8502	263	0·9436	**40**
30	0·1822	0·1853	5·3955	862	0·9833	**30**	**30**	0·3338	0·3541	2·8239	259	0·9426	**30**
40	0·1851	0·1883	5·3093	836	0·9827	**20**	**40**	0·3365	0·3574	2·7980	255	0·9417	**20**
50	0·1880	0·1914	5·2257	811	0·9822	**10**	**50**	0·3393	0·3607	2·7725	250	0·9407	**10**
11 0	0·1908	0·1944	5·1446	788	0·9816	**0 79**	**20 0**	0·3420	0·3640	2·7475	247	0·9397	**0 70**
10	0·1937	0·1974	5·0658	764	0·9811	**50**	**10**	0·3448	0·3673	2·7228	243	0·9387	**50**
20	0·1965	0·2004	4·9894	742	0·9805	**40**	**20**	0·3475	0·3706	2·6985	239	0·9377	**40**
30	0·1994	0·2035	4·9152	722	0·9799	**30**	**30**	0·3502	0·3739	2·6746	235	0·9367	**30**
40	0·2022	0·2065	4·8430	701	0·9793	**20**	**40**	0·3529	0·3772	2·6511	232	0·9356	**20**
50	0·2051	0·2095	4·7729	683	0·9787	**10**	**50**	0·3557	0·3805	2·6279	228	0·9346	**10**
12 0	0·2079	0·2126	4·7046	664	0·9781	**0 78**	**21 0**	0·3584	0·3839	2·6051	225	0·9336	**0 69**
10	0·2108	0·2156	4·6382	646	0·9775	**50**	**10**	0·3611	0·3872	2·5826	221	0·9325	**50**
20	0·2136	0·2186	4·5736	629	0·9769	**40**	**20**	0·3638	0·3906	2·5605	219	0·9315	**40**
30	0·2164	0·2217	4·5107	613	0·9763	**30**	**30**	0·3665	0·3939	2·5386	214	0·9304	**30**
40	0·2193	0·2247	4·4494	597	0·9757	**20**	**40**	0·3692	0·3973	2·5172	212	0·9293	**20**
50	0·2221	0·2278	4·3897	582	0·9750	**10**	**50**	0·3719	0·4006	2·4960	209	0·9283	**10**
13 0	0·2250	0·2309	4·3315	568	0·9744	**0 77**	**22 0**	0·3746	0·4040	2·4751	206	0·9272	**0 68**
10	0·2278	0·2339	4·2747	554	0·9737	**50**	**10**	0·3773	0·4074	2·4545	203	0·9261	**50**
20	0·2306	0·2370	4·2193	540	0·9730	**40**	**20**	0·3800	0·4108	2·4342	200	0·9250	**40**
30	0·2334	0·2401	4·1653	527	0·9724	**30**	**30**	0·3827	0·4142	2·4142	197	0·9239	**30**
40	0·2363	0·2432	4·1126	515	0·9717	**20**	**40**	0·3854	0·4176	2·3945	195	0·9228	**20**
50	0·2391	0·2462	4·0611	503	0·9710	**10**	**50**	0·3881	0·4210	2·3750	191	0·9216	**10**
14 0	0·2419	0·2493	4·0108	491	0·9703	**0 76**	**23 0**	0·3907	0·4245	2·3559	190	0·9205	**0 67**
10	0·2447	0·2524	3·9617	481	0·9696	**50**	**10**	0·3934	0·4279	2·3369	186	0·9194	**50**
20	0·2476	0·2555	3·9136	469	0·9689	**40**	**20**	0·3961	0·4314	2·3183	185	0·9182	**40**
30	0·2504	0·2586	3·8667	459	0·9681	**30**	**30**	0·3987	0·4348	2·2998	181	0·9171	**30**
40	0.2532	0·2617	3·8208	448	0·9674	**20**	**40**	0·4014	0·4383	2·2817	180	0·9159	**20**
50	0·2560	0·2648	3·7760	439	0·9667	**10**	**50**	0·4041	0·4417	2·2637	177	0·9147	**10**
15 0	0·2588	0·2679	3·7321	430	0·9659	**0 75**	**24 0**	0·4067	0·4452	2·2460	174	0·9135	**0 66**
10	0·2616	0·2711	3·6891	421	0·9652	**50**	**10**	0·4094	0·4487	2·2286	173	0·9124	**50**
20	0·2644	0·2742	3·6470	411	0·9644	**40**	**20**	0·4120	0·4522	2·2113	170	0·9112	**40**
30	0·2672	0·2773	3·6059	403	0·9636	**30**	**30**	0·4147	0·4557	2·1943	168	0·9100	**30**
40	0·2700	0·2805	3·5656	395	0·9628	**20**	**40**	0·4173	0·4592	2·1775	166	0·9088	**20**
50	0·2728	0·2836	3·5261	387	0·9621	**10**	**50**	0·4200	0·4628	2·1609	164	0·9075	**10**
16 0	0·2756	0·2867	3·4874	379	0·9613	**0 74**	**25 0**	0·4226	0·4663	2·1445	162	0·9063	**0 65**
10	0·2784	0·2899	3·4499	371	0·9605	**50**	**10**	0·4253	0·4699	2·1283	160	0·9051	**50**
20	0·2812	0·2931	3·4124	363	0·9596	**40**	**20**	0·4279	0·4734	2·1123	158	0·9038	**40**
30	0·2840	0·2962	3·3759	357	0·9588	**30**	**30**	0·4305	0·4770	2·0965	156	0·9026	**30**
40	0·2868	0·2994	3·3402	350	0·9580	**20**	**40**	0·4331	0·4806	2·0809	154	0·9013	**20**
50	0·2896	0·3026	3·3052	343	0·9572	**10**	**50**	0·4358	0·4841	2·0655	152	0·9001	**10**
17 0	0·2924	0·3057	3·2709	338	0·9563	**0 73**	**26 0**	0·4384	0·4877	2·0503	150	0·8988	**0 64**
10	0·2952	0·3089	3·2371	330	0·9555	**50**	**10**	0·4410	0·4913	2·0353	149	0·8975	**50**
20	0·2979	0·3121	3·2041	325	0·9546	**40**	**20**	0·4436	0·4950	2·0204	147	0·8962	**40**
30	0·3007	0·3153	3·1716	319	0·9537	**30**	**30**	0·4462	0·4986	2·0057	145	0·8949	**30**
40	0·3035	0·3185	3·1397	313	0·9528	**20**	**40**	0·4488	0·5022	1·9912	144	0·8936	**20**
50	0·3062	0·3217	3·1084	307	0·9520	**10**	**50**	0·4514	0·5059	1·9768	142	0·8923	**10**
18 0	0·3090	0·3249	3·0777		0·9511	**0 72**	**27 0**	0·4540	0·5095	1·9626		0·8910	**0 63**
Winkel	Cos.	Cotg.	Tang.	Diff.	Sin.	Winkel	Winkel	Cos.	Cotg.	Tang.	Diff.	Sin.	Winkel

Tabelle III. (Fortsetzung.)

Winkel	Sin.	Tang.	Cotg.	Diff.	Cos.	Winkel	Winkel	Sin.	Tang.	Cotg.	Diff.	Cos.	Winkel
27° 0'	0·5450	0·5095	1·9626	140	0·8910	**0' 63°**	**36° 0'**	0·5878	0·7265	1·3764	84	0·8090	**0' 54°**
10	0·4566	0·5132	1·9486	139	0·8897	**50**	**10**	0·5901	0·7310	1·3680	83	0·8073	**50**
20	0·4592	0·5169	1·9347	137	0·8884	**40**	**20**	0·5925	0·7355	1·3597	83	0·8056	**40**
30	0·4617	0·5206	1·9210	136	0·8870	**30**	**30**	0·5948	0·7400	1·3514	82	0·8039	**30**
40	0·4643	0·5243	1·9074	134	0·8857	**20**	**40**	0·5972	0·7445	1·3432	81	0·8021	**20**
50	0·4669	0·5280	1·8940	133	0·8843	**10**	**50**	0·5995	0·7490	1·3351	81	0·8004	**10**
28 0	0·4695	0·5317	1·8807	131	0·8829	**0 62**	**37 0**	0·6018	0·7536	1·3270	80	0·7986	**0 53**
10	0·4720	0·5354	1·8676	130	0·8816	**50**	**10**	0·6041	0·7581	1·3190	79	0·7969	**50**
20	0·4746	0·5392	1·8546	128	0·8802	**40**	**20**	0·6065	0·7627	1·3111	79	0·7951	**40**
30	0·4772	0·5430	1·8418	127	0·8788	**30**	**30**	0·6088	0·7673	1·3032	78	0·7934	**30**
40	0·4797	0·5467	1·8291	126	0·8774	**20**	**40**	0·6111	0·7720	1·2954	78	0·7916	**20**
50	0·4823	0·5505	1·8165	125	0·8760	**10**	**50**	0·6134	0·7766	1·2876	77	0·7898	**10**
29 0	0·4848	0·5543	1·8040	123	0·8746	**0 61**	**38 0**	0·6157	0·7813	1·2799	76	0·7880	**0 52**
10	0·4874	0·5581	1·7917	121	0·8732	**50**	**10**	0·6180	0·7860	1·2723	76	0·7862	**50**
20	0·4899	0·5619	1·7796	121	0·8718	**40**	**20**	0·6202	0·7907	1·2647	75	0·7844	**40**
30	0·4924	0·5658	1·7675	119	0·8704	**30**	**30**	0·5225	0·7954	1·2572	75	0·7826	**30**
40	0·4950	0·5696	1·7556	119	0·8689	**20**	**40**	0·6248	0·8002	1·2497	74	0·7808	**20**
50	0·4975	0·5735	1·7437	116	0·8675	**10**	**50**	0·6271	0·8050	1·2423	74	0·7790	**10**
30 0	0·5000	0·5774	1·7321	116	0·8660	**0 60**	**39 0**	0·6293	0·8098	1·2349	73	0·7771	**0 51**
10	0·5025	0·5812	1·7205	115	0·8646	**50**	**10**	0·6316	0·8146	1·2276	73	0·7753	**50**
20	0·5050	0·5851	1·7090	113	0·8631	**40**	**20**	0·6338	0·8195	1·2203	72	0·7735	**40**
30	0·5075	0·5890	1·6977	113	0·8616	**30**	**30**	0·9361	0·8243	1·2131	72	0·7716	**30**
40	0·5100	0·5930	1·6864	111	0·8601	**20**	**40**	0·6383	0·8292	1·2059	71	0·7698	**20**
50	0·5125	0·5969	1·6753	110	0·8587	**10**	**50**	0·6406	0·8342	1·1988	70	0·7679	**10**
31 0	0·5150	0·6009	1·6643	109	0·8572	**0 59**	**40 0**	0·6428	0·8391	1·1918	71	0·7660	**0 50**
10	0·5275	0·6048	1·6534	108	0·8557	**50**	**10**	0·6450	0·8441	1·1847	69	0·7642	**50**
20	0·5200	0·6088	1·6426	107	0·8542	**40**	**20**	0·6472	0·8491	1·1778	70	0·7623	**40**
30	0·5225	0·6128	1·6319	107	0·8526	**30**	**30**	0·6494	0·8541	1·1708	68	0·7604	**30**
40	0·5250	0·6168	1·6212	105	0·8511	**20**	**40**	0·6517	0·8591	1·1640	69	0·7585	**20**
50	0·5175	0·6208	1·6107	104	0·8496	**10**	**50**	0·6539	0·8642	1·1571	67	0·7566	**10**
32 0	0·5299	0·6249	1·6003	103	0·8480	**0 58**	**41 0**	0·6561	0·8693	1·1504	68	0·7547	**0 49**
10	0·5324	0·6289	1·5900	102	0·8465	**50**	**10**	0·6583	0·8744	1·1436	67	0·7528	**50**
20	0·5348	0·6330	1·5798	101	0·8450	**40**	**20**	0·6604	0·8796	1·1369	66	0·7509	**40**
30	0·5373	0·6371	1·5697	100	0·8434	**30**	**30**	0·6626	0·8847	1·1303	66	0·7490	**30**
40	0·5398	0·6412	1·5597	100	0·8418	**20**	**40**	0·6648	0·8899	1·1237	66	0·7470	**20**
50	0·5422	0·6453	1·5497	98	0·8403	**10**	**50**	0·6670	0·8952	1·1171	65	0·7451	**10**
33 0	0·5446	0·6494	1·5399	98	0·8387	**0 57**	**42 0**	0·6691	0·9004	1·1106	65	0·7431	**0 48**
10	0·5471	0·6536	1·5301	97	0·8371	**50**	**10**	0·6713	0·9057	1·1041	64	0·7412	**50**
20	0·5495	0·6577	1·5204	96	0·8355	**40**	**20**	0·6734	0·9110	1·0977	64	0·7392	**40**
30	0·5519	0·6619	1·5108	95	0·8339	**30**	**30**	0·6756	0·9163	1·0913	63	0·7373	**30**
40	0·5544	0·6661	1·5013	94	0·8323	**20**	**40**	0·6777	0·9217	1·0850	64	0·7353	**20**
50	0·5568	0 6703	1·4919	93	0·8307	**10**	**50**	0·6799	0·9271	1·0786	62	0·7333	**10**
34 0	0·5592	0·6745	1·4826	93	0·8290	**0 56**	**43 0**	0·6820	0·9325	1·0724	63	0·7314	**0 47**
10	0·5616	0·6787	1·4733	92	0·8274	**50**	**10**	0·6841	0·9380	1·0661	62	0·7294	**50**
20	0·5640	0·6830	1·4641	91	0·8258	**40**	**20**	0·6862	0·9435	1·0599	61	0·7274	**40**
30	0·5664	0·6873	1·4550	90	0·8241	**30**	**30**	0·6884	0·9490	1·0538	61	0·7254	**30**
40	0·5688	0·6916	1·4460	90	0·8225	**20**	**40**	0·6905	0·9545	1·0477	61	0·7234	**20**
50	0·5712	0·6959	1·4370	89	0·8208	**10**	**50**	0·6926	0·9601	1·0416	61	0·7214	**10**
35 0	0·5736	0·7002	1·4281	88	0·8192	**0 55**	**44 0**	0·6947	0·9657	1·0355	60	0·7193	**0 46**
10	0·5760	0·7046	1·4193	87	0·8175	**50**	**10**	0·6967	0·9713	1·0295	60	0·7173	**50**
20	0·5783	0·7089	1·4106	87	0·8158	**40**	**20**	0·6988	0·9770	1·0235	59	0·7153	**40**
30	0·5807	0·7133	1·4019	85	0·8141	**30**	**30**	0·7009	0·9827	1·0176	59	0·7133	**30**
40	0·5831	0·7177	1·3934	86	0·8124	**20**	**40**	0·7030	0·9884	1·0117	59	0·7112	**20**
50	0·5854	0·7221	1·3848	84	0·8107	**10**	**50**	0·7050	0·9942	1·0058	58	0·7092	**10**
36 0	0·5878	0·7265	1·3764		0·8090	**0 54**	**45 0**	0·7071	1·0000	1·0000		0·7071	**0 45**
Winkel	**Cos.**	**Cotg.**	**Tang.**	Diff.	**Sin.**	Winkel	Winkel	**Cos.**	**Cotg.**	**Tang.**	Diff.	**Sin.**	Winkel

Tabelle IV.

Sehnen.

$$\left(s = 2 \sin \frac{\alpha}{2}\right)$$

°	0'	10'	20'	30'	40'	50'	°	0'	10'	20'	30'	40'	50'
0	0·0000	0·0029	0.0058	0·0087	0·0116	0·0145	40	0·6840	0·6868	0·6895	0·6922	0·6950	0·6977
1	0·0175	0·0204	0·0233	0·0262	0·0291	0·0320	41	0·7004	0·7031	0·7059	0·7086	0·7113	0·7140
2	0·0349	0·0378	0·0407	0·0436	0·0465	0·0494	42	0·7167	0·7195	0·7222	0·7249	0·7276	0·7303
3	0·0524	0·0553	0·0582	0·0611	0·0640	0·0669	43	0·7330	0·7357	0·7384	0·7411	0·7438	0·7465
4	0·0698	0·0727	0·0756	0·0785	0·0814	0·0843	44	0·7492	0·7519	0·7546	0·7573	0·7600	0·7627
5	0·0872	0·0901	0·0931	0·0960	0·0989	0·1018	45	0·7654	0·7681	0·7707	0·7734	0·7761	0·7788
6	0.1047	0·1076	0·1105	0·1134	0·1163	0·1192	46	0·7815	0·7841	0·7868	0·7895	0·7922	0·7948
7	0·1221	0·1250	0·1279	0·1308	0·1337	0·1366	47	0·7975	0·8002	0·7028	0·8055	0·8082	0·8108
8	0·1395	0·1424	0·1453	0·1482	0·1511	0·1540	48	0·8135	0·8161	0·8188	0·8214	0·8241	0·8267
9	0·1569	0·1598	0·1627	0·1656	0·1685	0·1714	49	0·8294	0·8320	0·8347	0·8373	0·8400	0·8426
10	0·1743	0·1772	0·1801	0·1830	0·1859	0·1888	50	0·8452	0.8479	0·8505	0·8531	0·8558	0·8584
11	0·1917	0·1946	0·1975	0·2004	0·2033	0·2062	51	0·8610	0·8636	0·8663	0·8689	0·8715	0·8741
12	0·2091	0·2119	0·2148	0·2177	0·2206	0·2235	52	0·8767	0·8794	0·8820	0·8846	0·8872	0·8898
13	0·2264	0·2293	0·2322	0·2351	0·2380	0·2409	53	0·8924	0·8950	0·8976	0·9002	0·9028	0·9054
14	0·2437	0·2466	0·2495	0·2524	0·2553	0·2582	54	0·9080	0·9106	0·9132	0·9157	0·9183	0·9209
15	0·2611	0·2639	0·2668	0·2697	0·2726	0·2755	55	0·9235	0·9261	0·9287	0·9312	0·9338	0·9364
16	0·2783	0·2812	0·2841	0·2870	0·2899	0·2927	56	0·9389	0·9415	0·9441	0·9466	0·9492	0·9518
17	0·2956	0·2985	0·3014	0·3042	0·3071	0·3100	57	0·9543	0·9569	0·9594	0·9620	0·9645	0·9671
18	0·3129	0·3157	0·3186	0·3215	0·3244	0·3272	58	0·9696	0·9722	0·9747	0·9772	0·9798	0·9823
19	0·3301	0·3330	0·3358	0·3387	0.3416	0·3444	59	0·9848	0·0874	0·9899	0·9924	0·9950	0·9975
20	0·3473	0·3502	0·3530	0·3559	0·3587	0·3616	60	1·0000	1·0025	1·0050	1·0075	1·0101	1·0126
21	0·3645	0·3673	0·3702	0·3730	0·3759	0·3788	61	1·0151	1·0176	1·0201	1·0226	1·0251	1·0276
22	0·3816	0·3845	0·3873	0·3902	0·3930	0·3959	62	1·0301	1·0326	1·0351	1·0375	1·0400	1·0425
23	0·3987	0·4016	0·4044	0·4073	0·4101	0·4130	63	1·0450	1·0475	1·0500	1·0524	1·0549	1·0574
24	0·4158	0·4187	0·4215	0·4244	0·4272	0·4300	64	1·0598	1·0623	1·0648	1·0672	1·0697	1·0721
25	0·4329	0·4357	0·4386	0·4414	0·4442	0·4471	65	1·0746	1·0771	1·0795	1·0819	1·0844	1·0868
26	0·4499	0·4527	0·4556	0·4584	0·4612	0·4641	66	1·0893	1·0917	1·0942	1·0966	1·0990	1·1014
27	0·4669	0·4697	0·4725	0·4754	0·4782	0·4810	67	1·1039	1·1063	1·1087	1·1111	1·1136	1·1160
28	0·4838	0·4867	0·4895	0.4923	0·4951	0·4979	68	1·1184	1·1208	1·1232	1·1256	1·1280	1·1304
29	0·5008	0·5036	0·5064	0·5092	0·5120	0·5148	69	1·1328	1·1352	1·1376	1·1400	1·1424	1·1448
30	0·5176	0·5204	0·5233	0·5261	0·5289	0·5317	70	1·1472	1·1495	1·1519	1·1543	1·1567	1·1590
31	0·5345	0·5373	0·5401	0·5429	0·5457	0·5485	71	1·1614	1·1638	1·1661	1·1685	1·1709	1·1732
32	0·5513	0·5541	0·5569	0·5597	0·5625	0·5652	72	1·1756	1·1779	1·1803	1·1826	1·1850	1·1873
33	0·5680	0·5708	0·5736	0·5764	0·5792	0·5820	73	1·1896	1·1920	1·1943	1·1966	1·1990	1·2013
34	0·5847	0·5875	0·5903	0·5931	0·5959	0·5986	74	1·2036	1·2060	1·2083	1·2106	1·2129	1·2152
35	0·6014	0.6042	0·6070	0·6097	0·6125	0·6153	75	1·2175	1·2198	1·2221	1·2244	1·2267	1·2290
36	0·6180	0·6208	0·6236	0·6263	0·6291	0·6319	76	1·2313	1·2336	1·2359	1·2382	1·2405	1·2428
37	0·6346	0·6374	0·6401	0·6429	0·6456	0·6484	77	1·2450	1·2473	1·2496	1·2518	1·2541	1·2564
38	0·6511	0·6539	0·6566	0·6594	0·6621	0·6649	78	1·2586	1·2609	1·2632	1·2654	1·2677	1·2699
39	0·6676	0·6704	0·6731	0·6758	0·6786	0·6813	79	1·2722	1·2744	1·2766	1·2789	1·2811	1·2833
°	0'	10'	20'	30'	40'	50'	°	0'	10'	20'	30'	40'	50'

Tabelle IV. Sehnen. (Fortsetzung.)

°	0'	10'	20'	30'	40'	50'	°	0'	10'	20'	30'	40'	50'
80	1·2856	1·2878	1·2900	1·2922	1·2945	1·2967	**130**	1·8126	1·8138	1·8151	1·8163	1·8175	1·8187
81	1·2989	1·3011	1·3033	1·3055	1·3077	1·3099	**131**	1·8199	1·8211	1·8223	1·8235	1·8247	1·8259
82	1·3121	1·3143	1·3165	1·3187	1·3209	1·3231	**132**	1·8271	1·8283	1·8294	1·8306	1·8318	1·8330
83	1·3252	1·3274	1·3296	1·3318	1·3339	1·3361	**133**	1·8341	1·8353	1·8364	1·8376	1·8387	1·8399
84	1·3383	1·3404	1·3426	1·3447	1·3469	1·3490	**134**	1·8410	1·8421	1·8433	1·8444	1·8455	1·8466
85	1·3512	1·3533	1·3555	1·3576	1·3597	1·3619	**135**	1·8478	1·8489	1·8500	1·8511	1·8522	1·8533
86	1·3640	1·3661	1·3682	1·3704	1·3725	1·3746	**136**	1·8544	1·8555	1·8565	1·8576	1·8587	1·8598
87	1·3767	1·3788	1·3809	1·3830	1·3851	1·3872	**137**	1·8608	1·8619	1·8630	1·8640	1·8651	1·8661
88	1·3893	1·3914	1·3935	1·3956	1·3977	1·3997	**138**	1·8672	1·8682	1·8692	1·8703	1·8713	1·8723
89	1·4018	1·4039	1·4060	1.4080	1·4101	1·4122	**139**	1·8733	1·8744	1·8754	1·8764	1·8774	1·8784
90	1·4142	1·4163	1·4183	1·4204	1·4224	1·4245	**140**	1·8794	1·8804	1·8814	1·8824	1·8833	1·8843
91	1·4265	1·4285	1·4306	1·4326	1·4346	1·4367	**141**	1·8853	1·8863	1·8872	1·8882	1·8891	1·8901
92	1·4387	1·4407	1·4427	1·4447	1·4467	1·4487	**142**	1·8910	1·8920	1·8929	1·8939	1·8948	1·8957
93	1·4507	1·4527	1·4547	1·4567	1·4587	1·4607	**143**	1·8966	1·8976	1·8985	1·8994	1·9003	1·9012
94	1·4627	1·4647	1·4667	1·4686	1·4706	1·4726	**144**	1·9021	1·9030	1·9039	1·9048	1·9057	1·9066
95	1·4746	1·4765	1·4785	1·4804	1·4824	1·4843	**145**	1·9074	1·9083	1·9092	1·9100	1·9109	1·9118
96	1·4863	1·4882	1·4902	1·4921	1·4941	1·4960	**146**	1·9126	1·9135	1·9143	1·9151	1·9160	1·9168
97	1·4979	1·4998	1·5018	1·5037	1·5056	1·5075	**147**	1·9176	1·9185	1·9193	1·9201	1·9209	1·6217
98	1·5094	1·5113	1·5132	1·5151	1·5170	1·5189	**148**	1·9225	1·9233	1·9241	1·9249	1·9257	1·9265
99	1·5208	1·5227	1·5246	1·5265	1·5283	1·5302	**149**	1·9273	1·9280	1·9288	1·9296	1·9303	1·9311
100	1·5321	1·5340	1·5358	1·5377	1·5395	1·5414	**150**	1·9319	1·9326	1·9333	1·9341	1·9348	1·9356
101	1·5432	1·5451	1·5469	1·5488	1·5506	1·5525	**151**	1·9363	1·9370	1·9377	1·9385	1·9392	1·9399
102	1·5543	1·5561	1·5579	1·5598	1·5616	1·5634	**152**	1·9406	1·9413	1·9420	1·9427	1·9434	1·9441
103	1·5652	1·5670	1·5688	1·5706	1·5724	1·5742	**153**	1·9447	1·9454	1·9461	1·9468	1·9474	1·9481
104	1·5760	1·5778	1·5796	1·5814	1·5832	1·5849	**154**	1·9487	1·9494	1·9500	1·9507	1·9513	1·9520
105	1·5867	1·5885	1·5902	1·5920	1·5938	1·5955	**155**	1·9526	1·9532	1·9538	1·9545	1·9551	1·9557
106	1·5973	1·5990	1·6008	1·6025	1·6042	1·6060	**156**	1·9563	1·9569	1·9575	1·9581	1·9587	1·9593
107	1·6077	1·6094	1·6112	1·6129	1·6146	1·6163	**157**	1·9598	1·9604	1·9610	1·9616	1·9621	1·9627
108	1·6180	1·6197	1.6214	1·6231	1·6248	1·6265	**158**	1·9633	1·9638	1·9644	1·9649	1·9654	1·9660
109	1·6282	1·6299	1·6316	1·6333	1·6350	1·6366	**159**	1·9665	1·9670	1·9676	1·9681	1·9686	1·9691
110	1·6383	1·6400	1·6416	1·6433	1·6450	1·6466	**160**	1·9696	1·9701	1·9706	1·9711	1·9716	1·9721
111	1·6483	1·6499	1·6515	1·6532	1·6548	1·6564	**161**	1·9726	1·9730	1·9735	1·9740	1·9745	1·9749
112	1·6581	1·6597	1·6613	1·6629	1·6646	1·6662	**162**	1·9754	1·9758	1·9763	1·9767	1·9772	1·9776
113	1·6678	1·6694	1·6710	1·6726	1·6742	1·6758	**163**	1·9780	1·9785	1·9789	1·9793	1·9797	1·9801
114	1·6773	1·6789	1·6805	1·6821	1·6836	1·6852	**164**	1·9805	1·9809	1·9813	1·9817	1·9821	1·9825
115	1·6868	1·6883	1·6899	1·6915	1·6930	1·6946	**165**	1·9829	1·9833	1·9836	1·9840	1·9844	1·9847
116	1·6961	1·6976	1·6992	1·7007	1·7022	1·7038	**166**	1·9851	1·9854	1·9858	1·9861	1·9865	1·9868
117	1·7053	1·7068	1·7083	1·7098	1·7113	1·7128	**167**	1·9871	1·9875	1·9878	1·9881	1·9884	1·9887
118	1·7143	1·7158	1·7173	1·7188	1·7203	1·7218	**168**	1·9890	1·9893	1·9896	1·9899	1·9902	1·9905
119	1·7233	1·7247	1·7262	1·7277	1·7291	1·7306	**169**	1·9908	1·9911	1·9913	1·9916	1·9919	1·9921
120	1·7321	1·7335	1·7350	1·7364	1·7378	1·7393	**170**	1·9924	1·9926	1·9929	1·9931	1·9934	1·9936
121	1·7407	1·7421	1·7436	1·7450	1·7464	1·7478	**171**	1·9938	1·9941	1·9943	1·9945	1·9947	1·9949
122	1·7492	1·7506	1·7521	1·7535	1·7549	1·7562	**172**	1·9951	1·9953	1·9955	1·9957	1·9959	1·9961
123	1·7576	1·7590	1·7604	1·7618	1·7632	1·7645	**173**	1·9963	1·9964	1·9966	1·9968	1·9969	1·9971
124	1·7659	1·7673	1·7686	1·7700	1·7713	1·7727	**174**	1·9973	1·9974	1·9976	1·9977	1·9978	1·9980
125	1·7740	1·7754	1·7767	1·7780	1·7794	1·7807	**175**	1·9981	1·9982	1·9983	1·9985	1·9986	1·9987
126	1·7820	1·7833	1·7846	1·7860	1·7873	1·7886	**176**	1·9988	1·9989	1·9990	1·9991	1·9992	1·9992
127	1·7899	1·7912	1·7925	1·7937	1·7950	1·7963	**177**	1·9993	1·9994	1·9995	1·9995	1·9996	1·9996
128	1·7976	1·7989	1·8001	1·8014	1·8027	1·8039	**178**	1·9997	1·9997	1·9998	1·9998	1·9999	1·9999
129	1·8052	1·8064	1·8077	1·8089	1·8101	1·8114	**179**	1·9999	1·9999	2·0000	2·0000	2·0000	2·0000
°	0'	10'	20'	30'	40'	50'	°	0'	10'	20'	30'	40'	50'

Buchstabenbezeichnung.

In der Buchstabenbezeichnung der Flächen sind verschiedene Principien massgebend gewesen und zur Anwendung gekommen. Diese Principien leiten sich her aus dem Zweck der Buchstabenbezeichnung; dieser ist ein doppelter:

I. Eine kurze Bezeichnung für eine bestimmte Form zu haben, die sich bequem in die Zeichnung eintragen und leichter aussprechen lässt als die Symbole;

II. eine Bezeichnung zu haben, die, unabhängig von der Interpretation des Flächenzusammenhangs, eine Form feststellen und identificiren lässt.

In Hinsicht auf I sind die Buchstaben ein Surrogat für die Symbole und erreichen ihren Zweck am vollkommensten, wenn sie möglichst nahe soviel ausdrücken als diese. Aus I gehen mehrere Principien hervor:

A. Die Buchstabenzeichen sollen möglichst einfach sein.

B. Sie sollen sich leicht aussprechen lassen.

C. Soweit möglich sollen die Buchstaben Auskunft geben über die Lage der Form.

D. Formen gleichen Symbols bei verschiedenen Krystallen sollen mit gleichen Buchstaben bezeichnet werden.

E. Die Buchstaben wechseln mit der Aufstellung des Krystalls.

F. Wo die Symbole selbst genügende Einfachheit gewähren, entfällt die Buchstabenbezeichnung.

In Hinsicht auf II sind die Buchstaben reine Eigennamen und es folgen aus dieser Eigenschaft wieder mehrere Principien.

G. Die Buchstaben sollen vollkommen frei sein von jeder Deutung.

H. Die Wahl des Buchstabens selbst ist ganz ohne Bedeutung.

J. Der Buchstabe, der einer Form einmal beigelegt worden ist, verbleibt derselben durch allen Wechsel der Aufstellung.

K. Jede Form muss ausser dem Symbol einen Buchstaben führen.

Ausserdem sind noch, wo Buchstaben bereits in Gebrauch sind, zwei Principien zu berücksichtigen, die nicht unter I und II fallen.

L. Es soll jedesmal der Buchstabe gewählt werden, den der erste Autor der Fläche beigelegt hat (Priorität).

M. Es sollen die Buchstaben gewählt werden, welche zur Zeit für die betreffenden Formen die gebräuchlichsten sind (Usus).

Wie ersichtlich, sind eine Anzahl dieser Principien vollständig oder theilweise mit einander in Widerspruch. Wir wollen einen Ausgleich versuchen und zu dem Zweck die einzelnen Punkte näher betrachten.

Von allen den 12 angeführten Principien sind A B J K stets zu befolgen, die übrigen nur, insoweit sie den andern nicht im Wege stehen.

Ad A und B. Wahl der Buchstabenzeichen nach ihrer Einfachheit. Von Buchstabenzeichen, die diesen Anforderungen gerecht werden, stehen uns folgende zur Verfügung:

die kleinen lateinischen Buchstaben	a—z incl. j	26
„ grossen „ „	A—Z „ J	26
die kleinen griechischen Buchstaben	α β γ δ ε ζ η ϑ ι κ λ μ ν ξ π ρ σ τ φ χ ψ ω	22
„ grossen „ „	Γ Δ Θ Λ Ξ Π Σ Φ Ψ Ω	10
die kleinen deutschen Buchstaben	𝔞—𝔷 (excl. 𝔧)	25
„ grossen „ „	𝔄—ℨ (excl. ℑ)	24
		133

Von den kleinen griechischen Buchstaben entfällt ο weil = lat. o, υ weil von lat. v im Druck wohl verschieden, in der Schrift jedoch nicht zu unterscheiden. Dagegen könnten allenfalls ȣ = ου und ς (Schlusssigma) hereingenommen werden. Von den grossen griechischen Buchstabenzeichen fallen die übrigen mit den lateinischen zusammen.

Nun giebt es aber Mineralien, die mehr als 133 (135) Formen aufzuweisen haben; für diesen Fall müssen wir zur Buchstaben-Bezeichnung andere Mittel suchen. Als solche bieten sich dar:

1. Andere Alphabete, etwa das cyrillische, russische u. s. w. Diese empfehlen sich nicht wegen zu wenig allgemeiner Verbreitung der Kenntniss derselben.

2. Astronomische (alchymistische) Zeichen, als: ☽ ⊙ ♁ ♒ oder △ □ u. s. w. Wohl zuerst Miller (Min. 1852) hat versucht, solche einzuführen. Diese Zeichen sind jedoch schlecht auszusprechen, auch sind sie bald erschöpft. Endlich kommt es uns seltsam vor, eine arme kleine Fläche mit dem Zeichen des Jupiter oder des Mars zu bezeichnen. Es hat diese Art der Bezeichnung auch kaum Eingang gefunden.

3. Zahlen sind bereits von Hauy (vgl. Min. 1822. I. 303) benutzt worden. Sie gestatten eine beliebige Ausdehnung, dagegen könnten sie leicht zu Verwechselungen mit den Symbolen führen. Um dies hintanzuhalten und zugleich mehrziffrige Zahlen als Ganzes so fest zu umschliessen, dass sich Indices anbringen lassen, könnten wir das Mittel anwenden, dessen sich die Astronomen in einem ähnlichen Fall für die kleinen Planeten bedienen, nämlich dass wir die Zahl mit einem Ring umziehen, z. B. ②. In der Aus-

sprache wäre noch immer eine Verwechselung mit den Symbolen möglich und kann man, im Fall diese Möglichkeit vorliegt, ② = Nummer 2 aussprechen, während 2 = „Zwei" gesprochen, das Symbol 2 bedeutet.

4. Eine Combination von Zahlen mit Buchstaben hat G. Rose eingeführt und nach ihm andere, z. B. Rammelsberg, Scacchi, zum Theil modificirt, verwendet z. B. $\frac{1}{2}$f, $\frac{2}{3}$d. Sie sind eigentlich keine Buchstabenzeichen, sondern modificirte Symbole. Vortheilhaft ist eine solche Combination zur Symbolisirung von Reihen zu verwerthen, ebenso wie auch den Buchstaben angehängte Indices. Doch sollen die Strich- und Zahlen-Indices zur Bezeichnung der Einzelflächen der Formen reservirt werden.

5. Es bliebe noch die Möglichkeit, Buchstaben-Indices den Buchstaben anzuhängen und dadurch Zonenreihen zu charakterisiren. Dies verträgt sich wohl mit dem Princip G, denn Zone bleibt Zone, unabhängig von Aufstellung und sonstiger Interpretation.

z. B. $B_\alpha\ B_\beta\ \ldots\ B_\omega$ oder $B_a\ B_b\ \ldots\ B_z$.

Wir finden solche Zeichen z. B. bei C. E. Weiss (Quarz), Websky (Quarz von Striegau). Auch hiermit könnte man die möglichen Formen erschöpfend bezeichnen. Dabei kann der leitende Buchstabe zur ungefähren Bezeichnung einer Form dienen, selbst wenn sie noch nicht ganz sichergestellt ist, man aber weiss, dass sie einer gewissen Reihe angehört. So finden wir bei Websky (Quarz) die Reihe der σ, der ρ und τ und als einzelne Formen der Reihe $\sigma_\alpha\ \sigma_\beta \ldots$ und können von einer σ-Fläche sprechen als einer nicht näher bestimmten Form der σ-Reihe.

Besonders für vicinale Bündel ist diese Bezeichnung gut. Sie ist in diesem Sinne z. B. von Schuster beim Danburit (Min. Petr. Mitth. 1884. **6.** 301) durchgeführt worden. Es dürfte angezeigt sein, sich diesem Verfahren allgemein anzuschliessen und Buchstaben mit Indices für solche Formen anzuwenden, denen man einen vicinalen Charakter zuschreibt. So tritt z. B. aus einer Reihe nahestehender Formen einer Zone eine Form σ als typisch hervor mit einer Reihe vicinaler Begleiter von complicirtem Symbol $\sigma_\alpha\ \sigma_\beta \ldots$ An einem solchen Symbol lassen sich noch Zahlen- und Strich-Indices, sowie die Zeichen $\pm$ zur Bezeichnung der Einzelflächen anbringen.

6. Buchstaben mit Punkt-Indices. Grosse Formencomplexe zerfallen naturgemäss in eine Anzahl wichtiger Zonen, die, unabhängig von sonstiger Interpretation, als solche bestehen bleiben. Man kann nach ihnen die Formen in Gruppen zertheilen.

Um zu bestimmen, welcher Gruppe eine Form angehört, müssen an den Buchstaben Kennzeichen angebracht werden, die sich für Druck und Schrift sowie zum Eintragen in die Figuren eignen. Nachdem schon manche Mittel für andere Zwecke in Anspruch genommen werden, stehen dazu etwa die folgenden zur Verfügung:

1. Verschiedene Typen für die verschiedenen Gruppen. In der Schrift nicht anwendbar und nicht sonderlich deutlich.
2. Verschieden-farbige Buchstaben. Für die Schrift wohl geeignet, für den Druck nicht ausführbar.
3. Besondere Abzeichen an den Buchstaben z. B. Punkte und Striche über oder neben denselben.

Zeichen neben den Buchstaben sind typographisch geeigneter, als solche über denselben. Sie wurden deshalb vorgezogen und zwar wurden die Zeichen im Allgemeinen auf die rechte Seite gesetzt; in den Figuren dagegen, besonders in den complicirten Projectionsbildern, da, wo es der Raum verlangte, auch wohl auf die linke Seite. Dabei wurde folgendes System angenommen:

B B· B: B⁝ B| B|· B|: B|⁝ B|| . . . .

Dieses System genügt für die weiteste Entwickelung der Beobachtungen. Es wurde im Index für diejenigen Mineralien durchgeführt, bei welchen die einfachen Buchstaben nicht ausreichen, so beim Calcit, Quarz u. s. w.

Die Formenreihen des Calcit wurden beispielsweise in folgende Gruppen getheilt:

Gruppe.	Inhalt der Gruppe.	Allgemeine Symbole.	Allgemeine Buchst.-Zeichen.	Zahl der Formen.
I	Pinakoide, Prismen, Axenzonen	0; 0 ∞; ∞ 0; p ∞; p 0	B	14
II	Haupt-Radialzonen	± p	B·	50
III	‖ Z + 1	+ 1 q	B:	47
IV	Die ‖ ZZ: − 8; − 5; − 2; − ½ + 10; + 7; + 4; + ¼	− 8p; − 5p; − 2p; − ½p + 10p; + 7p; + 4p; + ¼p	B⁝	43
V	Skalenoeder ausserh. d. gen. Zon.	—	B	12

Wir kommen bis jetzt bei allen Mineralien mit den vier ersten Gruppenzeichen aus, hier, indem die Gruppe V mit I ohne Punkt gelassen wurde, was nach der Zahl der Formen möglich ist. Später wird sich dies ändern und es ist besonders Gruppe V, von der wir noch geringe Kenntniss haben, einer weiten Entfaltung fähig. Sie dürfte zunächst das Zeichen B| anzunehmen haben und sich dann noch in weitere Gruppen spalten.

Die Wahl der Buchstaben in den Gruppen wurde in der Weise vorgenommen, dass jeder Gruppe zunächst ihr Buchstabengebiet zufällt, aus dem sie wählt und erst, wenn dies ganz oder nahezu erschöpft ist, in das Gebiet anderer Gruppen eingreift. So wurde erreicht, dass bei Einzeluntersuchungen nur in seltenen Fällen derselbe Buchstabe mehrfach auftritt und dass somit local, da wo eine Verwechselung ausgeschlossen ist, eventuell das Gruppenzeichen weggelassen werden kann.

Ein anderer Modus in der Auswahl der Buchstaben wäre der gewesen, dass man den entsprechenden Formen verschiedener Zonen gleichen Buchstaben gegeben hätte, z. B.

02 = B; + 2 = B·; + 12 = B: u. s. w.

doch ist dies nicht wohl durchführbar; auch liegt hierin schon mehr Interpretation, als für eine Buchstabenbezeichnung wünschenswerth erscheint, da mit wechselnder Interpretation ihr Sinn zum Widersinn wird.

Noch bleibt zu erwägen, ob eine solche Gruppentheilung nicht schon da angezeigt sei, wo die Nothwendigkeit noch nicht dazu zwingt, so dass z. B. allgemein die ‖ Z 1 mit B· die ‖ Z 2 mit B: bezeichnet würde. Es würde dadurch besonders in den Figuren die Uebersicht erleichtert, auch wenn nur jedesmal eine oder zwei solcher Zonen durch die Punkte charakterisirt in der Figur hervorträten. Natürlich könnten auch die Zonenzeichen in der Figur angewendet werden, ohne besondere Gruppentrennung in der Tabelle.

Ad JE. Das Prinzip **J** lautet: Der Buchstabe, der einer Form einmal beigelegt worden ist, verbleibt derselben durch allen Wechsel der Aufstellung. Dies ist von hervorragender Bedeutung, aber zur Zeit ist es nicht üblich, dasselbe in voller Strenge durchzuführen. Hessenberg tritt für dasselbe ein und es möge erlaubt sein, hier seine klare Darlegung wörtlich wiederzugeben. Er sagt (Senck. Abh. 1872. 8. 440 beim Axinit):

„An der zum grösseren Theil schon von Hauy und Neumann herrührenden Buchstabenbezeichnung vom Rath's habe ich trotz des Wechsels der Grundform nichts geändert. Wie bequem und vortheilhaft der Gebrauch der Buchstaben des Alphabets ohne symbolische Bedeutung zur Bezeichnung für concrete Flächen concreter Mineralien ist, hat wohl Jeder selbst erfahren. Wenn man diese Buchstaben einfach empirisch, conventionell, ohne alle symbolische Nebenbedeutung, dabei aber unabänderlich verwendet, ist dieses Verfahren der neutrale Boden, das gemeinschaftliche Mittel gegenseitigen Verstehens zwischen allen denen, welche ausserdem im Gebrauch verschiedenartiger Symbolik und verschiedener Grundformen auseinander gehen. Man verliert aber diesen Vortheil, sobald man den Buchstaben die Bedeutung von Symbolen unterlegt, indem man einzelne unter ihnen, z. B. a, b, c, m, n, o systematisch auf bestimmte Flächenarten der Krystallsysteme bezieht. Scheint es nun einen besondern Reiz zu haben, für dies und jenes Mineral eine neue Grundform aufzusuchen, und glaubt nun Jeder in diesem Falle sein neues Hauptprisma mit m, seine basische Fläche mit c u. s. w. bezeichnen zu müssen, so geräth die ganze etwa bisher zur Vorstellung und zum Gemeingut gewordene Buchstabensprache in Verwirrung; ein Theil wird vertauscht, ein anderer belassen und dabei die Discussion auf's bedauerlichste erschwert. Es erscheint deshalb räthlich, auch bei jedem Vorschlag einer neuen Grundform oder jeder gewechselten Aufstellung doch immer den Flächenarten die altgewohnten nicht symbolischen, sondern empirisch eingebürgerten Buchstaben zu belassen."

Das Verfahren, gegen welches Hessenberg hier ankämpft, ist so alt, als die Krystallographie. Hauy hat für seine Grundform jedesmal die Buchstaben PMT gewählt, welche mit der Wahl einer neuen Grundform sich auf andere Flächen beziehen mussten, während er den übrigen Formen ausser dem Symbol willkürlich gewählte Buchstaben beilegte, die ihnen im Wechsel der Aufstellung verblieben. Analog ist, ausser anderen, Miller in seiner

Mineralogie (1852) verfahren und ihm folgt derzeit die grösste Zahl der Krystallographen. Es wäre ja recht angenehm, bei abcm u. s. w. stets zugleich an bestimmte Symbole denken zu können, doch ist die Verwirrung, von der Hessenberg spricht, in der That eingetreten, und zwar gerade bei den Flächen der Grundform mit den Buchstaben abc, bei denen ein fester Halt zum Zweck der Orientirung dringend erforderlich wäre. Ein Blick auf die Buchstabenreihen, wie sie im Index zusammengestellt sind, giebt davon die Ueberzeugung (vgl. Datolith u. a.). Einige specielle Beispiele mögen zur Illustration des Gesagten dienen.

Beim Akanthit hat Schrauf (Atlas 1864 Taf. 1), seinem Princip der Buchstabenbezeichnung zulieb, a und b sowie p und k, die er bei Dauber gefunden, unter sich vertauscht, so dass, während alle anderen Buchstaben übereinstimmen, a b p k (Schrauf) = b a k p (Dauber) ist. Wie leicht dies zu Irrthümern führen kann, liegt auf der Hand.

Noch deutlicher, wo möglich, ist das Beispiel des Euklas bei Dana (System 1873. 379). Hier treten die Buchstaben a und b zweimal in derselben Formenreihe auf. Dana ist nämlich bei dieser Formenreihe vollständig Kokscharow, Schabus und Rammelsberg gefolgt, nur die Buchstaben a und b hat er gleichzeitig Miller für die Pinakoide entlehnt. I = N (Kokscharow) = k (Miller) ist gesetzt zur Bezeichnung eines primären Prisma's, entsprechend der jedenfalls früher von Dana adoptirten Aufstellung von Kokscharow-Schabus, während jetzt bei ihm dies I = i — 2 = 2∞ bedeutet. Daneben befindet sich I als Symbol = ∞, entsprechend dem s der anderen Autoren.

Das Princip **J** wurde im Index consequent festgehalten und von demselben nur da abgegangen, wo eine vollständig neue Buchstabenbezeichnung für das Mineral wünschenswerth erschien. So z. B. beim Calcit, sowie im ganzen regulären System (s. weiter unten). Princip **D** wurde berücksichtigt, soweit thunlich (z. B. im regulären System); **E** in direktem Widerspruch mit **J** entfällt.

Ad F. Da, wo die Symbole selbst genügende Einfachheit gewähren, entfällt die Buchstabenbezeichnung.

Ad K. Jede Form muss ausser dem Symbol einen Buchstaben haben.

Beide Principien sind unter sich in direktem Widerspruch. Es wurde **K** im Index durchgeführt, was seit Miller (1852) für das Ganze nicht wieder geschehen ist. Dem Princip **F** sind consequent z. B. Lévy und Des Cloizeaux gefolgt, die nur für die Formen von complicirtem Symbol willkürliche Buchstaben des Alphabets wählen.

Ad CGH. Diese Rücksichten sind in der vorhergehenden Besprechung bereits mit discutirt.

Ad L und M. Priorität und Usus sind häufig im Widerspruch mit einander; wo dieser besteht, habe ich mich im Index dem Usus angeschlossen. Dies empfiehlt sich aus folgenden Gründen:

1. Die ersten Buchstabenbezeichnungen sind häufig vollständig ausser Gebrauch gekommen und ihr Hervorziehen hätte den Charakter einer störenden und überflüssigen Neuerung.
2. Das Princip der Priorität lässt sich strikte kaum durchführen, denn es würde eine bei der allgemeinen Durcharbeitung übersehene erste Bezeichnung eine nachträgliche Abänderung nöthig machen und der erstrebten Stabilität entgegenwirken.
3. Die ältesten Formenangaben lassen sich nicht immer mit Sicherheit mit den neuen identificiren.
4. Die alten Buchstaben sind oft wenig vortheilhaft gewählt. So spielen besonders die grossen Buchstaben eine hervorragende Rolle, während doch die kleinen, so lange sie ausreichen, vorzuziehen sind.
5. Die neuere usuelle Reihe der Buchstabenbezeichnung ist häufig sehr vollständig, die alten Angaben dagegen sind sehr unvollständig. Wollte man die alten Buchstaben zur Geltung bringen, so müsste man die neuere Reihe stören ohne sie abzulegen und erhielte ein wenig empfehlenswerthes Zwitterding aus beiden.

Ad D. Formen gleichen Symbols (entsprechende Formen) bei verschiedenen Krystallen sollen mit dem gleichen Buchstaben bezeichnet werden.

Hierauf ist Rücksicht zu nehmen, soweit kein Widerspruch mit den allgemein angenommenen Principien eintritt. Die Durchführung des Princips geschah besonders in vier Fällen:

1. Im regulären System, wo nur eine Art der Aufstellung und Deutung der Formen besteht.
2. Wenn eine einzelne Form bei einer ganzen Gruppe von Mineralien durch physikalische Verhältnisse so sicher definirt ist, dass sie nur eine Deutung erfahren kann. So die Ebene senkrecht zur optischen Axe im tetragonalen und hexagonalen System (Basis), die man durchweg mit c bezeichnen kann.
3. Bei den sicher parallelisirten Formen einer isomorphen Gruppe.
4. Bei den formenreichen Mineralien des hexagonalen Systems rhomboedrischer Hemiedrie, für welche die Discussion einer bestimmten Aufstellung entschieden und, wie es scheint, bleibend den Vorzug zuspricht.

Von diesen vier Fällen, die im Index berücksichtigt wurden, bedarf der Fall des regulären Systems einer eingehenderen Besprechung.

Buchstaben im regulären System.

Im regulären System könnte man, da ein Wechsel in der Aufstellung nicht vorkommt, zur Bezeichnung der gleichen Form bei allen Mineralien denselben Buchstaben wählen. Ob dies sich empfiehlt und gut durchführen lässt, wollen wir nach Betrachtung der folgenden Zusammenstellung entscheiden.

In dieser Zusammenstellung sind neben jedem überhaupt beobachteten Symbol die Namen der Mineralien in Abkürzung gegeben, bei denen es sich vorgefunden hat. Es wurden dabei die folgenden Kürzungen verwendet:

Ach = Achteragdit	**Ga** = Gahnit	**Pa** = Palladium
Al = Alaun	Ge = Gersdorffit	Pcy = Percylit
Am = Amalgam	Gl = Glanzkobalt	Pk = Periklas
Amb = Amoibit	Go = Gold	Pe = Perowskit
An = Analcim	Gr = Granat	Ph = Pharmakosiderit
Ar = Arquerit	Gru = Grunauit	Pl = Platin
Ars = Arsenit		Po = Pollucit
At = Atopit	**Ha** = Hauerit	Py = Pyrit
Be = Beegerit	Hy = Hauyn	Pcl = Pyrochlor
Bi = Binnit	He = Helvin	**Ra** = Ralstonit
B = Blei	Hs = Hessit	Rh = Rhodizit
Bl = Bleiglanz		Ro = Rothkupfererz
Bo = Boracit	**Ird** = Iridium	**Sf** = Safflorit
Br = Bromsilber	Ir = Irit	Sa = Salmiak
Bu = Bunsenit		Schn = Schneebergit
Bt = Bunt-Kupfererz		Scho = Schorlomit
Ca = Carollit	**Jo** = Jodobromit	Sb = Selenblei
Ch = Chloanthit		Ss = Selensilber
Cc = Chlorocalcit	**Ko** = Koppit	Se = Senarmontit
Cl = Chlorsilber	Kr = Kremersit	Si = Silber
Cr = Chromeisenerz	Ku = Kupfer	Sgl = Silberglanz
Co = Corynit		Sk = Skutterudit
Cu = Cuban	**La** = Lasurstein	Spk = Speisskobalt
Da = Danalith	Lau = Laurit	Sp = Spinell
Di = Diamant	Li = Linneit	St = Steinsalz
Dy = Dysanalyt		Sy = Sylvin
Ei = Eisen	**Ma** = Magneteisenerz	**Te** = Tellursilber
Em = Embolit	Mf = Magnoferrit	Tr = Tritomit
Eu = Eulytin	Mbl = Manganblende	**Ul** = Ullmannit
Fa = Fahlerz	Ms = Manganosit	Ur = Uranpecherz
Fau = Fauserit	Mi = Mikrolith	**Vo** = Voltait
Fl = Flussspath		**Zk** = Zinkblende
Fr = Franklinit	**No** = Nosean	Zn = Zinnkies

Anmerkung. Die folgende Zusammenstellung musste gemacht werden vor beendeter Revision der Formenreihen des Index. Sie wird deshalb auch, abgesehen von Neubeobachtungen, mancher Correcturen bedürfen; doch können diese die hier zu ziehenden Schlüsse nicht ändern.

Reguläres System.

Vorkommen der Symbole (ohne Rücksicht auf das Vorzeichen).

Symb.	Name der Mineralien.
0	Al. Am. Amb. An. At. Be. Bi. B. Bl. Bo. Br. Bu. Bt. Ch. Cc. Cl. Di. Dy. Ei. Em. Eu. Fa. Fan. Fl. Fr. Ga. Ge. Gl. Go. Gr. Grü. Ha. Hy. Hs. Jo. Ird. Ko. Ku. La. Lau. Li. Ma. Mf. Mbl. Ms. Pa. Pcy. Pe. Pk. Ph. Pl. Po. Pcl. Py. Ra. Ro. Sf. Sa. Sb. Sgl. Si. Ss. Sk. Spk. Sp. Sy. St. Te. Ul. Ur. Vo. Zk. Zn.
10	Al. Am. An. At. Bi. Bl. Bo. Br. Bt. Ch. Cc. Cl. Di. Dy. Da. Em. Eu. Fa. Fl. Fr. Go. Gr. Ha. Hy. He. Hs. Jo. Ird. Ku. La. Ma. Mf. Mbl. Ms. Mi. No. Pcy. Pe. Ph. Py. Pl. Po. Pcl. Rh. Ro. Sa. Scho. Si. Sgl. Sk. Spk. Sp. St. Te. Ul. Ur. Vo. Zk. Zn.
$\frac{1}{2}$0	Al. Am. Ch. Cu. Di. Fa. Fl. Ge. Gr. Go. Gl. Ha. Hy. Hs. Ku. Lau. Ma. Pe. Pcy. Pl. Po. Py. Ro. Sgl. Si. St. Te. Zk.
$\frac{1}{3}$0	Am. Bo. Bl. Di. Fa. Fl. Go. Gr. Ha. Hs. Ird Ku. Ma. Pl. Py. Sa. Sgl. Si. Sk. Spk. Sp. Te.
$\frac{2}{3}$0	Di. Gr. Pe. Py. Pl. Sgl. Zk.
$\frac{1}{4}$0	Gl. Go. Ku. Py. Si. Spk. Zk.
$\frac{2}{5}$0	Fl. Go. Gr. Ku. Pe. Py. Si.
$\frac{3}{5}$0	Gr. Ku. Ma. Pl. Py. St.
$\frac{3}{4}$0	Dl. Ird. Pe. Py. St.
$\frac{4}{5}$0	Gr. Pe. Py. St. Sy.
$\frac{1}{5}$0	Fl. Ro. Spk.

Symb.	Name.	Symb.	Name.
$\frac{3}{7}$0	Cu. Ku. Fl.	$\frac{19}{20}$0	Gr.
$\frac{1}{10}$0	Bl. Spk.	$\frac{63}{64}$0	Gr.
$\frac{10}{11}$0	Di. Py.	$\frac{85}{86}$0	Gr.
$\frac{4}{7}$0	Ku. Si.	$\frac{2}{7}$0	Py.
$\frac{2}{9}$0	Py. Fl.	$\frac{5}{7}$0	Py.
$\frac{1}{7}$0	Py.	$\frac{7}{9}$0	Ma.
$\frac{1}{8}$0	Py.	$\frac{9}{11}$0	Py.
$\frac{1}{9}$0	Py.	$\frac{13}{15}$0	Py.
$\frac{5}{6}$0	Py.	$\frac{3}{10}$0	Py.
$\frac{6}{7}$0	Py.	$\frac{4}{9}$0	Py.
$\frac{7}{8}$0	Py.	$\frac{4}{11}$0	Py.
$\frac{8}{9}$0	Py.	$\frac{5}{12}$0	Fl.
$\frac{9}{10}$0	Py.	$\frac{7}{12}$0	Py.

Symb.	Name der Mineralien.
1	Al. Am. An. Ar. Ars. At. B. Be. Bi. Bo. Bl. Br. Bu. Bt. Ca. Ch. Cc. Cl. Cr. Co. Da. Di. Ei. Em. Eu. Fa. Fau. Fl. Fr. Ga. Ge. Gl. Go. Gr. Grü. Ha. Hy. He. Hs. Ird. Ir. Kr. Ku. Lau. Li. Ma. Mbl. Ms. Mi. Pcy. Pe. Pk. Ph. Pl. Pcl. Py. Ra. Rh. Ro. Sf. Sa. Schn. Se. Si. Sgl. Sk. Sp. Sy. St. Te. Tr. Ul. Ur. Vo. Zk.
$\frac{1}{2}$	Ach. Al. Am. An. Bi. Bl. Bo. Bt. Ch. Cl. Eu. Fa. Fl. Fr. Go. Gr. Hy. He. Hs. Ma. Mi. Pe. Po. Pcl. Py. Ro. Sa. Scho. Sgl. Si. Sk. Spk. Sp. Te. Ul. Vo. Zk.
$\frac{1}{3}$	Bl. Cr. Fa. Fl. Go. Gr. Hs. Ku. Lau. Ma. Mi. Pe. Pcl. Py. Sa. Si. Sgl. Sp. Zk.
$\frac{2}{3}$	Bi. Bl. Fa. Ho. Py. Ro. Sgl. Sp. Zk.
$\frac{1}{4}$	Bi. Bl. Fa. Go. Ku. Py. Sa. Zk.
$\frac{1}{5}$	Bl. Di. Eu. Fa. Gr. Ku. Sp. Zk.
$\frac{1}{6}$	Bi. Bl. Fa. Ku. Ma. Sp. Zk.
$\frac{3}{4}$	Bl. Gl. Gr. Py. Sgl.
$\frac{2}{5}$	Gl. Ma. Py. Sa. Zk.
$\frac{2}{7}$	Fl. Gr. Ma. Zk.
$\frac{1}{10}$	Bi. Bl. Ma.
$\frac{1}{12}$	Bl. Fl. Zk.
$\frac{4}{9}$	Ma. Pe. Py.
$\frac{3}{5}$	Gr. Sgl.
$\frac{1}{9}$	Bl. Py.
$\frac{2}{15}$	Bl. Zk.
$\frac{1}{7}$	Bi.
$\frac{1}{8}$	Go.
$\frac{1}{15}$	Bl.
$\frac{1}{16}$	Ma.
$\frac{1}{36}$	Bl.
$\frac{1}{40}$	Py.
$\frac{5}{6}$	Py.
$\frac{3}{8}$	Fl.
$\frac{4}{7}$	Gr.
$\frac{5}{9}$	Fa.
$\frac{5}{11}$	Py.

Symb.	Name der Mineralien.
1 $\frac{1}{2}$	Am. Bl. Cl. Di. Fa. Fl. Fr. Gl. Gr. Hs. Ma. Pe. Ph. Py. Ro. Sk. Sgl. Sp. Te. Ul. Zk.
1 $\frac{1}{3}$	Bl. Fl. Gr. Hs. Py. Ro. Sp. Ul. Zk.
1 $\frac{2}{3}$	An. Bi. Fa. Fl. Gr. He. Py. Ro. Sk.
1 $\frac{1}{4}$	Bi. Bl. Fl.
1 $\frac{1}{7}$	Sp.
1 $\frac{1}{8}$	Ul.
1 $\frac{1}{11}$	Sp.
1 $\frac{3}{4}$	Fl.
1 $\frac{4}{5}$	Bl.
1 $\frac{64}{65}$	Al.
1 $\frac{2}{5}$	Bo.
1 $\frac{3}{5}$	Ma.
1 $\frac{4}{7}$	Bl.
1 $\frac{5}{8}$	Py.

Symb.	Name der Mineralien.
$\frac{2}{3}\frac{1}{3}$	Am. Bi. Bl. Di. Fa. Fl. Gl. Go. Gr. Ha. Ma. Py. Ro. Sa. Sk. Zk.
$\frac{3}{4}\frac{1}{2}$	Gl. Gr. Li. Ma. Pe. Py.
$\frac{3}{5}\frac{1}{5}$	Bo. Ku. Ma. Py. Sp.
$\frac{1}{2}\frac{1}{4}$	Fl. Go. Ku. Py. Sy.
$\frac{3}{4}\frac{1}{4}$	Fa. Gr. Py.

Symb.	Name der Mineralien.
$\frac{2}{3}\frac{1}{2}$	Pe. Sk.
$\frac{5}{7}\frac{1}{7}$	Py. Si.
$\frac{1}{4}\frac{1}{8}$	Bl. Fl.
$\frac{2}{5}\frac{3}{10}$	Fl. Pe.
$\frac{4}{9}\frac{2}{9}$	Pe. Py.
$\frac{1}{2}\frac{1}{3}$	Py.
$\frac{1}{2}\frac{1}{8}$	Py.
$\frac{1}{2}\frac{1}{10}$	Py.
$\frac{1}{2}\frac{1}{12}$	Py.
$\frac{1}{2}\frac{5}{12}$	Py.
$\frac{1}{3}\frac{2}{5}$	Py.
$\frac{1}{3}\frac{2}{9}$	Py.
$\frac{1}{3}\frac{5}{21}$	Ma.
$\frac{3}{8}\frac{1}{4}$	Pe.
$\frac{7}{16}\frac{1}{4}$	Fl.
$\frac{2}{5}\frac{1}{5}$	Fa.
$\frac{4}{5}\frac{1}{5}$	Di.
$\frac{5}{6}\frac{1}{6}$	Fi.
$\frac{3}{7}\frac{1}{7}$	Dl.
$\frac{2}{7}\frac{1}{7}$	Py.
$\frac{5}{8}\frac{1}{8}$	Py.
$\frac{7}{9}\frac{1}{9}$	Ma.
$\frac{3}{5}\frac{1}{10}$	Py.
$\frac{10}{11}\frac{1}{11}$	Zk.
$\frac{63}{64}\frac{1}{64}$	Gr.
$\frac{5}{6}\frac{2}{3}$	Ma.
$\frac{2}{3}\frac{2}{9}$	Py.
$\frac{4}{5}\frac{3}{5}$	Py.
$\frac{4}{5}\frac{7}{10}$	Py.
$\frac{7}{8}\frac{5}{8}$	Sa.
$\frac{3}{5}\frac{2}{5}$	Py.
$\frac{3}{7}\frac{2}{7}$	Fl.
$\frac{4}{7}\frac{2}{7}$	Py.
$\frac{5}{11}\frac{2}{11}$	Py.
$\frac{6}{25}\frac{2}{25}$	Fl.
$\frac{3}{8}\frac{3}{16}$	Py.
$\frac{6}{11}\frac{3}{11}$	Fl.
$\frac{7}{13}\frac{3}{13}$	Py.
$\frac{7}{10}\frac{3}{20}$	Fl.
$\frac{11}{14}\frac{5}{7}$	Py.
$\frac{5}{9}\frac{5}{18}$	Ku.
$\frac{7}{10}\frac{5}{12}$	Fa.
$\frac{7}{12}\frac{5}{12}$	Fa.
$\frac{7}{13}\frac{5}{13}$	Sp.
$\frac{9}{13}\frac{6}{13}$	Py.
$\frac{7}{11}\frac{7}{22}$	Py.

Aus dieser Zusammenstellung geht hervor, dass im regulären System (abgesehen von dem Vorzeichen) beobachtet sind:

Aus der Axen-Zone	p0	37	Formen.	(Pyramiden-Würfel)
Aus der Haupt-Radialzone	p	27	„	(Deltoid-Ikositetraeder)
Aus der ‖ Zone 1	p1	14	„	(Trigon-Ikositetraeder)
Ausserdem	pq	31	„	(Hexakis-Oktaeder)
In Summa: . . .		129	„	

Von diesen 129 Formen sind 34 bei 3 und mehr Mineralien constatirt und ausserdem 12 Formen bei zwei Mineralien, nämlich:

0 (001)	bei 73 Min.	1 (111)	bei 75 Min.	$1\frac{1}{2}$ (212)	bei 21 Min.
10 (101)	„ 60 „	$\frac{1}{2}$ (112)	„ 37 „	$1\frac{1}{3}$ (313)	„ 9 „
$\frac{1}{2}0$ (102)	„ 28 „	$\frac{1}{3}$ (113)	„ 19 „	$1\frac{2}{3}$ (323)	„ 9 „
$\frac{1}{3}0$ (103)	„ 22 „	$\frac{2}{3}$ (223)	„ 9 „	$1\frac{1}{4}$ (414)	„ 3 „
$\frac{2}{3}0$ (203)	„ 7 „	$\frac{1}{4}$ (114)	„ 8 „		
$\frac{1}{4}0$ (104)	„ 7 „	$\frac{1}{5}$ (115)	„ 8 „	$\frac{2}{3}\frac{1}{3}$ (213)	bei 16 Min.
$\frac{2}{5}0$ (205)	„ 7 „	$\frac{1}{6}$ (116)	„ 7 „	$\frac{3}{4}\frac{1}{2}$ (324)	„ 6 „
$\frac{3}{5}0$ (305)	„ 6 „	$\frac{3}{4}$ (334)	„ 5 „	$\frac{3}{5}\frac{1}{5}$ (315)	„ 5 „
$\frac{3}{4}0$ (304)	„ 5 „	$\frac{2}{5}$ (225)	„ 5 „	$\frac{1}{2}\frac{1}{4}$ (214)	„ 5 „
$\frac{4}{5}0$ (405)	„ 5 „	$\frac{2}{7}$ (227)	„ 4 „	$\frac{3}{4}\frac{1}{4}$ (314)	„ 3 „
$\frac{1}{5}0$ (105)	„ 3 „	$\frac{1}{10}$ (1·1·10)	„ 3 „	$\frac{2}{3}\frac{1}{2}$ (436)	„ 2 „
$\frac{1}{10}0$ (1·0·10)	„ 2 „	$\frac{1}{12}$ (1·1·12)	„ 3 „	$\frac{5}{7}\frac{1}{7}$ (517)	„ 2 „
$\frac{10}{11}0$ (10·0·11)	„ 2 „	$\frac{4}{9}$ (449)	„ 3 „	$\frac{1}{4}\frac{1}{8}$ (218)	„ 2 „
$\frac{2}{9}0$ (2·0·9)	„ 2 „	$\frac{3}{5}$ (335)	„ 2 „	$\frac{2}{5}\frac{3}{10}$ (4·3·10)	„ 2 „
$\frac{4}{7}0$ (407)	„ 2 „	$\frac{1}{9}$ (119)	„ 2 „	$\frac{4}{9}\frac{2}{9}$ (429)	„ 2 „
		$\frac{2}{15}$ (2·2·15)	„ 2 „		

Alle anderen sind nur einmal gefunden worden. Für die nur einmal beobachteten Formen ist eine Festsetzung der Buchstabenbezeichnung gewiss überflüssig und unbequem dadurch, dass man dann mit den einfachen Buchstaben nicht ausreichen würde; auch für die nur zweimal constatirten Formen ist sie kaum zu empfehlen.

Es wurden daher im Index nur für die mindestens bei drei Mineralien beobachteten Formen die Buchstaben festgehalten und zwar:

c = 0	g = $\frac{2}{5}0$	p = 1	l = $\frac{1}{5}$	λ = $\frac{2}{7}$	u = $1\frac{1}{2}$	x = $\frac{2}{3}\frac{1}{3}$
d = 10	h = $\frac{3}{5}0$	q = $\frac{1}{2}$	r = $\frac{1}{6}$	μ = $\frac{1}{10}$	v = $1\frac{1}{3}$	y = $\frac{3}{4}\frac{1}{2}$
e = $\frac{1}{2}0$	i = $\frac{3}{4}0$	m = $\frac{1}{3}$	s = $\frac{1}{7}$	ν = $\frac{1}{12}$	w = $1\frac{2}{3}$	z = $\frac{3}{5}\frac{1}{5}$
a = $\frac{1}{3}0$	δ = $\frac{4}{5}0$	n = $\frac{2}{3}$	t = $\frac{3}{4}$	ρ = $\frac{4}{9}$	φ = $1\frac{1}{4}$	ψ = $\frac{1}{2}\frac{1}{4}$
b = $\frac{2}{3}0$	ε = $\frac{1}{5}0$	k = $\frac{1}{4}$	o = $\frac{2}{5}$			ω = $\frac{3}{4}\frac{1}{4}$
f = $\frac{1}{4}0$						

Für die sonst noch auftretenden Formen wurden beliebige Buchstaben jedesmal frei gewählt.

Wahl neuer Buchstaben. Um für neu hinzutretende Flächen leicht einen verwendbaren Buchstaben finden zu können, empfiehlt es sich, für diejenige Gruppe, für welche man gemeinsame Buchstabenbezeichnung anwenden will, eine Tabelle anzulegen, bestehend aus sämmtlichen zur Verwendung bestimmten Buchstaben mit Eintragung der ihnen bereits zugetheilten Symbole. Folgendes ist das Beispiel einer solchen Tabelle für das hexagonale System rhomboedrischer Hemiedrie, soweit bis jetzt (der Index ist noch nicht fertig) eine Zutheilung stattgefunden hat. Ohne eine solche Tabelle entgeht man nicht dem Fehler, dasselbe Zeichen mehrmals zu verwenden.

Hexagonales System. Rhomboedrische Hemiedrie.

Buchstaben.

a∞0	a· + 2	a: + 1 $\frac{7}{10}$	a: − $\frac{1}{2}$ $\frac{19}{8}$	A	A· − $\frac{9}{5}$	A: + 1 $\frac{13}{10}$	A: + 2 $\frac{\bar{1}}{3}$	α 40	α· − $\frac{1}{5}$	α: + 1 $\frac{3}{5}$	α:	𝔞	𝔞·	𝔞:	𝔞: − 2 $\frac{3}{5}$	𝔄	𝔄·	𝔄:	𝔄: + 4 $\frac{3}{2}$	Γ − $\frac{20}{3}$ $\frac{2}{3}$	Γ· − 3
b ∞	b· + $\frac{5}{4}$	b: + 1 $\frac{2}{3}$	b: − $\frac{1}{2}$ $\frac{11}{4}$	B	B· − 9	B: + 1 $\frac{7}{5}$	B: + 2 $\frac{1}{5}$	β 70	β· − $\frac{7}{20}$	β: + 1 $\frac{8}{11}$	β:	𝔟	𝔟·	𝔟:	𝔟: − 2 $\frac{1}{4}$	𝔅	𝔅·	𝔅:	𝔅: + 4 $\frac{7}{5}$	Δ − $\frac{112}{13}$ $\frac{49}{13}$	Δ· − $\frac{7}{2}$
c	c· + $\frac{1}{16}$	c: + 1 $\frac{5}{8}$	c: − $\frac{1}{2}$ 5	C	C· − $\frac{5}{7}$	C: + 1 $\frac{3}{2}$	C: + 2 $\frac{1}{2}$	γ 80	γ· − $\frac{2}{5}$	γ: + 1 $\frac{25}{16}$	γ:	𝔠	𝔠·	𝔠:	𝔠: − 2 $\frac{1}{5}$	ℭ	ℭ·	ℭ:	ℭ: + 4 $\frac{3}{4}$	Θ − 14	Θ· − 4
d	d· + $\frac{1}{4}$	d: + 1 $\frac{4}{5}$	d: − $\frac{1}{2}$ $\frac{13}{2}$	D	D· − $\frac{2}{7}$	D: + 1 $\frac{8}{5}$	D: + 28	δ 90	δ· − $\frac{1}{2}$	δ: + 1 $\frac{29}{14}$	δ:	𝔡	𝔡·	𝔡:	𝔡: − 2 $\frac{4}{7}$	𝔇	𝔇·	𝔇:	𝔇: + 4 $\frac{8}{7}$	Λ − 1 $\frac{11}{5}$	Λ· − $\frac{9}{2}$
e	e· + $\frac{2}{5}$	e: + 1 $\frac{1}{2}$	e: − $\frac{1}{2}$ $\frac{29}{4}$	E	E· − $\frac{1}{4}$	E: + 1 $\frac{7}{4}$	E:	ε 12·0	ε· − $\frac{3}{5}$	ε: + 1 $\frac{19}{4}$	ε:	𝔢	𝔢·	𝔢:	𝔢: − 2 $\frac{1}{2}$	𝔈	𝔈·	𝔈:	𝔈: + 4 1	Ξ − $\frac{17}{4}$ $\frac{31}{20}$	Ξ· − 5
f	f· + $\frac{1}{2}$	f: + 1 $\frac{5}{11}$	f: − $\frac{1}{2}$ $\frac{19}{2}$	F	F·	F: + 12	F:	ζ $\frac{5}{2}$∞	ζ· − $\frac{2}{3}$	ζ: + 1 $\frac{17}{2}$	ζ:	𝔣	𝔣·	𝔣:	𝔣: − 2 $\frac{2}{3}$	𝔉	𝔉·	𝔉:	𝔉: + 4 $\frac{4}{5}$	Π + $\frac{19}{16}$ $\frac{5}{8}$	Π· − 8
g	g· + $\frac{4}{7}$	g: + 1 $\frac{1}{3}$	g: − $\frac{1}{2}$ $\frac{1}{8}$	G + $\frac{11}{5}$ $\frac{2}{5}$	G· − $\frac{1}{23}$	G: + 1 $\frac{11}{2}$	G:	η 2∞	η· − $\frac{4}{5}$	η: + 1 $\frac{19}{2}$	η:	𝔤	𝔤·	𝔤:	𝔤: − 21	𝔊	𝔊·	𝔊:	𝔊: + 4 $\frac{1}{2}$	Σ − $\frac{13}{5}$ $\frac{1}{5}$	Σ· − 11·11
h	h· + $\frac{2}{3}$	h: + 1 $\frac{\bar{1}}{3}$	h:	H − 3 $\frac{\bar{2}}{3}$	H·	H: + 1 $\frac{5}{2}$	H: − 2 $\frac{25}{31}$	ϑ 4∞	ϑ· − $\frac{7}{8}$	ϑ: + 1 $\frac{23}{2}$	ϑ:	𝔥	𝔥·	𝔥:	𝔥: − 2 $\frac{8}{7}$	ℌ	ℌ·	ℌ:	ℌ: + 4 $\frac{4}{7}$	Φ − $\frac{11}{2}$ $\frac{5}{2}$	Φ· − 14·14
i	i· + $\frac{3}{4}$	i: + 1 $\frac{\bar{2}}{7}$	i:	I − $\frac{31}{8}$ $\frac{5}{4}$	I·	I: + 13	I:	ι 14·0	ι· − $\frac{1}{8}$	ι: + 1 $\frac{47}{2}$	ι:	𝔦	𝔦·	𝔦:	𝔦: − 2 $\frac{5}{4}$					Ψ − 17	Ψ· − 17·17
j	j· + $\frac{7}{2}$	j:	j:	J − $\frac{3}{2}$ $\frac{3}{8}$	J·	J:	J:									𝔍	𝔍·	𝔍:	𝔍: + 4·10	Ω − 74	Ω·
k	k· + $\frac{5}{2}$	k: + 1 $\frac{\bar{1}}{20}$	k:	K	K·	K: + 14	K:	κ $\frac{7}{4}$0	κ· − 1	κ:	κ:	𝔨	𝔨·	𝔨:	𝔨: − 2 $\frac{7}{5}$	𝔎	𝔎·	𝔎:	𝔎: + 4·16		
l	l· + 3	l: + 1 $\frac{1}{7}$	l:	L − $\frac{11}{7}$ $\frac{2}{7}$	L·	L: + 1 $\frac{35}{8}$	L: − 2 $\frac{\bar{2}}{3}$	λ 20	λ· + $\frac{8}{7}$	λ:	λ:	𝔩	𝔩·	𝔩:	𝔩:	𝔏	𝔏·	𝔏:	𝔏: − 58	Γ:	Γ:
m	m· + 4	m: + 1 $\frac{2}{11}$	m:	M	M·	M: + 15	M: − 2 $\frac{\bar{5}}{8}$	μ $\frac{7}{3}$0	μ· − $\frac{6}{5}$	μ:	μ:	𝔪	𝔪·	𝔪:	𝔪: − 2 $\frac{5}{3}$	𝔐	𝔐·	𝔐:	𝔐: − 5·14	Δ:	Δ:
n	n· + 5	n: + 1 $\frac{4}{13}$	n:	N	N·	N: + 1 $\frac{11}{2}$	N: − 2 $\frac{\bar{4}}{7}$	ν 30	ν· − $\frac{5}{4}$	ν:	ν:	𝔫	𝔫·	𝔫:	𝔫: − 2 $\frac{7}{2}$	𝔑	𝔑·	𝔑:	𝔑: − 5·17	Θ:	Θ:
o 0	o· + $\frac{11}{2}$	o:	o:	O − $\frac{5}{2}$ $\frac{5}{8}$	O·	O: + 16	O: − 2 $\frac{\bar{1}}{2}$	ξ 60	ξ· − $\frac{4}{3}$	ξ:	ξ:	𝔬	𝔬·	𝔬:	𝔬: − 24	𝔒	𝔒·	𝔒:	𝔒: − 8 $\frac{11}{5}$	Λ:	Λ:
p	p· + 1	p:	p:	P	P·	P: + 17	P:					𝔭	𝔭·	𝔭:	𝔭: − 25	𝔓	𝔓·	𝔓:	𝔓: + 47	Ξ:	Ξ:
q $\frac{1}{2}$0	q· + 7	q: + 1 $\frac{4}{7}$	q:	Q − 1 $\frac{5}{2}$	Q·	Q: + 1 $\frac{15}{2}$	Q: + 7 $\frac{\bar{7}}{3}$	π 10	π· − $\frac{7}{5}$	π:	π:	𝔮	𝔮·	𝔮:	𝔮: − 28	𝔔	𝔔·	𝔔:	𝔔: + 4 $\frac{4}{3}$	Π:	Π:
r $\frac{6}{5}$0	r· + 10·10	r:	r:	R − $\frac{16}{7}$ $\frac{8}{7}$	R·	R: + 18	R: + 7$\bar{3}$	ρ $\frac{7}{2}$0	ρ· − $\frac{3}{2}$	ρ:	ρ:	𝔯	𝔯·	𝔯:	𝔯: − 2·11	ℜ	ℜ·	ℜ:	ℜ: − 5 $\frac{5}{4}$	Σ:	Σ:
s	s· + 13·13	s:	s:	S + $\frac{25}{4}$ $\frac{5}{2}$	S· + $\frac{1}{3}$	S: + 19	S:	σ $\frac{9}{8}$∞	σ· − $\frac{11}{7}$	σ:	σ:	𝔰	𝔰·	𝔰:	𝔰: − 26	𝔖	𝔖·	𝔖:	𝔖: − 5 $\frac{43}{8}$	Φ:	Φ:
t $\frac{9}{2}$0	t· + 16·16	t: + 1 $\frac{1}{4}$	t:	T + 82	T·	T: + 1·10	T:	τ $\frac{3}{2}$∞	τ· − $\frac{13}{8}$	τ:	τ:	𝔱	𝔱·	𝔱:	𝔱: − $\frac{1}{2}$ $\frac{5}{4}$	𝔗	𝔗·	𝔗:	𝔗: − 8 $\frac{5}{2}$	Ψ:	Ψ:
u 50	u· + 19·19	u:	u:	U	U·	U: + 1·13	U:					𝔲	𝔲·	𝔲:	𝔲: − $\frac{1}{2}$ $\frac{7}{5}$	𝔘	𝔘·	𝔘:	𝔘: − 8 $\frac{16}{7}$	Ω:	Ω:
v	v· + $\frac{5}{6}$	v: + 1 $\frac{1}{5}$	v:	V − $\frac{12}{5}$ $\frac{6}{5}$	V·	V: + 1·16	V: + 10·$\frac{7}{2}$	φ	φ· − 2	φ:	φ:	𝔳	𝔳·	𝔳:	𝔳: + $\frac{5}{2}$ $\frac{1}{4}$	𝔙	𝔙·	𝔙:	𝔙: − 8 $\frac{8}{5}$		
w	w· + $\frac{7}{10}$	w: + 1 $\frac{2}{5}$	w:	W − $\frac{13}{5}$ $\frac{4}{5}$	W·	W: + 1 $\frac{35}{2}$	W: + 10·13					𝔴	𝔴·	𝔴:	𝔴: + $\frac{5}{2}$ $\frac{1}{2}$	𝔚	𝔚·	𝔚:	𝔚: − 8 $\frac{5}{4}$		
x	x· + $\frac{5}{8}$	x: + 1 $\frac{1}{10}$	x:	X − $\frac{23}{7}$ $\frac{8}{7}$	X·	X: + 1·19	X:	χ	χ· − $\frac{9}{4}$	χ:	χ:	𝔵	𝔵·	𝔵:	𝔵: + $\frac{5}{2}$ $\frac{5}{8}$	𝔛	𝔛·	𝔛:	𝔛: − 84		
y	y· + 6	y: + 1 $\frac{\bar{1}}{8}$	y:	Y − $\frac{56}{13}$ $\frac{20}{13}$	Y·	Y: + 1·25	Y:	ψ	ψ· − $\frac{5}{2}$	ψ:	ψ:	𝔶	𝔶·	𝔶:	𝔶: + $\frac{5}{2}$ $\frac{11}{8}$	𝔜	𝔜·	𝔜:	𝔜: + 4 $\frac{22}{2}$		
z	z· + 28.28	z: + 1 $\frac{\bar{1}}{5}$	z:	Z	Z·	Z: + 1 $\frac{23}{2}$	Z:	ω	ω· − $\frac{11}{4}$	ω:	ω:	𝔷	𝔷·	𝔷:	𝔷: − 2 $\frac{4}{5}$	ℨ	ℨ·	ℨ:	ℨ: − 8·11		

Buchstaben-Bezeichnung der Einzelflächen.

Jeder Buchstabe dient zur Bezeichnung einer Gesammtform d. h. derjenigen Anzahl von Flächen, die vermöge der Symmetrieverhältnisse des Krystalls als zusammengehörig und sich gegenseitig bedingend betrachtet werden. Je nach dem Krystallsystem und der Form sind dies 2—48 Flächen. Allen wird der gleiche Buchstabe beigelegt. Um eine specielle Fläche zu bezeichnen, sind am geeignetsten Zahlenindices, die am besten so zu wählen sind, dass sie direkt die Lage der Fläche im Projectionsbild erkennen lassen.

Von Fläche und Gegenfläche tritt im Projektionsbild bei der gnomonischen und der geradlinigen Linear-Projection nur die eine auf (in der Regel die der oberen Krystallhälfte angehörige, deren Punkt (resp. Linie) den der Gegenfläche deckt. In den cyklischen Projectionen können beide auftreten, doch werden meist auch hier nur die Punkte innerhalb des Grundkreises aufgetragen. Wir wollen die untere Gegenfläche allemal durch einen Strich unter dem Buchstaben bezeichnen, z. B.

$\underline{a}$ sei die Gegenfläche von a

ebenso wie bei den Symbolen, wo zugleich dieser Strich alle Vorzeichen des dreiziffrigen Symbols in die entgegengesetzten verwandelt, z. B.

$\underline{12} = \bar{1}2\bar{1}$ die Gegenfläche von $12 = 121$

$\underline{1\bar{2}} = \bar{1}2\bar{1}$ „ „ „ $1\bar{2} = 1\bar{2}1$

Bei Bezeichnung der nicht parallelen Einzelflächen wollen wir von der Eintheilung des Projectionsbildes ausgehen. Wir wollen dasselbe wie bei der Bezeichnung der Einzelflächen durch Zahlensymbole (vgl. S. 25 flgd.) in bestimmte Felder theilen und bei der Zählung festhalten, dass diese vom Quadranten (Sextanten), vorn rechts beginnend, nach links fortschreitet, und dass links und rechts so zu verstehen ist, dass man den Blick nach der Basis (Coordinanten-Anfang) o (001) hinrichtet.

Reguläres System. Wir theilen das Projectionsfeld, wie S. 25 entwickelt wurde, in dreifacher Weise.

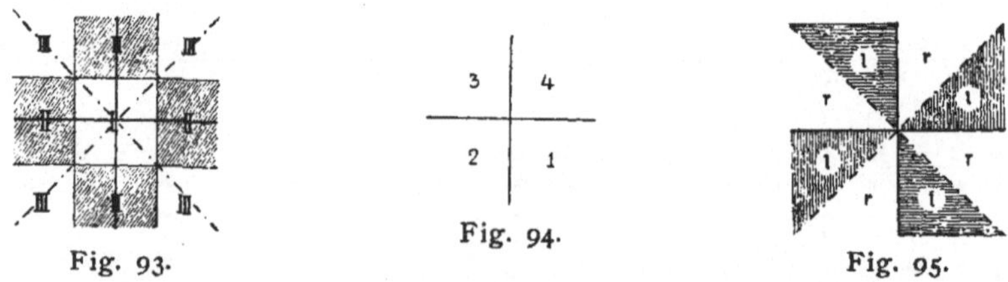

Fig. 93. Fig. 94. Fig. 95.

a. In drei Gruppen: I. (p und q < 1); II. (p oder q < 1); III. (p und q > 1). (Fig. 93).
b. In vier Quadranten: 1. (pq); 2. ($p\bar{q}$); 3. ($\bar{p}\bar{q}$); 4. (pq). (Fig. 94).
c. Jeden Quadranten in einen rechten und einen linken Octanten. (Fig. 95).

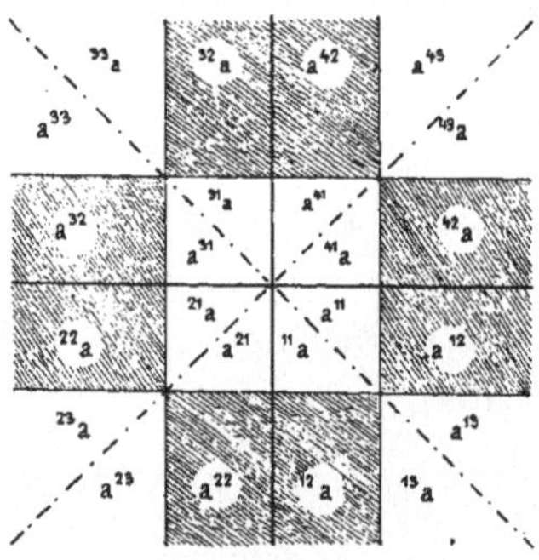
Fig. 96.

Deuten wir noch die Gegenfläche durch einen Strich unter dem Buchstaben an, so können wir alle 48 Einzelflächen ausdrücken, und zwar in einer Weise, dass wir uns aus dem Zeichen unmittelbar die specielle Lage der Fläche im Projectionsbild vorstellen können. Wir machen dies folgendermassen (Fig. 96):

Wir hängen zur Bezeichnung der Lage einer Einzelfläche dem Buchstaben oben rechts resp. links einen zweiziffrigen Index an, in welchem sich die erste Ziffer auf den Quadranten, die zweite auf die Gruppe bezieht. Dann soll beispielsweise bedeuten:

a^{12} (spr. a; 1,2 rechts) die rechte Fläche a im 1. Quadranten der II. Gruppe,
^{23}a (spr. a; 2,3 links) „ linke „ „ „ 2. „ „ III. „ .

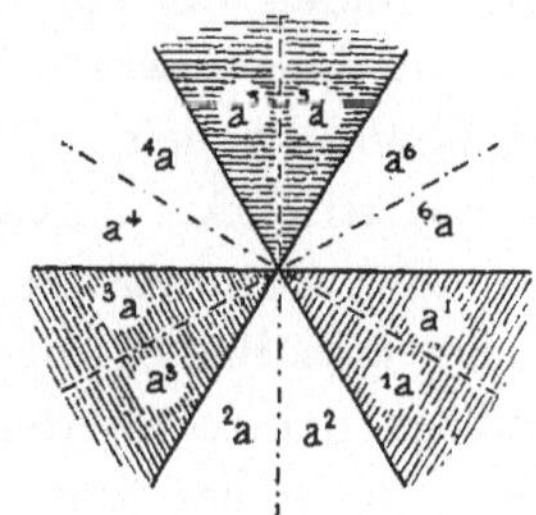
Fig. 97.

Hexagonales System. Wir unterscheiden die Sextanten 1—6 und deren Hälften links, rechts (vgl. S. 30) und kommen zur Bezeichnung der Einzelflächen mit einem einziffrigen Index aus. Die Zählung 1—6 möge im Sinne des Zeigers der Uhr geschehen. In Fig. 97 sind als Beispiel die Einzelzeichen für eine Gesammtform a eingetragen.

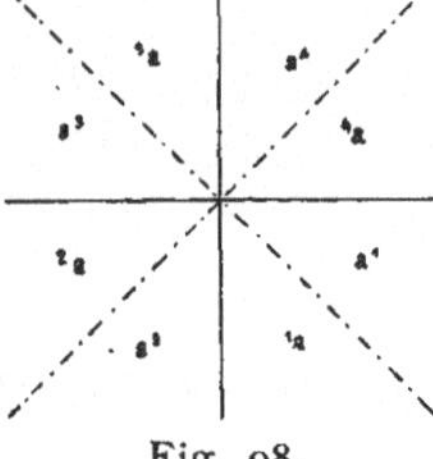
Fig. 98.

Tetragonales System. Hier haben wir nur vier Quadranten und die Theile links und rechts zu unterscheiden, und kommen mit einem einziffrigen Index aus, den wir oben rechts resp. links anhängen (Fig. 98),

z. B. a^4 (sprich a 4 rechts)
^1a (sprich a 1 links)

Auch bedeutet wieder $\underline{a}^2$ die Gegenfläche von a^2.

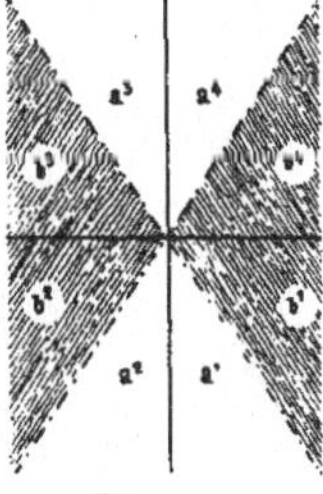
Fig. 99.

Rhombisches und monoklines System. In diesen Systemen kann die Unterscheidung rechts und links entfallen und der Index hat nur noch den Quadranten zu nennen (Fig. 99).

Alle + Formen des monoklinen Systems haben den Index 1 oder 2, alle — Formen den Index 3 oder 4.

Im **triklinen System** besteht nur Fläche und Gegenfläche, a und $\underline{a}$. Es entfallen also alle Indices.

Buchstabenbezeichnung bei Viellingen.

Bei Viellingen ist ausser der Unterscheidung der Einzelflächen noch die Bezeichnung nöthig, dem wievielten Individuum die Fläche angehört. Dies könnte etwa durch Striche vor, hinter oder über dem Buchstaben geschehen, die bei noch mehr Individuen in die römischen Zahlen übergehen würden.

z. B. $a \quad {=}a \quad {\equiv}a \quad {\overline{\equiv}}a \quad \ldots{\times}a$

oder:. $a \quad a{=} \quad a{\equiv} \quad a{\overline{\equiv}} \quad \ldots\ldots a{\times}$

oder endlich: $a \quad \overset{=}{a} \quad \overset{\equiv}{a} \quad \overset{\overline{\equiv}}{a} \quad \ldots\ldots \overset{\times}{a}$

Letzteres ist das compendiöseste und kann selbst ohne Conflict mit den — Zeichen auf die Zahlen-Symbole angewendet werden, z. B.:

$$\overset{=}{12} \qquad \overset{\equiv}{\bar{1}3}$$

Haben wir nur einen Zwilling, was der häufigste Fall ist, so ist es für die Schrift wohl das einfachste, den Buchstaben des zweiten Individuums zu durchstreichen, dies nimmt keinen grösseren Raum weg und der Unterschied tritt klar hervor.

Da keine dieser Arten der Bezeichnung weitere Verwendung hat, so kann nach Bedarf die eine oder andere Art gewählt werden. Alle diese Indices nebst den Buchstabenindices der Vicinalflächen stören sich gegenseitig nicht und könnten im Fall des Bedarfs sogar alle zugleich demselben Buchstaben angehängt werden.

So würde beispielsweise im rhombischen System bedeuten:

a_β eine bestimmte Vicinalfläche von a,

a_β^4 diese specielle Fläche aus dem vierten Quadranten,

$\underline{a}_\beta^4$ die Gegenfläche dazu,

$\overset{\equiv}{\underline{a}}{}_\beta^4$ die Fläche $\underline{a}_\beta^4$ die dem dritten Individuum eines Viellings angehört.

Dieselben Indices kann man auch an den Zahlen-Symbolen anbringen,

z. B. $12^4 \quad \underline{12}^1 \quad \overset{\equiv}{12}$

Anordnung der Formen in den Tabellen.

Die Anordnung der Formen geschah bei allen Mineralien in der gleichen Reihenfolge, so dass jede Form ihren ganz bestimmten Platz hat, dadurch leicht aufgefunden und leicht eingeschoben werden kann. Dass sich dies einfach durchführen lässt, ist ein Vortheil der zweizahligen neuen Symbole. Bei der gewählten Anordnung ist man im Stande, schon durch Anschauen der Tabelle, ohne Projectionsbild, eine ziemlich gute Vorstellung von der Gesammtheit der Formen, selbst bei einem formenreichen Mineral, zu gewinnen.

Die Anordnung geschah nach Zonen, und zwar in nachstehender Reihenfolge:

Grundform:	o	o ∞	∞ o		
Axen-Zonen:	o q	p o			
Prismen-Zonen:	∞ q	p ∞			
Haupt-Radial-Zone:	p				
Parallel-Zonen:	1 q	p 1			
	2 q	p 2	$\frac{1}{2}$q	p$\frac{1}{2}$	
	3 q	p 3	$\frac{1}{3}$q	p$\frac{1}{3}$	u. s. w.

Nennen wir die constante Zahl, p oder q, in den Symbolen einer Parallelzone den Zonenzeiger, so wurde im Allgemeinen die Reihenfolge der Zonen nach der Wichtigkeit (Häufigkeit) der Zahl des Zonenzeigers bestimmt, wie diese sich aus der Discussion der Zahlen ergiebt. Um jedoch die Vorschrift zu vereinfachen und dadurch ihre Anwendung bequemer und sicherer zu machen, wurde folgende Ordnung der Zonenzeiger festgesetzt:

$$1 \quad 2 \quad \tfrac{1}{2} \quad 3 \quad \tfrac{1}{3} \quad 4 \quad \tfrac{1}{4} \ldots\ldots\ldots\ldots n, \frac{1}{n}$$

$$\text{darauf: } \tfrac{2}{3} \quad \tfrac{3}{2} \quad \tfrac{3}{4} \quad \tfrac{4}{3} \quad \tfrac{4}{5} \quad \tfrac{5}{4} \quad \ldots\ldots\ldots \frac{n}{n+1}, \frac{n+1}{n}$$

$$\text{dann: } \tfrac{5}{2} \quad \tfrac{2}{5} \quad \tfrac{7}{2} \quad \tfrac{2}{7} \quad \tfrac{9}{2} \quad \tfrac{2}{9} \quad \ldots\ldots\ldots\ldots \frac{n}{2}, \frac{2}{n}$$

$$\tfrac{5}{3} \quad \tfrac{3}{5} \quad \tfrac{7}{3} \quad \tfrac{3}{7} \quad \tfrac{8}{3} \quad \tfrac{3}{8} \quad \ldots\ldots\ldots\ldots \frac{n}{3}, \frac{3}{n}$$

endlich der Rest nach der Niedrigkeit der Zahlen.

Durch die Parallelzonen mit den Zeigern 1 2 3 4 $\frac{3}{2}$ $\frac{4}{3}$ $\frac{5}{2}$ $\frac{5}{3}$ und deren Reciproken ist in der Regel der Formenvorrath nahezu erschöpft. Bei den formenärmeren Mineralien beschränken sich die Zahlen meist auf 1 2 3 und deren Reciproke. Die Formen ausserhalb der wichtigen Zonen sind ohne Projectionsbild nicht so klar zu übersehen, doch bilden sie, soweit sie bisher constatirt sind, selbst bei den formenreichsten Mineralien nur eine kleine Gruppe.

Die Werthe p resp. q innerhalb derselben Zone wurden nach der Grösse ansteigend aufgeführt, also:

$$\ldots\ldots \tfrac{1}{7} \; \tfrac{1}{6} \; \tfrac{1}{5} \; \tfrac{1}{4} \ldots\ldots\ldots 1 \; \tfrac{3}{2} \; 2 \ldots\ldots\ldots$$

Nur da, wo + und — Werthe eine fortlaufende Reihe bilden, die durch o hindurchgeht, wurde mit dem höchsten + Werthe begonnen, abgestiegen bis o und von da mit den — Werthen wieder angestiegen bis zu dem höchsten — Werth.

Die Zahlen im hexagonalen System (besonders rhomboedrischer Hemiedrie) haben theilweise einen anderen Charakter als die der anderen Systeme; erst die abgeleitete Reihe $E = \frac{p-1}{3} \frac{q-1}{3}$ zeigt dann den regelmässigen Verlauf. Es wurde deshalb in diesem Fall die Anordnung nach der abgeleiteten Reihe E vorgenommen. Eine Erklärung der Natur der genannten Erscheinung soll an anderer Stelle versucht werden.

Ohne diese Regelmässigkeit in der Anordnung und die dadurch erreichte rasche Auffindung einer Form, sowie den durch sie ermöglichten leichten Vergleich ganzer Reihen zum Zweck der Identification und Transformation, wäre die Ausarbeitung des vorliegenden Index weit schwieriger und langwieriger, ja für den Einzelnen kaum durchführbar gewesen.

Freie und influenzirte Formen.

Wir wollen unter freien Formen solche ebene Begrenzungen des Krystalls verstehen, die sich zwar durch den verschiedenen Grad der Complicirtheit in der genetischen Entwickelung (Differenzirung) unterscheiden, jedoch sich alle aus der Wirkung der Molekularkräfte des Krystalls, dem sie angehören, möglicherweise in ihrer Auswahl bestimmt durch äussere (auslösende) Kräfte, im übrigen frei entwickeln. Nun haben aber vielseitige Beobachtungen gezeigt, dass ein Krystall, oder sonst ein fester Körper die Lage der Flächen eines Krystalls, mit dem er verwachsen ist, beeinflussen kann. Dadurch entstehen Flächen von abnormaler Lage, die wir gemeinsam als influenzirte Formen bezeichnen wollen.

Nach der Art der sich gegenseitig beeinflussenden Körper können wir folgende Gruppen unterscheiden:

1. Gleichartige Krystalle in regelmässiger Verwachsung. Hierdurch entstehen die durch einfache, sowie durch polysynthetische Zwillingsbildung influenzirten Formen, z. B. beim Flussspath (vgl. Scacchi, Turin. Mem. Ac. 1862 (2) 21. 6) oder beim Quarz (Websky, Jahrb. Min. 1871, 732 und 783).[1]
2. Isomorphe Krystalle in Ueberwachsung. So dürfte beispielsweise bei den rhomboedrischen Carbonaten, wo Schichten verschiedener Zusammensetzung übereinander liegen, die Orientirung der oberen Lage durch die untere beeinflusst sein und ein Ausgleich stattfinden, der je nach dem Theil des Krystalls, d. h. den localen Massenwirkungen, verschieden, bei allmähligem Uebergang zu gerundeten, gebogenen Flächen führen kann. Solche krumme Flächen z. B. beim Braunspath wären demnach möglicherweise als influenzirte anzusehen, und es wäre von hohem Interesse, gerade an dieser Reihe die hier vermuthete Ursache im Einzelnen experimentell zu prüfen.
3. Fremdartige Krystalle in regelmässiger Verwachsung.
4. Gleich- oder fremdartige Körper in unregelmässiger Verwachsung. Hierher gehören Störungen in der Flächenneigung durch Einlagerungen, der Einfluss der Unterlage in der Nähe der Anwachsstelle u. s. w.

In den Formenverzeichnissen finden sich manchmal solche influenzirte Formen neben freien aufgeführt; sie wurden, wo sich eine Beeinflussung nachweisen liess, in den Index nicht aufgenommen.

---

[1]) Websky's Begriff der inducirten Formen ist enger begrenzt, als der unsrige der influenzirten, und es schien nicht erlaubt, die Bedeutung des ersteren Wortes auf den weiteren Begriff auszudehnen.

Typische und vicinale Formen.

Die freien Formen leiten sich nach bestimmten Gesetzen aus der Grundform her. Nach der Complicirtheit der Ableitung (Differenzirung), die theilweise ihren Ausdruck findet in der Höhe der Symbolzahlen, kann man dieselben in Gruppen mit willkürlichen Grenzen abtrennen und so primäre, secundäre, tertiäre u. s. w. Formen scheiden. Eine naturgemässe, wenn auch nicht scharfe Grenze, bietet sich für die hochdifferenzirte Form da, wo, wie es Schuster ausdrückt, die Abweichung der Winkelwerthe von denen der einfachen Flächen der Fehlergrenze von Beobachtungen minderer Güte sich bereits soweit nähert, dass sie nur bei ausserordentlich günstiger Beschaffenheit der spiegelnden Flächenelemente zum unzweifelhaften Nachweis gelangen kann (Min. Petr. Mitth. 1884. **6.** 510). An und unter dieser Grenze bewegen sich ausserdem die Wirkungen äusserer Einflüsse auf die Flächenneigung, die eliminirt werden müssen, wenn wir die Flächen als freie discutiren wollen. Formen oberhalb der genannten Grenze wollen wir typische, solche unterhalb derselben vicinale nennen. Der so definirte Begriff deckt sich so ziemlich mit dem, was Websky, der den Namen Vicinalflächen in die Wissenschaft eingeführt hat (D. Geol. Ges. 1862. **15.** 677), darunter versteht.

Vicinale Flächen können freie oder influenzirte sein. Für den Zweck dieser Zusammenstellung haben nur die freien Formen Interesse, während das Studium der influenzirten Vicinalflächen den Schlüssel geben kann zur Erkenntniss der Wirkungsweise äusserer Einflüsse auf die Formen des Krystalls.

Die freien Vicinalformen unterscheiden sich also von den typischen Formen nicht qualitativ, sondern nur quantitativ dadurch, dass der Bildung derselben feinere, d. h. höhere differenzirte genetische Vorgänge zu Grunde liegen. Sie sind, um mich eines Bildes zu bedienen, die feinen vergitternden Zweige, während die Primärform und die typischen abgeleiteten Formen Stamm und Aeste bilden. Vorläufig sind die Gesetze noch nicht klar gelegt, nach denen sich die Aeste aus dem Stamm entwickeln und es besteht eine der Hauptaufgaben dieser Zusammenstellung darin, die Unterlage zu bilden zu Schlüssen über die hier obwaltende Gesetzmässigkeit. Der jetzige Stand der formbeschreibenden Krystallographie ist der, dass man die typischen (gröberen) Formen zu einem Gesammtbild zusammen fassen kann, ohne fürchten zu müssen, dass wesentliche Züge des Bildes fehlen. Augenblicklich fehlt es diesem Bild aus Mangel an übersichtlicher Darstellungsweise und Ordnung an Klarheit; trotzdem macht sich die Forschung mit Lebhaftigkeit an die Untersuchung der Detailerscheinungen, der vicinalen Gebilde. Unter dem Andrang des daraus herbeiströmenden ungenügend gesichteten Details droht alle Uebersicht unmöglich zu werden, und es scheint nöthig, gerade im jetzigen Moment, da die Detailarbeit (abgesehen von vereinzelten Vorläufern) erst beginnt, die Grundzüge des alten einfachen Bildes in aller Klarheit festzulegen. Hierzu soll der Versuch gemacht werden, einmal durch diesen Index selbst, seine Elemente und neuen Symbole, sowie deren Anordnungsweise, ferner durch Herstellung von Projectionsbildern der formenreichsten Mineralien, endlich dadurch, dass wir die Zahlenreihen und Projectionen als Ganzes discutiren. Um eine Trübung des Bildes zu vermeiden, wird das, was von vicinalen Formen bisher bekannt geworden ist, vorläufig nicht herangezogen.

Die Vicinalflächen bedürfen einer ganz andersartigen Behandlung als die typischen, bevor sie symbolisirt neben diese gestellt werden dürfen. Haben erst kritische Specialstudien freie Vicinalformen sichergestellt, so werden sie sich in ihrer ganzen reichen Mannichfaltigkeit zwischen die scharfen Linien des aus den typischen Formen aufgebauten Bildes als feines Geäder einfügen lassen.

Schuster hat in seiner ausgezeichneten Arbeit über den Danburit die Entwickelung unserer bisherigen Kenntniss von den Vicinalflächen verfolgt und selbst den Versuch gemacht zu einer naturgemässen Discussion dieser Gebilde, ein Studium, das ebenso zeitraubend und schwierig, als für die Erforschung der genetischen Verhältnisse hochwichtig ist. Ebenso wie in allen Zweigen der Naturwissenschaft, kommen wir auch bei der Flächenuntersuchung dahin, dass im Studium des Kleinsten die grössten Erfahrungen zu machen sind, dass, nachdem aus den gröberen Regelmässigkeiten eine erste Annäherung erzielt ist, die genauere Kenntniss von den wirkenden Gesetzen und von der Art ihres Zusammenwirkens durch das Studium der Details und der scheinbaren Ausnahmen erlangt wird.

Es mag noch besonders darauf hingewiesen werden, dass auch die Feststellung des Symbols einer minder einfachen typischen Form, wenn sie irgend einen Werth haben soll, mit der grössten Exaktheit geschehen muss, dass minder sichergestellte Formen durchaus zu entfernen sind. Approximative Bestimmungen derselben sind werthlos. Nur bei der grössten Gewissenhaftigkeit in der Aufstellung des Sicheren und in der Ausscheidung des Unsicheren ist es möglich, Klarheit zu erlangen. Auch dürfte als Grundsatz festzuhalten sein, dass es besser ist, mit dem Schwankenden möglicherweise Richtiges preiszugeben, als irgend Bedenkliches aufzunehmen.

Ganz in diesem Sinne sagt Dauber (Wien. Sitzb. 1860. **42.** 54): „Allerdings müssen, je weniger einfach die Verhältnisse der Indices sind, desto grössere Anforderungen an die Beobachtungen gestellt werden und dieses ist auch der Grund, warum ich einige Formen, wie $26' = \bar{15} \cdot 7 \cdot 5$ der guten Uebereinstimmung der beobachteten und berechneten Werthe ungeachtet, in die Kategorie der blos wahrscheinlichen Formen gestellt habe."

Echte Flächen und Scheinflächen.

Unter Scheinflächen sind solche ebene Partien am Krystall zu verstehen, deren Lage überhaupt nicht von den Molecularkräften des Krystalls, sondern durch andere Ursachen bestimmt ist.

Hierhin gehören:

1. Diejenigen Fälle, wo die Kämme oscillatorischer Leisten einen gemeinsamen Reflex hervorbringen. Wir wollen solche Scheinflächen Leistenflächen nennen.
2. Local mehr oder minder ebene Partien im übrigen gerundeter Flächen, die in einem gedehnten Reflex prononcirt helle Stellen hervorbringen. Wir wollen sie Culminationsflächen (vielleicht besser Culminationsreflexe) nennen.
3. Anwachsflächen, d. h. Abdrücke einer ebenen Unterlage.

Die Orientirung von Scheinflächen ist ganz oder theilweise unabhängig von den Elementen des Krystalls. Leistenflächen und Culminationsflächen haben vielfach Eingang in die Formverzeichnisse gefunden. Sie gehen in echte Flächen über und es muss die Grenze mit vorsichtiger Kritik gezogen werden. Nachweisbare Scheinflächen wurden aus dem Index ausgeschieden.

Literatur.

Die Literatur-Angaben prätendiren nicht ein vollständiges Literatur-Verzeichniss zu sein; sie beziehen sich nur auf Arbeiten über Formenbeschreibung und sollen als Beleg dienen, um den Leser in den Stand zu setzen, die Daten des Index auf ihre Richtigkeit zu untersuchen. Immerhin werden diese Angaben ein werthvolles Hilfsmittel sein zur Auffindung der Literatur auch in anderen, die einzelnen Mineralien betreffenden Fragen.

Systematisch excerpirte Werke.

Amer. Journ. = The American journal of science and arts by Silliman etc. 1851—1881.
Ann. Min. = Annales des Mines. Paris 1852—1881.
Ann. Chim. Phys. = Annales de chimie et de physique. Paris 1850—1882.
Berl. Abh. = Abhandlungen der königl. Akademie der Wissenschaften zu Berlin 1804—1836.
Berl. Monatsb. = Monatsberichte der königl. preuss. Akad. d. Wissensch. in Berlin 1838—1881.
Bull. soc. Min. = Bulletin de la société Minéralogique de France. 1877—1884.
Comp. Rend. = Comptes rendus hebd. de l'académie des sciences. Paris 1852—1882.
Dana System = J. D. Dana (aided by Brush.) A System of Mineralogy. 1873. Append. I. (Brush) 1873. Append. II. (E. S. Dana) 1875. Append. III. (E. S. Dana) 1882.
D. Geol. Ges. = Zeitschrift der deutschen geologischen Gesellschaft. 1849—1882.
Des Cloizeaux Manuel. = Des Cloizeaux. Manuel de Minéralogie. 1. Bd. 1862. 2 Bd. 1874.
Greg u. Lettsom Man. = Greg and Lettsom. Manuel of the Min. of Gr. Britain and Ireland. 1858.
Groth Strassb. Samml. = Groth. Die Mineralien-Samml. d. Kaiser Wilhelms-Univ. Strassburg 1878.
Groth. Tab. = Groth. Tabellarische Uebersicht der Mineralien u. s. w. 2. Aufl. 1882.
Hauy. Traité Min. = Hauy. Traité de Minéralogie. 2. Aufl. 1822.
Hausmann Handb. = Hausmann. Handbuch der Mineralogie. 2. Th. Bd. 1 und 2. 1847.
Hartmann Handwb. = Hartmann. Handwörterbuch der Mineralogie u. Geologie. Leipzig 1828.
Hessenberg. Min. Not. = Hessenberg. Mineralogische Notizen. 1854—1874.
Jahrb. Min. = Neues Jahrbuch für Mineralogie, Geologie und Paläontologie. 1850—1883.
Kenngott. Uebers. = Kenngott. Uebersicht der Resultate mineralog. Forschungen 1844—1865.
Kokscharow. Mat. Min. Russl. = Kokscharow. Materialien z. Mineralogie Russlands. 1850—1878.
Lévy. Descr. = Lévy A. Description d'une collection de minéraux u. s. w. London 1838.
Miller. Min. = Phillips. An elementary introduction to Mineralogy. New edition by Brooke and Miller. London 1852.
Min. Mag. = Mineralogical Magazine. London 1877—1882.
Min. Mitth. Mineralogische Mittheilungen, gesammelt von G. Tschermak 1871—1877.
Min. Petr. Mitth. = Mineralog. petrograph. Mittheilungen, herausg. v. Tschermak. 1878—1882.
Mohs, Grundr. = Mohs. Grundriss der Mineralogie. 1824. Bd. 2.
Mohs-Zippe Min. = Mohs. Leichtfassl. Anfangsgründe einer Naturgeschichte des Mineralreichs. 2. Theil, Physiographie, bearb. v. Zippe. 1839.
Münch. Sitzb. = Sitzungsberichte der kgl. bayr. Akad. der Wissensch. zu München. 1864—1880.
Phil. Mag. = Philosophical Magazine. 1850—1882.
Pogg. Ann. = Poggendorff. Annalen der Physik und Chemie. 1824—1877.
Schrauf Atlas = Schrauf. Atlas der Krystallformen des Mineralreiches 1864—1876.
Sella quadro = Sella. Quadro delle forme cristalline del argento rosso u. s. w. 1856.
Stockh. geol. förh. = Geologiske föreningens förhandlinger Stockholm. 1879—1882.
Stockh. öfvers. = Ofversigt of Vetenskaps Academiens Förhandlingar. 1870—1874.
Wien. Denkschr. = Denkschriften d. kais. Akad. d. Wissensch. math.-nat. Classe. Wien 1850—1882.
Wien. Sitzb. = Sitzungsberichte d. math.-nat. Classe d. kais. Akad. d. Wissensch. Wien 1848—1883.
Würt. Jahrh. Jahreshefte des Vereins für vaterländische Naturkunde in Württemberg 1845—1882.
Zeitschr. Kryst. = Zeitschrift für Krystallographie u. Mineralogie herausg. v. Groth. 1877—1884.

Theilweise benutzte Werke.

Ausser den genannten systematisch excerpirten Werken wurden die übrigen mir zugänglichen mineralogischen Werke benutzt, da wo Literaturverweise auf sie führten. Endlich wurde systematisch verwendet der ganze Reichthum von Dissertationen, Separat-Abdrücken und Ausschnitten aus dem Besitze des k. k. Hof-Mineralien-Cabinets, des Dr. Brezina, sowie meiner eigenen Sammlung. Zu besonderem Dank bin ich den Herren Dr. Brezina und Dr. Berwerth vom k. k. Hof-Mineralien-Cabinet verpflichtet für die Liberalität, mit der sie mir die ihnen zu Gebote stehenden Hilfsmittel zugänglich machten.

Von den benutzten Werken sind die wichtigsten mit Angabe ihrer abgekürzten Bezeichnung die folgenden:

Bonn. Sitzb. Nat. Ver. — Sitzungsberichte des naturhistor. Vereins der preuss. Rheinlande und Westfalens. Bonn.

Bonn. Verhandl. Nat. Ver. = Verhandlungen des naturhist. Vereins der preuss. Rheinlande und Westfalens. Bonn.

Des Cloizeaux Nouv. Rech. = Nouvelles rech. sur les propriétés optiques des cristaux. Paris 1867.

Dufrénoy Min. = Dufrénoy. Traité de Minéralogie. 1856.

Edinb. Journ. = The Edinbourgh philosophical Journal.

Edinb. Trans. = Transactions of the royal scotch society of Arts. Edinbourgh.

Erdm. Journ. = Erdmann. Journal für practische Chemie. Leipzig.

Gilbert Ann. = Gilbert. Annalen der Physik. Halle und Leipzig.

Gött. Nachr. Nachrichten der Georgs Anhalt. Universität u. s. w. Göttingen.

Haid. Abh. = Naturwissenschaftliche Abhandlungen, herausgegeben von W. Haidinger 1847—1851.

Haid. Ber. = Berichte über die Mittheilungen von Freunden der Naturwissenschaften. Wien. 1847—1851.

Jahrb. Geol. R. A. = Jahrbuch der kk. geol. Reichs-Anstalt. Wien.

Kobell. Gesch. = Kobell. Geschichte der Mineralogie. 1864.

Leonhard. Taschenb. = Taschenbuch für die gesammte Mineralogie von K. C. v. Leonhard. 1807—1824.

Lotos = Lotos. Zeitschrift für Naturwissenschaften. Prag.

Napoli Att. ac. = Atti della Reale academia delle scienze. Napoli.

Napoli Mem. ac. = Memorie della Reale academia delle scienze. Napoli.

Niederrhein. Gesellsch. = Sitzungsberichte der niederrheinischen Gesellschaft für Natur- und Heilkunde. Bonn.

Phil. Trans. = Philosophical transactions of the royal society of London.

Prag. Abhandl. = Abhandlungen der böhmischen Gesellschaft der Wissenschaften. Prag.

Quenstedt Min. = Quenstedt. Mineralogie.

Rose Ural-Reise = G. Rose. Mineralogisch geognostische Reise nach dem Ural, Altai u. s. w. Bd. 1, 1838. Bd. 2, 1842.

Roma Att. Reale Linc. = Atti dell' Academia reale dei nuovi Lincei. Rom.

Schweigg. Journ. = Schweigger. Journal für Chemie und Physik. Nürnberg, Berlin.

Senck. Abh. = Abhandlungen, herausg. von d. Senckenbergischen naturforschenden Gesellschaft. Frankfurt a. M.

Verhandl. Geol. R. A. = Verhandlungen der kk. geologischen Reichs-Anstalt. Wien.

Literatur betr. Umwandlung und Transformation der Symbole.

Bernhardi. Gehlens Journal. 1857. S. 155, 185, 492, 625.

Bravais. Etudes crystallographiques. 1866. 115. (Die Arbeiten Bravais' zusammengedruckt. Die hier betrachtete Untersuchung stammt aus dem Jahr 1849.)

Dana J. D. Lettering figures of crystals. Amer. Journ. 1852. (2) **13.** 399—404.

Des Cloizeaux. Mém. s. l. cristallisation et la struct. int. de Quartz. 4⁰. Paris 1858. 192—200.

Des Cloizeaux. Manuel. 1862. 1. XIII—XXV.

Egleston. Comparison of natations used to represent the faces of crystals. New-York 1871.

Frankenheim. Oken Isis. 1826. **10.** 498 und 542.

Grassmann. Zur physischen Krystallonomie u. geometrischen Combinationslehre. Stettin 1829.

Grassmann. Combinatorische Entwicklung der Krystallgestalten. Pogg. Ann. 1833. **30.** 1.

Groth. Physikalische Krystallographie. 1876. 513—517.

Karsten. Lehrbuch der Krystallographie. 1861. 123—127.

Kenngott. Synonymik der Krystallographie. 1861. 123.

Kupffer. Handbuch der Krytallonomie. 1831. 102—215.

Lang. Lehrbuch der Krystallographie. 1866. 353.

Lapparent. Cours de minéralogie. 1884. 518—523.

Lévy. On the modes of notation of Weiss, Mohs and Hauy. Edinb. Philos. Journ. 1825. **12.** 70—81. 1826. **14.** 131—135 und 256—270.

Mallard. Traité de crystallographie. 1879. **1.** 321—363.

Miller. A treatise on crystallography. 1839.

Miller. On the crystallographic method of Grassmann. Cambridge 1868.

Miller-Grailich. Lehrbuch der Krystallographie. 1856. 208—223.

Quenstedt. Grundriss der Krystallographie. 1873. Geschichtliche Einleitung 1. 74. 226. 347.

Rammelsberg. Handb. d. kryst. phys. Chemie. 1881. **1.** 1—10.

Schrauf. Atlas der Krystallformen. 1864. 13—19.

Schrauf. Wien. Sitzb. 1863. **48.** (2) 250—270.

Schrauf. Physikalische Krystallographie. 1866. **1.** 245—251.

Selle. Comparaison et transformation. Paris 1873. (Autograph.)

Websky. Ueber Ableitung des krystallographischen Transformations-Symbols. Berl. Monatsb. 1881. 152. Zeitschr. Kryst. 1882. **6.** 1.

Weiss C. S. Berl. Abh. 1823. 217.

Werner. Jahrb. Min. 1882. **2.** 55.

Whewell. Philosophical Transactions. London 1825. 87—130.

Zahlen in den Literatur-Citaten.

Von den in den Literatur-Citaten auftretenden Zahlen bedeutet die erste die Jahreszahl, die zweite den Band, die dritte die Seite. Eine Zahl in Klammer ( ) bedeutet, wenn vor der Bandzahl Serie, wenn nach derselben Abtheilung. Die Bandzahl ist überall durch stärkeren Druck hervorgehoben, z. B.:

Wien. Sitzb. 1862. **46.** (2) 189 = Sitzungsberichte der k. k. Akademie der Wissenschaften. Jahrg. 1862. Band 46. Abth. 2. Seite 189.

Amer. Journ. 1883. (3) **26.** 214 = American Journal of science and arts by Silliman etc., Jahrg. 1883. Serie 3. Bd. 26. Seite 214.

Bemerkungen zur Literatur.

Bei Schweigger (Journal und Jahrbuch) besteht eine dreifache Art der Numerirung der Bände. Hier wurde die auf dem ersten Titelblatt stehende einheitliche Zählung von 1—69 festgehalten.

Hartmann's Handwörterbuch der Mineralogie und Geologie wurde vollständig benutzt und citirt. Es enthält zwar keine Originalangaben, ist dagegen bequem und werthvoll zur Orientirung in der alten Literatur und Synonymik.

Von Mohs' Mineralogie wurden beide Ausgaben (Grundriss 1824 und Mohs-Zippe 1839) vollständig benutzt und citirt. Erstere Ausgabe wegen der reichen Menge von Originalangaben, letztere wegen des von Zippe dazu gesammelten Materials und wegen der weiten Verbreitung, die das Buch erfahren hat, was die direkte Identification aller darin enthaltenen Symbole und Axenverhältnisse als wünschenswerth erscheinen lässt.

Abschluss des Werkes. Bis zu welcher Zeit die Angaben reichen, geht aus dem Literaturverzeichniss hervor. Da zum Zweck der Drucklegung einmal abgeschlossen werden musste, so war es nicht möglich, die Ergebnisse der Forschung bis auf die allerletzten Tage einzutragen. In diesem Sinne ist das Werk bereits bei seinem Erscheinen veraltet. Doch ist das Fehlende, Neueste, unschwer herbeizuschaffen, und es besteht die Absicht, von Zeit zu Zeit die Ergänzung durch eine Nachtragslieferung zu bringen. Diese Nachträge können eine weitaus einfachere Gestalt erhalten, indem für sie die das Werk so sehr belastenden ungebräuchlich gewordenen alten Symbole in Wegfall kommen. Für letztere ist abgesehen von Richtigstellungen und inneren Ergänzungen ein Abschluss gewonnen und kann in dieser Beziehung das Werk niemals veralten. Es soll nun noch darauf hingearbeitet werden, den bis zur Zeit gewonnenen Stoff durch weitere kritische Richtigstellungen zu klären und, wo möglich, zu einem stereotypen zu gestalten. Gewiss werden die Herren Fachgenossen diesem Bestreben gern ihre Unterstützung zu Theil werden lassen.

Namen und Reihenfolge der Mineralien.

Zur Bezeichnung der Mineralien wurden die in Deutschland derzeit zumeist üblichen Namen gewählt und danach der Index alphabetisch geordnet. Die gebräuchlichsten Synonyme sollen in einem Register beigefügt werden, welches jedoch nicht prätendirt, ein vollständiges Synonymen-Verzeichniss zu sein, sondern nur gewisse Schwierigkeiten in der Benutzung des Index beseitigen soll.

Vertheilung des Inhalts auf den Blättern.

Auf den vorderen (ungeraden) Seiten wurden gegeben: der Name des Minerals; das Krystallsystem; das Axenverhältniss in dem derzeit üblichen Sinn, nach Angabe der verschiedenen Autoren; die Elemente in unserem erweiterten Sinn für die angenommene Aufstellung; die Transformations-Symbole zur Verwandlung der Symbole der verschiedenen Aufstellungen in einander; das Formenverzeichniss.

Auf den (geraden) Rückseiten: die Literatur-Angaben, Bemerkungen und Correcturen.

Jedes Mineral schliesst mit dem vollen Blatt ab. Damit ist der Nachtheil verbunden, dass das ohnehin umfangreiche Werk noch an Ausdehnung zunimmt. Dagegen gewinnen wir aus dieser Einrichtung die folgenden Vortheile:

1. Das ganze Werk lässt sich in einzelne Blätter auflösen, von denen man jedes für sich selbstständig benutzen kann.
2. Erstreckt sich eine Tabelle über mehrere Blätter, so kann man diese neben einander legen und so zugleich übersehen.
3. Nach dem Auflösen kann man sich den Index nach einem beliebigen chemischen oder krystallographischen System ordnen, oder selbst Aenderungen in der alphabetischen Anordnung vornehmen, wenn man andere Synonyme bei Benennung der Mineralien den gewählten vorzieht.
4. Es wird dadurch dem Vorwurf einer Inconsequenz seine Schärfe benommen, nämlich derjenigen, dass manchmal eine Anzahl isomorpher Mineralien, z. B. die Feldspäthe, zu einer Gruppe mit gemeinsamer Ueberschrift vereinigt wurden, ein anderes Mal jedes Mineral einer solchen Gruppe für sich selbstständig auftritt. Solche Gruppen wurden da geschlossen gegeben, wo die einzelnen Glieder nicht klar getrennt oder durch Uebergänge verknüpft sind; jedoch ohne die Absicht in dieser Richtung zu systematisiren. Wem daher die hier gemachte Vereinigung und Trennung nicht zusagt, der kann mit Hilfe des Buchbinders seinen diesbezüglichen Wünschen und Anforderungen gerecht werden.
5. Man kann zu einer speciellen Untersuchung die Mineralien irgend einer Gruppe vereinigen, z. B. alle rhombischen Mineralien, alle Glieder einer isomorphen Gruppe u. s. w.
6. Man hat Platz zu Nachträgen und Bemerkungen, und kann zu diesem Zweck das Buch mit Papier durchschiessen, ohne den Zusammenhang zu stören.

Allen diesen Vorzügen gegenüber schien der Nachtheil grösseren Volums zurücktreten zu müssen.

Abkürzungen der Autoren-Namen.

Es wurden in diesem Werk, da wo es der Raum erforderte, die folgenden Kürzungen der Autorennamen angewendet:

A. **d'Ach.** **Arzr.** **Auerb.**
d'Achiardi Arzruni Auerbach.

B. **Babc.** **Bärw.** **Baumh.** **Bertr.** **Bodew.** **Brav.** **Breith.** (= **Brh.**)
Babcock Bärwald Baumhauer Bertrand Bodewig Bravais Breithaupt

Brez. **Brögg.** **Brke.** **Bück.**
Brezina Brögger Brooke Bücking.

C. **Cathr.** **Cord.**
Cathrein Cordier.

D. **Da.** **Daub.** **Descloiz.** = **Descl.** **Dufr.**
Dana Dauber Des Cloizeaux Dufrénoy.

F. **Flet.** **Först.** **Foul.** **Franzn.** **Fraz.** **Fres.** **Friedld.**
Fletcher Förstner Foullon Franzenau Frazier Fresenius Friedländer.

G. **Gdt.** **Grail.** **Gr.** **Grünh.** **Grünl.**
Goldschmidt Grailich Groth Grünhut Grünling.

H. **Haid.** **Hartm.** **Haush.** **Hausm.** = **Hsm.** **Hy.** **Helmh.** **Hessb.** (= **Hsb.**).
Haidinger Hartmann Haushofer Hausmann Hauy Helmhacker Hessenberg

Hze. **Hiörtd.** **Hug.**
Hintze Hiörtdahl Hugard.

J. **Irb.** **Jerem.**
Irby. Jeremejew

K. **Kalk.** **Kenng.** **Kl.** **Kob.** **Koksch.** (= **Kok.**) **Kren.** **Kupf.**
Kalkowsky Kenngott Klein Kobell Kokscharow Krenner Kupffer.

L. **Lasx.** **Lasp.** **Lehm.** **Leonh.** **Ly.** **Liw.** **Lor.** **Lüd.**
Lasaulx Laspeyres Lehmann Leonhard Lévy Liweh Lorenzen Lüdecke.

M. **Mag.** **Mall.** **Marign.** **Mask.** **Mill.** **Mhs.** **Mont.** **Müg.**
Magel Mallard Marignac Maskelyne Miller Mohs Monteiro Mügge

N. **Naum.** **Neum.** **Nordsk.**
Naumann Neumann Nordenskjöld.

P. **Phill.**
Phillips.

Q. **Quenst.**
Quenstedt.

R. **Rambg.** **Rath.**
Rammelsberg vom Rath.

S. **Sadeb.** **Sandb.** **Scac.** **Schab.** **Scheer.** **Schimp.** **Schrf.** **Schum.**
Sadebeck Sandberger Scacchi Schabus Scheerer Schimper Schrauf Schumacher

Schust. **Seligm.** **Sjög.** **Strüv.**
Schuster Seligmann Sjögren Strüver.

T. **Tamn.** **Tesch.** **Trechm.** **Tscherm.**
Tamnau Teschemacher Trechmann Tschermak.

W. **Wakk.** **Webs.** **Weisb.** **Ws.** **Woitsch.**
Wakkernagel Websky Weisbach Weiss Woitschach.

Z. **Zephar.** = **Zeph.** **Zip.** **Zirk.**
Zepharovich Zippe Zirkel.

Correcturen.

Für die bei Benutzung der Literatur aufgefundenen Druck- und sonstigen Fehler wurden die Correcturangaben den einzelnen Mineralien beigefügt. Da, wo die Richtigkeit der Correctur nicht unmittelbar einleuchtet, wurde die Motivirung in den *Bemerkungen* gegeben. Im Allgemeinen sind nur Correcturen von Symbolen oder Winkelangaben aufgenommen, hie und da ist ein Name, eine Jahres- oder Seitenzahl richtig gestellt. Letztere Correctur ist nicht unwichtig, da eine falsche Zahl im Citat das Auffinden einer Arbeit oft sehr erschweren und Zeitverlust herbeiführen kann. In anderen Fehlerverzeichnissen bereits enthaltene Correcturen wurden nur in ganz seltenen Fällen, da, wo es besonders nöthig schien, aufgenommen. Dabei verkenne ich nicht den grossen Vortheil, den es haben würde, all die zerstreuten und oft übersehenen Correcturangaben für die ganze einschlägige Literatur in einem gemeinsamen Fehlerindex zu vereinigen. Die Zahl der bisher (die kritische Revision der Formenverzeichnisse ist noch nicht beendet), vermerkten Correcturen beträgt ca. 900. Dieselben sollen am Schluss des Index nochmals, nach Werken geordnet, angeführt werden, damit man im Stande sein möge, die Verbesserungen in den Büchern der Reihe nach vorzunehmen.

Auch in dem vorliegenden Werk, in dessen grösstem Theil fast jeder Buchstabe einen *wesentlichen* Fehler bringen kann, wird es, trotz der äussersten Sorgfalt in der Ausarbeitung und Revision, an solchen nicht mangeln. Diejenigen, welche während der Herausgabe sich finden, sollen ebenfalls am Schluss zusammengestellt werden und wäre der Verfasser sehr dankbar für diesbezügliche Mittheilungen.

Notiz. Aus dem typographischen Grund der verschiedenen Höhe der Ziffern ist bei zweiziffrigen negativen Zahlen das Zeichen — nur über die zweite Ziffer gesetzt worden, also beispielsweise $1\bar{6}$ für —16.
